身近な天気から異常気象まで

なるほど天気と気象

気象予報士
佐藤公俊

Gakken

はじめに

「低気圧が来ると雨になる」って、どういうこと？

突然ですが、ここでクイズです。

みなさんは、**「気象」と「天気」の違い**を説明できますか？

天気予報で耳にすることが多い表現ですが、違いを説明するのは、なかなか難しいかと思います。

「気象」とは、気温や気圧、水蒸気などの大気の状態や雲、雨、風などの大気中の現象を表す言葉です。一方、「天気」とは、特定の場所における雲、雨、風などを総合した大気の状態を表す言葉です。天気は気象のひとつで、気象のほうが広い意味で使われています。

わたしたちにとって、天気はとても身近なことがらです。

たとえば、大雨が降ると生活に大きな影響をあたえます。ときには、洪水や土砂崩れなどの災害をもたらすこともあります。

大雨をはじめ、台風、竜巻などによる被害はどこでも発生する可能性のある災害です。そんなとき、**「なぜ天気は変化するのか」を理解しておけば、早めに情報を集めて対策を講じることができます。**どこで、どのような危険が迫っているのかを知ることで、自分で自分の身を守

ることができるのです。

雨が降るメカニズムをご存じですか？

地球を取りまく空気には重さがあります。その空気の重さが周囲より低い部分が**「低気圧」**です。低気圧は「空気が薄い部分」と言い換えることもできます。

この薄い部分には、周囲から空気が流れ込んできます。下には地面があるので、この空気は水蒸気とともに上に向かいます。

これが**「上昇気流」**です。

上空は寒く、空気中の水蒸気が冷えて水滴になり、空気中に浮かんでいるように見えます。

これが**「雲」**です。

そして、雲のなかの水滴が集まり、重くなると、地上に落下して**「雨」**になります。

このように、**天気の変化には科学的な理由があります。**そして、変化の理由を知れば知るほど、天気と気象のことがおもしろくなります。

本書は2013年に刊行された『パーフェクト図解　天気と気象　異常気象のすべてがわかる！』の増補改訂版です。図版や事例をリニューアルして、わかりやすく初心者にも理解できるように工夫しました。章末に気象にまつわるクイズも用意しているので、ぜひ楽しんでください。

この本が、天気を読む楽しさを知るきっかけになることを願っています。

気象予報士　**佐藤公俊**

CONTENTS

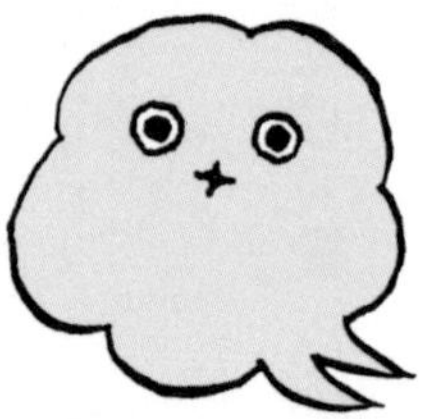

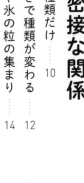

Chapter

3 気圧と気流による変化のメカニズム

CONTENTS

Chapter

4

世界は大気でつながっている

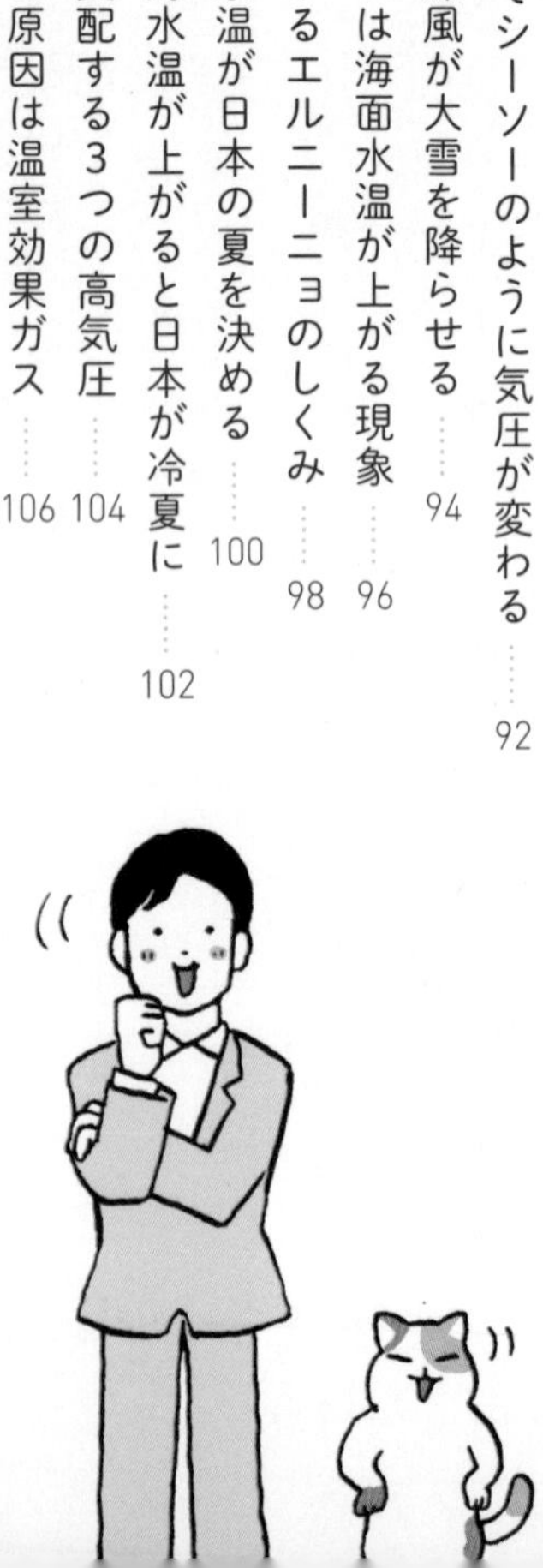

Chapter 5 天気予報がもっと身近になる

Chapter 6 気象災害から身を守る方法

本書の使い方・見方

本書では天気や気象のしくみを図解でわかりやすく解説しています。
なぜ変化が起こるのか、何が原因なのかを知ることで、
天気・気象への興味が膨らみます。

● 本文ページ

⑤ 豆知識　テーマに関連する情報をまとめたミニコラム

④ 図解エリア　説明文といっしょに参照すれば、理解が深まる

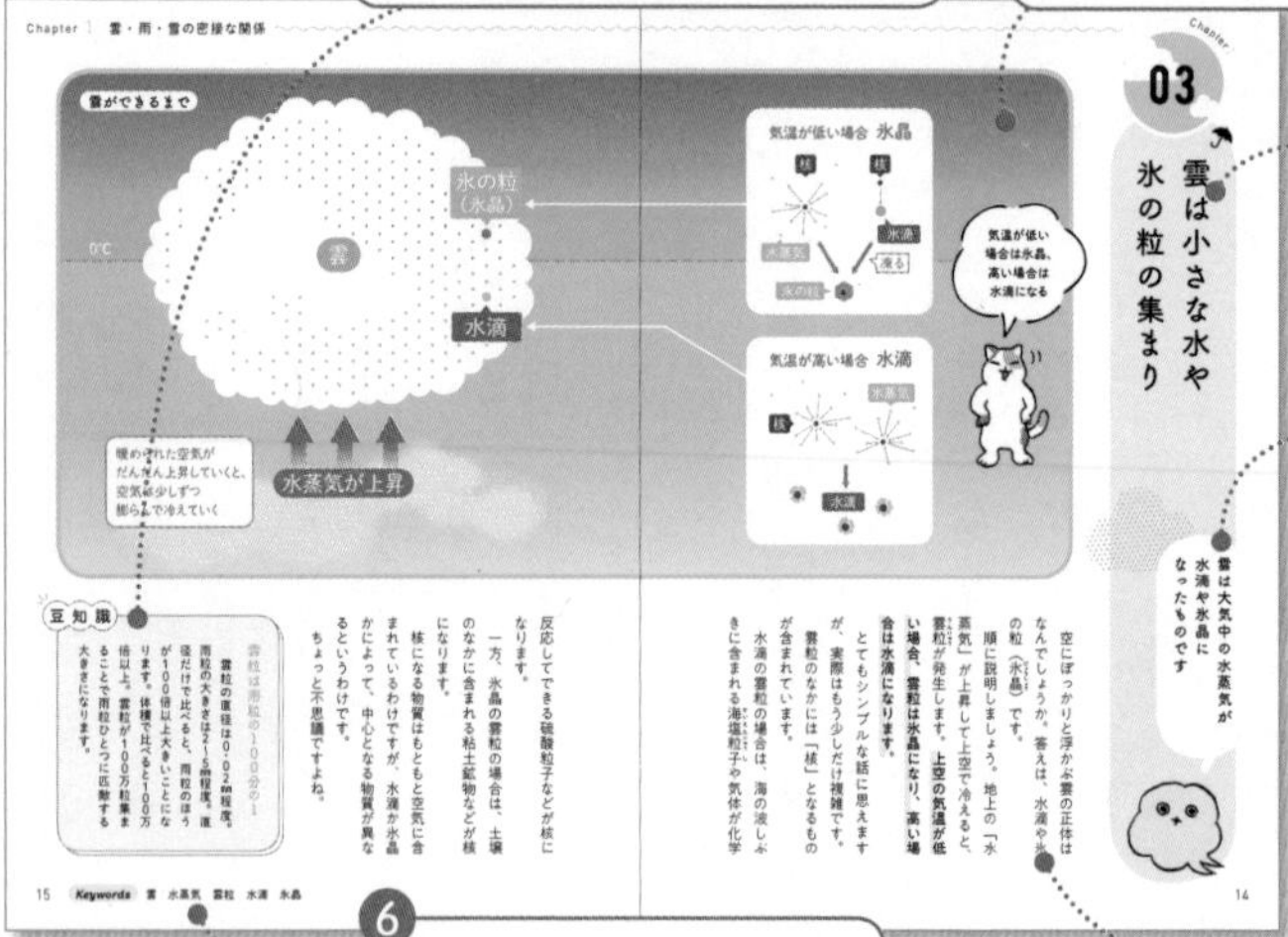

① テーマ　見開き2ページの主題

② キャッチ　テーマを読み解くためのポイントを解説

③ 説明文　初心者にわかりやすい表現で、ていねいに説明

⑥ 「キーワード別 index」と連動

● キーワード別 index

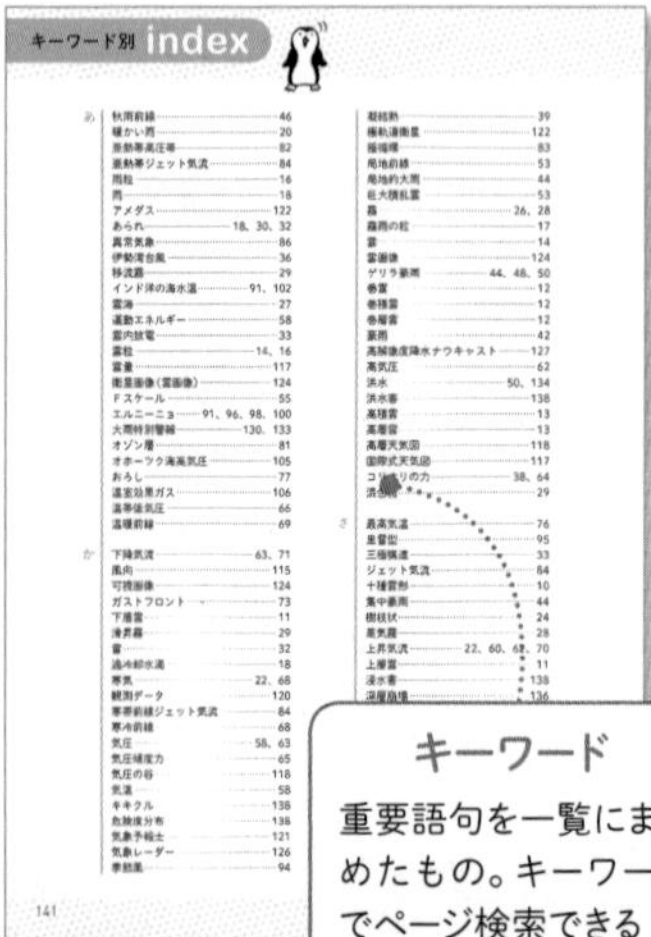

キーワード　重要語句を一覧にまとめたもの。キーワードでページ検索できる

● お天気3択クイズ

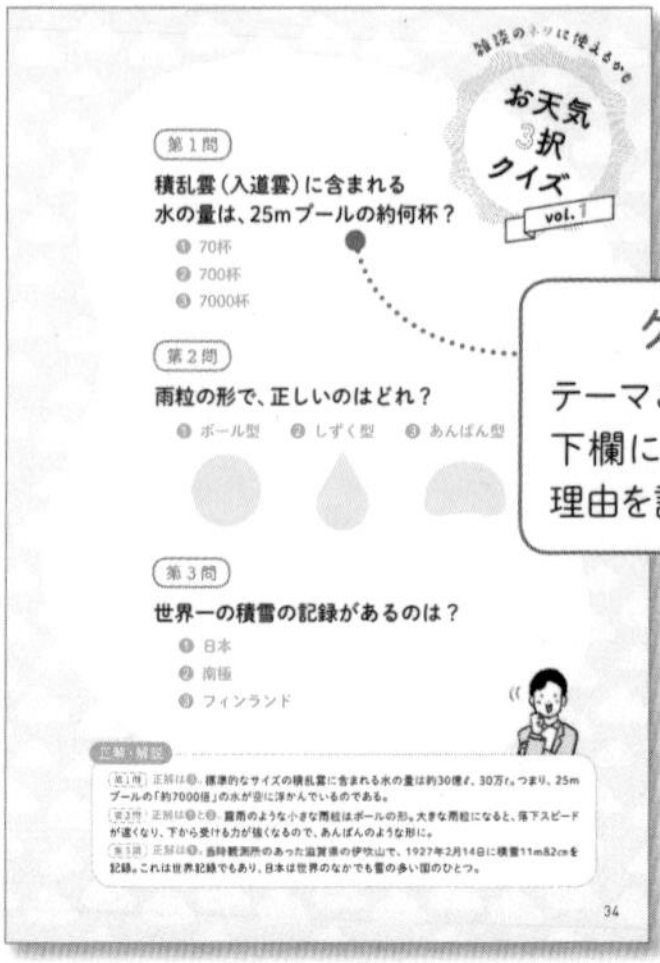

クイズ　テーマごとに出題。下欄に正解とその理由を詳しく解説

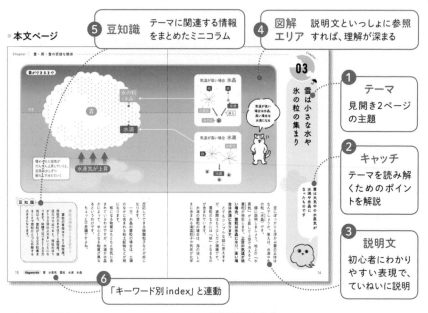

Chapter 1

雲・雨・雪の
密接な関係

地上や海上の大気に含まれる「水蒸気」が雲になり、
雨や雪、ときには雹やあられとなって地上に降りそそぎます。
わたしたちの印象では、それぞれがまったく違う天気ですが、
じつは「水蒸気の変化のしかた」が違うだけなのです。

01

雲はたった10種類だけ

積雲・積乱雲は縦に積み重なるように発達します

空に浮かぶ大きな雲はたくさんありますが、正式な分類では10種類しかありません。

これが**「十種雲形」**と呼ばれるものです。

この10種類は発達のしかたによって2つに分けられます。**縦に発達するのが「積雲・積乱雲」、横に広がるのが「層状雲」です。**

また、この10種類の雲は、次ページの図のように、できる高さに違いがあります。

「積雲」は下層雲、「積乱雲」は中層雲から上層雲に分類される高さに

図

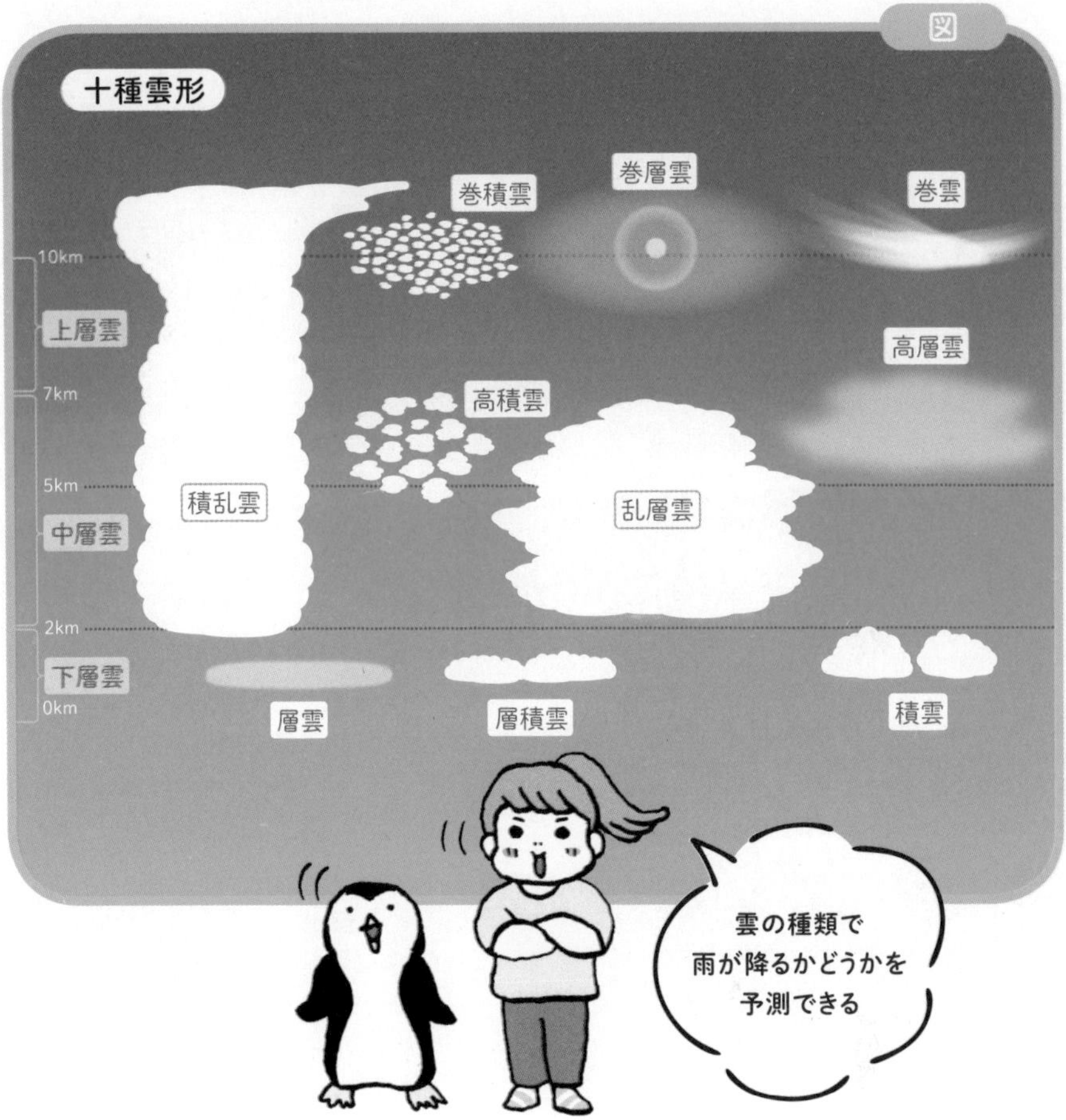

できます。一方、「層状雲」ができる高さは雲によって違います。

まずは、縦に発達する性質のある「積雲」と、もっとも巨大な雲になる「積乱雲」から見ていきましょう。

下層雲に分類される「積雲」の別名は「綿雲」でその名の通り綿のように見える雲です。底に当たる部分が比較的平らで、上の部分が綿菓子のように膨らんでいます。

この雲が上昇気流により発達して大きくなると積乱雲になります。

積乱雲の別名は「入道雲」。積乱雲の底は平らで日光を通さずに暗くなっており、この雲の真下にあたる地域では、激しい雨や豪雨、雷が発生することがあります。また、積乱雲が大きく発達して超巨大な積乱雲（スーパーセル）になることもあります。

Keywords　十種雲形　積雲　積乱雲　層状雲　上層雲　中層雲　下層雲

02 雲ができる高さで種類が変わる

横に広がる層状雲は上層・中層・下層で計8種類あります

上層雲

雲の形の基本形は、「層」と「積」と「乱」。形が塊状の場合は「積」、横に広がる層状の場合は「層」がつく。また、「乱」がつくと雨や雪を降らせる雲といった特徴がある。

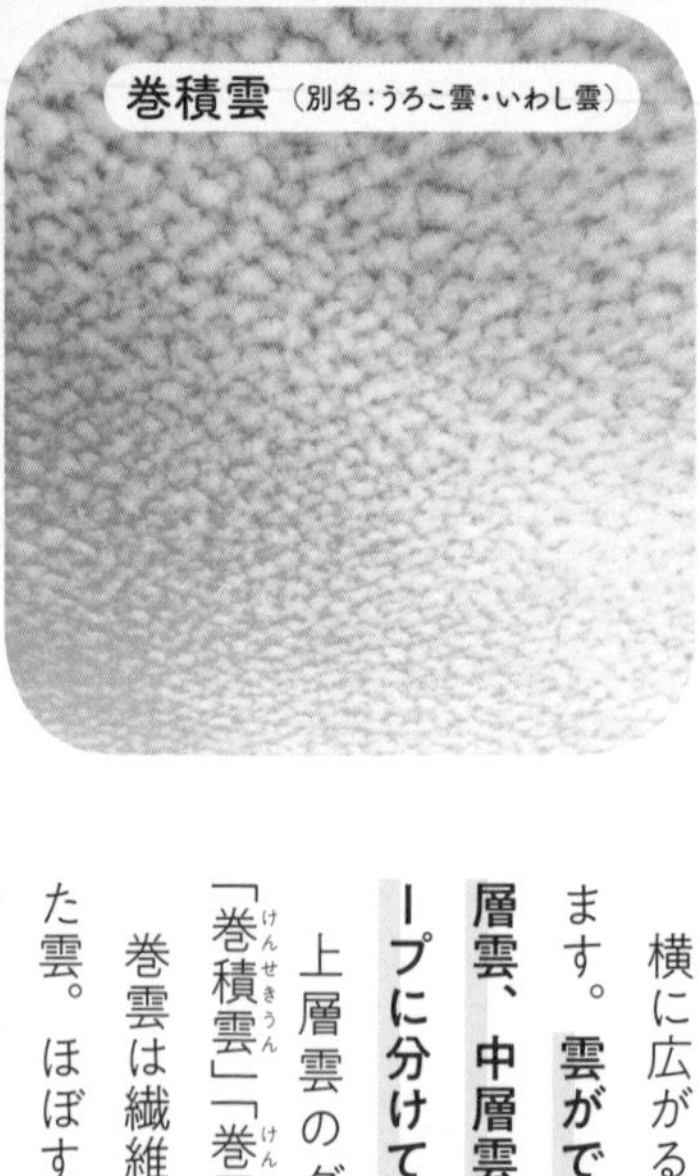

横に広がる層状雲の仲間を紹介します。**雲ができる高さに合わせ、上層雲、中層雲、下層雲の3つのグループに分けて解説します。**

上層雲のグループには「巻雲《けんうん》」「巻積雲《けんせきうん》」「巻層雲《けんそううん》」が分類されます。

巻雲は繊維や羽毛のような形をした雲。ほぼすべてに細かい氷の粒が含まれています。巻積雲は魚のうろこや小石を並べたような雲。巻層雲は空をおおう薄いベールのような雲。低気圧が近づくときは、はじめに巻雲が現れ、その次に巻積雲や巻層雲が現れます。そのため、巻積雲

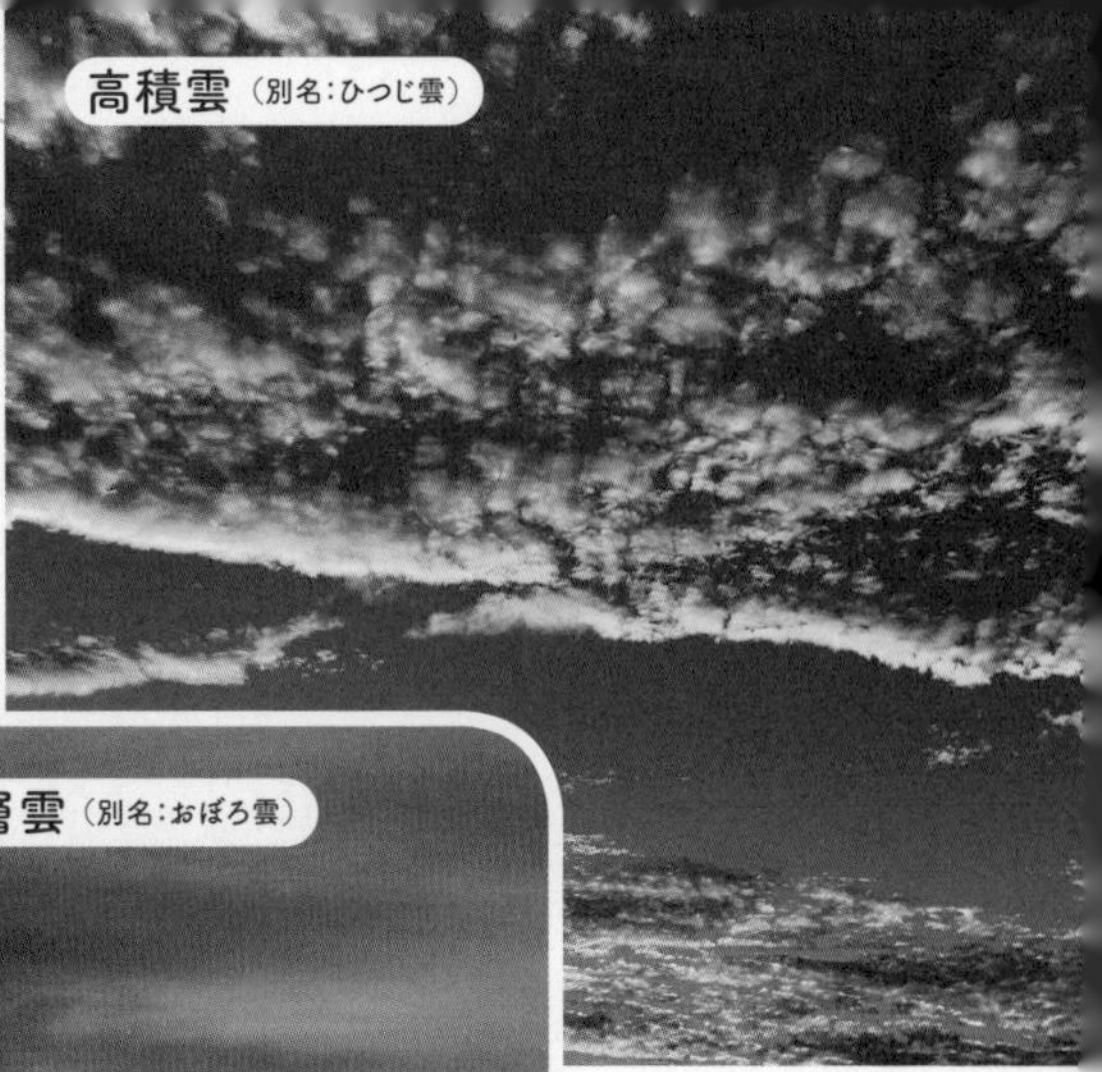
高積雲（別名：ひつじ雲）

中層雲

乱層雲（別名：雨雲）

高層雲（別名：おぼろ雲）

下層雲

層雲（別名：霧雲）

層積雲（別名：うね雲）

や巻層雲は、天候が崩れるサインと考えられています。

中層雲のグループは「高積雲」「高層雲」「乱層雲」です。

高積雲は白または灰色のかたまりがまだら状に並ぶ雲。小さな水の粒や氷の粒によってできています。高層雲は全天をおおいつくすことがある灰色の雲。発達すると乱層雲になって雨を降らせます。乱層雲は低気圧の中心にできる灰色の雲。雨や雪を降らせます。

最後の下層雲のグループは「層積雲」と「層雲」です。

層積雲は雲の塊がロール状やうねのように並んだ雲。曇り空にはなりますが、雨を降らせることはあまりありません。層雲は山の中腹などに現われる低い雲で、霧や霧雨をもたらすことがあります。

Keywords　巻雲　巻積雲　巻層雲　高積雲　高層雲　乱層雲　層積雲　層雲

Chapter 7

03

雲は小さな水や氷の粒の集まり

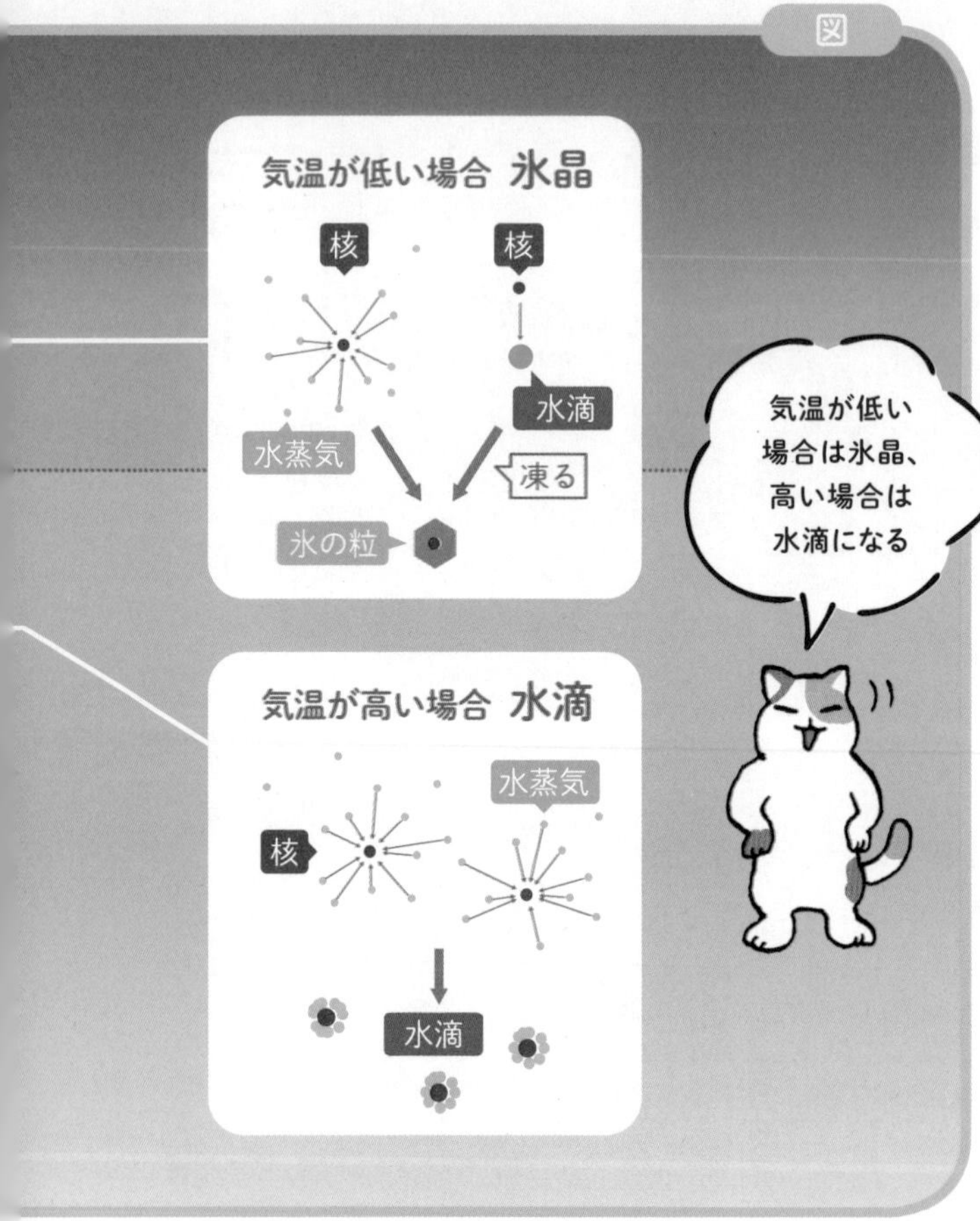

雲は大気中の水蒸気が水滴や氷晶になったものです

空にぽっかりと浮かぶ雲の正体はなんでしょうか。答えは、水滴や氷の粒（氷晶《ひょうしょう》）です。

順に説明しましょう。地上の「水蒸気」が上昇して上空で冷えると、雲粒《うんりゅう》が発生します。**上空の気温が低い場合は雲粒は氷晶になり、高い場合は水滴になります。**

とてもシンプルな話に思えますが、実際はもう少しだけ複雑です。雲粒のなかには「核」となるものが含まれています。

水滴の雲粒の場合は、海の波しぶきに含まれる海塩粒《かいえんりゅう》子《し》や気体が化学

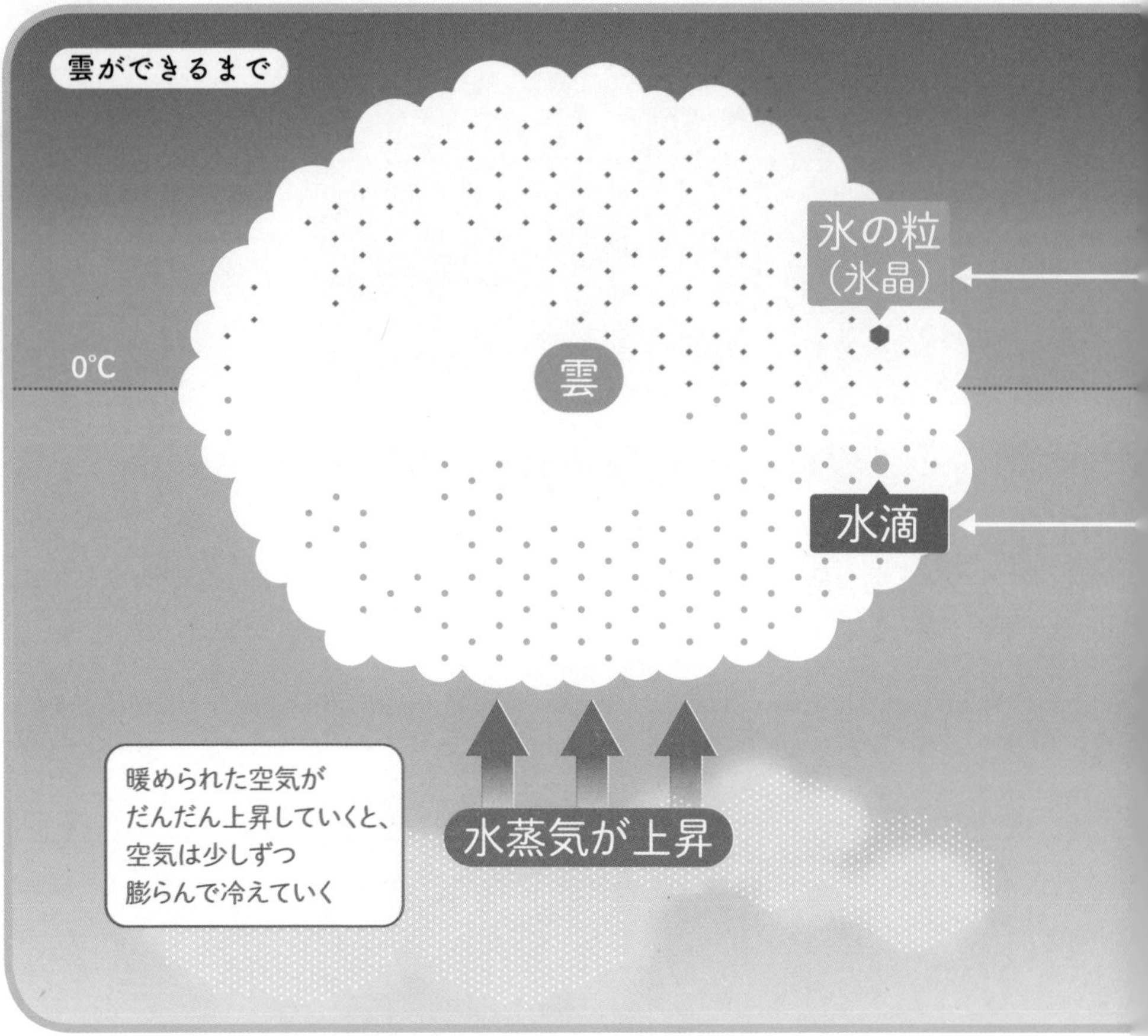
雲ができるまで
氷の粒
（氷晶）
0℃
雲
水滴
暖められた空気が
だんだん上昇していくと、
空気は少しずつ
膨らんで冷えていく
水蒸気が上昇

反応してできる硫酸粒子などが核になります。

一方、氷晶の雲粒の場合は、土壌のなかに含まれる粘土鉱物などが核になります。

核になる物質はもともと空気に含まれているわけですが、水滴か氷晶かによって、中心となる物質が異なるというわけです。

ちょっと不思議ですよね。

豆知識

雲粒は雨粒の100分の1

雲粒の直径は0・02㎜程度。雨粒の大きさは2～5㎜程度。直径だけで比べると、雨粒のほうが100倍以上大きいことになります。体積で比べると100万倍以上。雲粒が100万粒集まることで雨粒ひとつに匹敵する大きさになります。

Keywords 雲 水蒸気 雲粒 水滴 氷晶

04 雲は浮かぶのではなく落下している

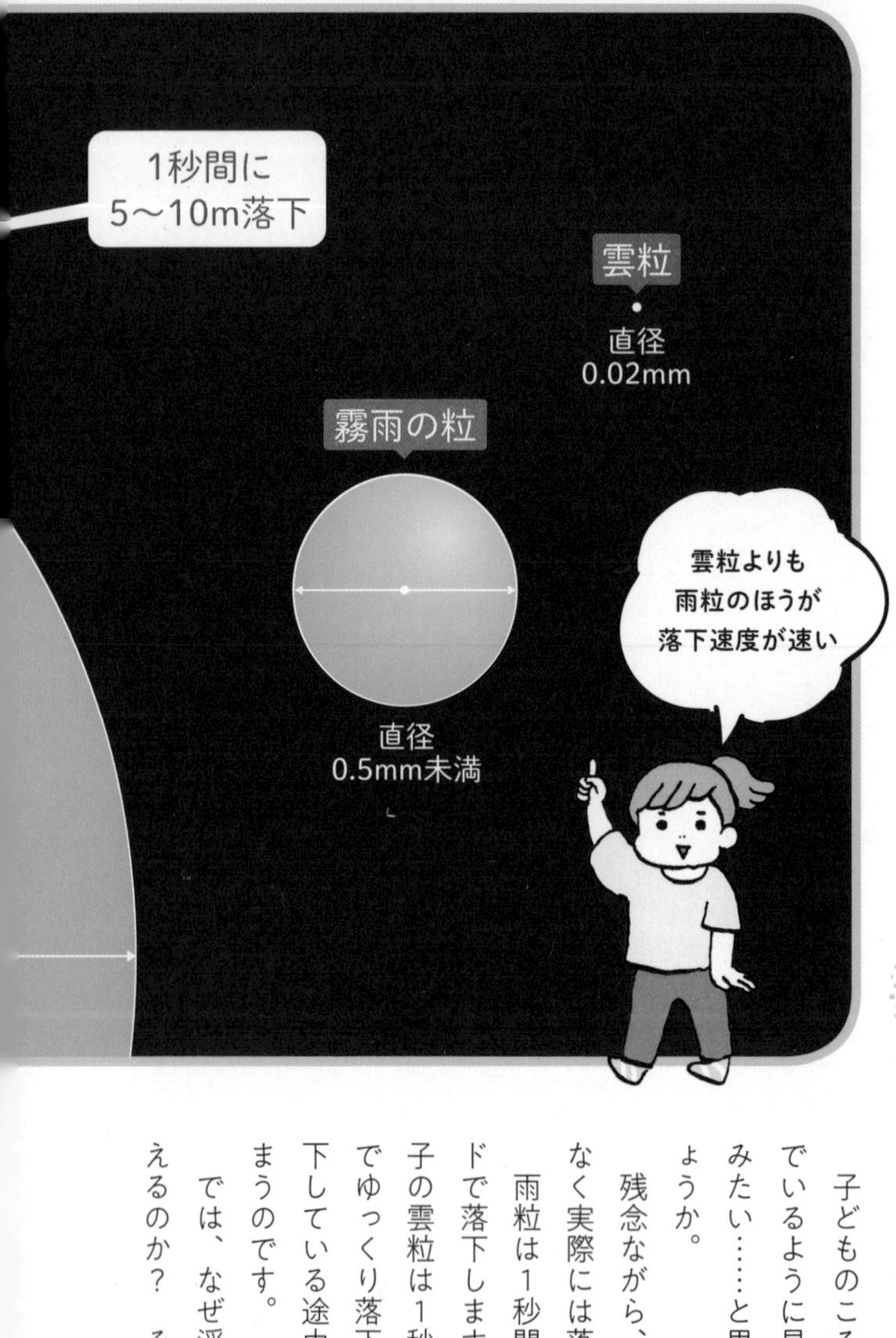
1秒間に
5〜10m落下
雲粒
直径
0.02mm
霧雨の粒
直径
0.5mm未満
雲粒よりも
雨粒のほうが
落下速度が速い

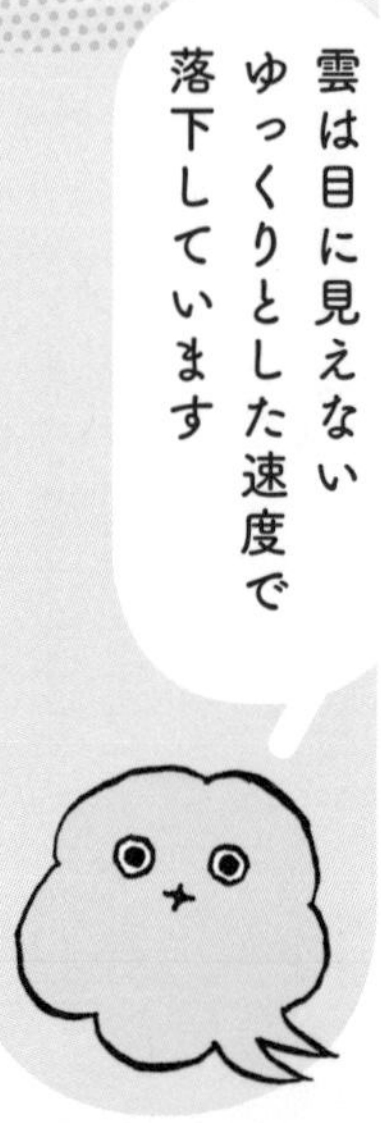
雲は目に見えない
ゆっくりとした速度で
落下しています

子どものころ、ぷかぷかと浮かんでいるように見える雲の上に乗ってみたい……と思ったことはないでしょうか。

残念ながら、浮かんでいるのではなく実際には落下しているのです。

雨粒は1秒間に5～10mのスピードで落下しますが、雲を構成する粒子の雲粒は1秒間に1㎝のスピードでゆっくり落下します。しかも、落下している途中で蒸発して消えてしまうのです。

では、なぜ浮かんでいるように見えるのか？　それは**雲粒が肉眼でわ**

図

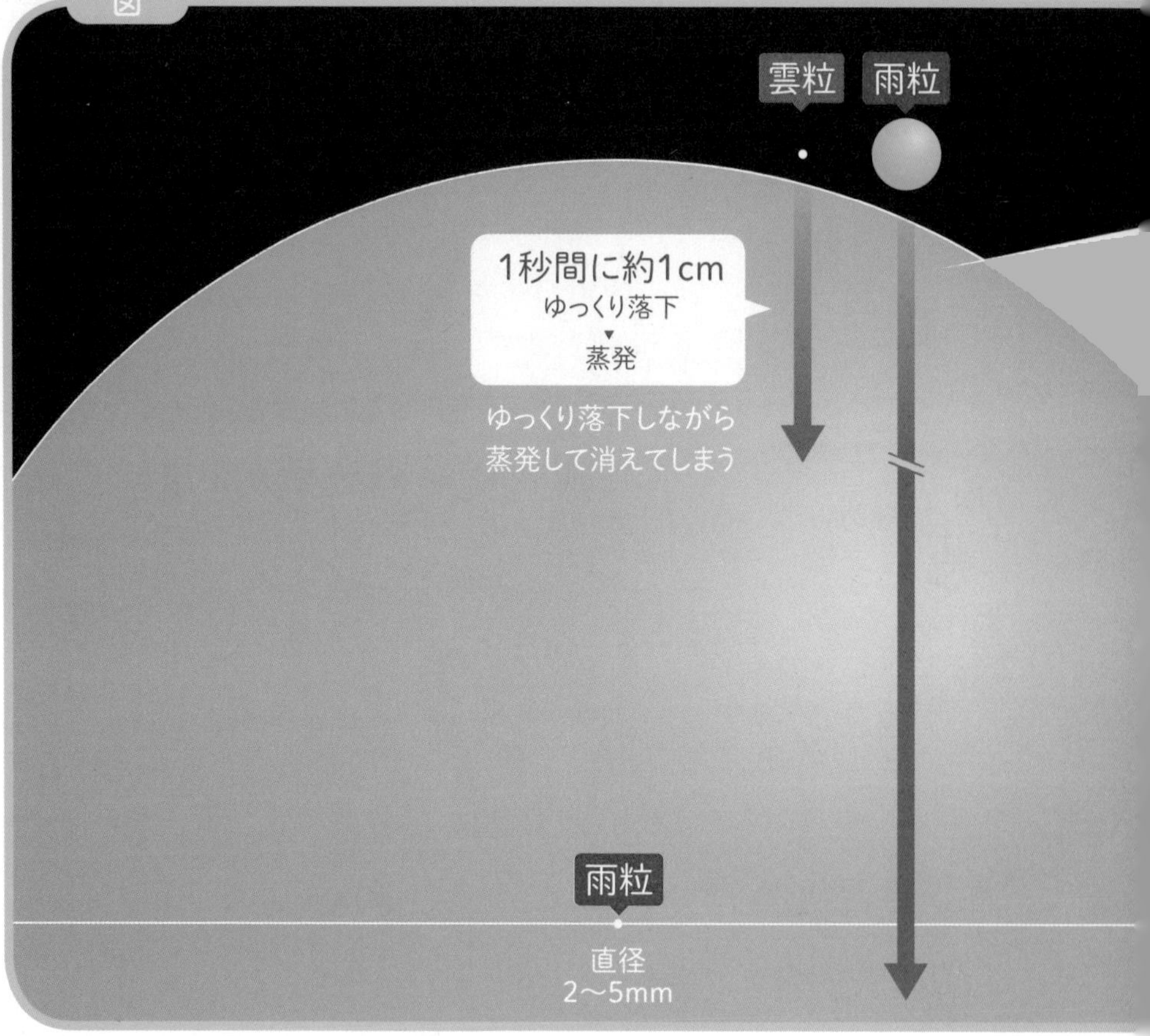

からないくらいゆっくり落下しているからです。

雲粒は上昇気流にのって浮かんでいるものもありますが、ゆっくり落下しながら消えては生まれて、雲全体が一定の高さにとどまっているように見えます。

つまり、雲が浮かんでいるように見えるのは、「目の錯覚」というわけなのです。

豆知識

霧雨《きりさめ》の粒は雨粒より小さい

雨粒の大きさはまちまちです。夕立の雨粒は大きく、霧雨の粒は小さく感じますが、実際にその通りです。霧雨の粒の直径は0.5㎜未満。大きい雨粒は2〜5㎜程度なので、約10分の1です。落下するスピードも、大きい雨粒より遅くなります。

Keywords　雲粒　雨粒　霧雨の粒

05

氷晶が落下する過程で雪・あられ・雨に変化

「過冷却水滴」によって雪やあられがつくられます

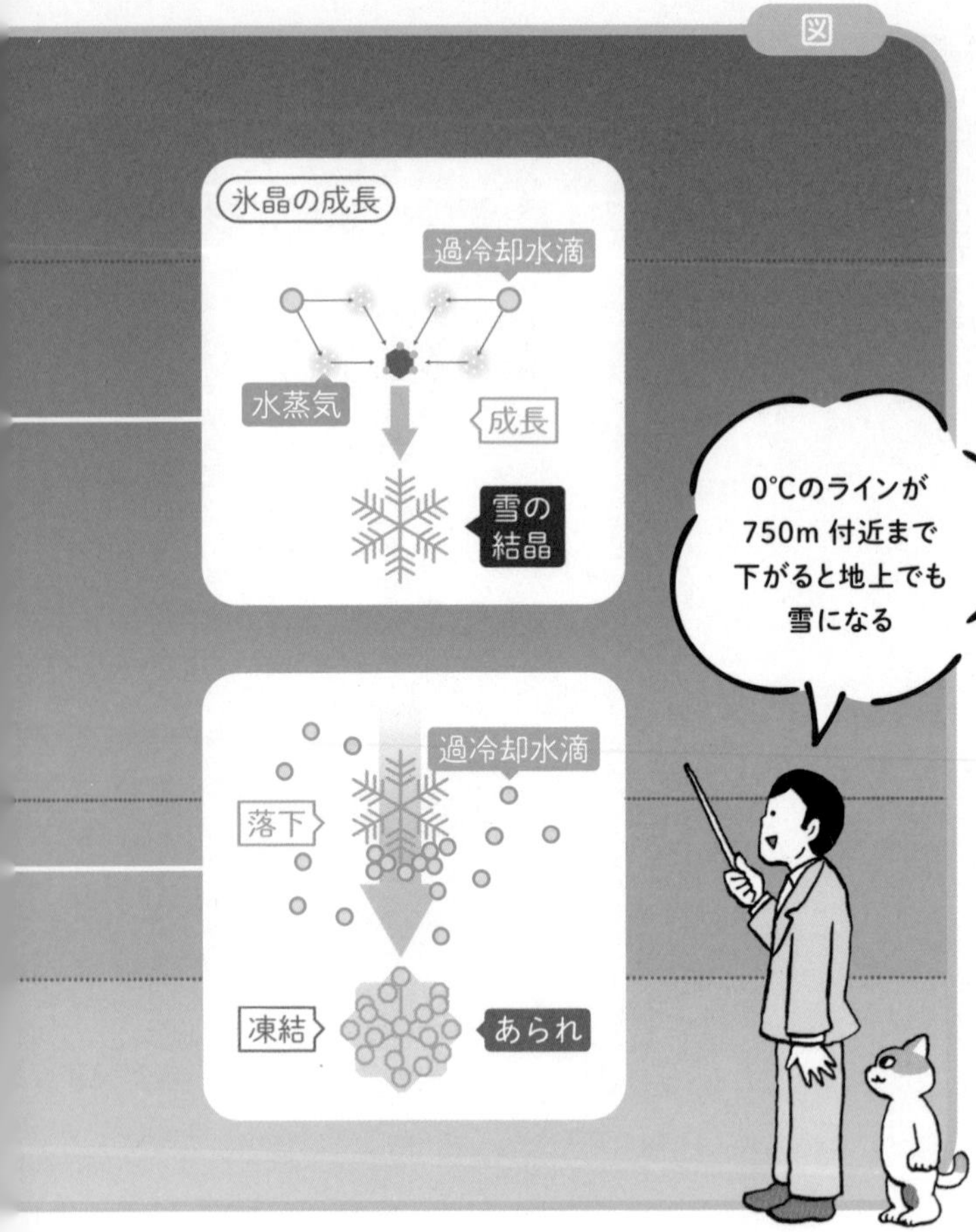

雲のなかにはさまざまな雲粒が入っています。大まかには水滴と氷晶の2つですが、そこに「過冷却水滴」と呼ばれるものがまざっています。

過冷却水滴とは気温が0℃を下回っても凍らない水滴のこと。大気中の雲粒は零下35℃ぐらいまでは凍結しないことがあるのです。

まず、水滴、氷晶、過冷却水滴が空に浮かんでいる状態を想像してください。この状態から雲粒が変化して、雪やあられ、雨になります。

上図のように、雲のなかは上に行

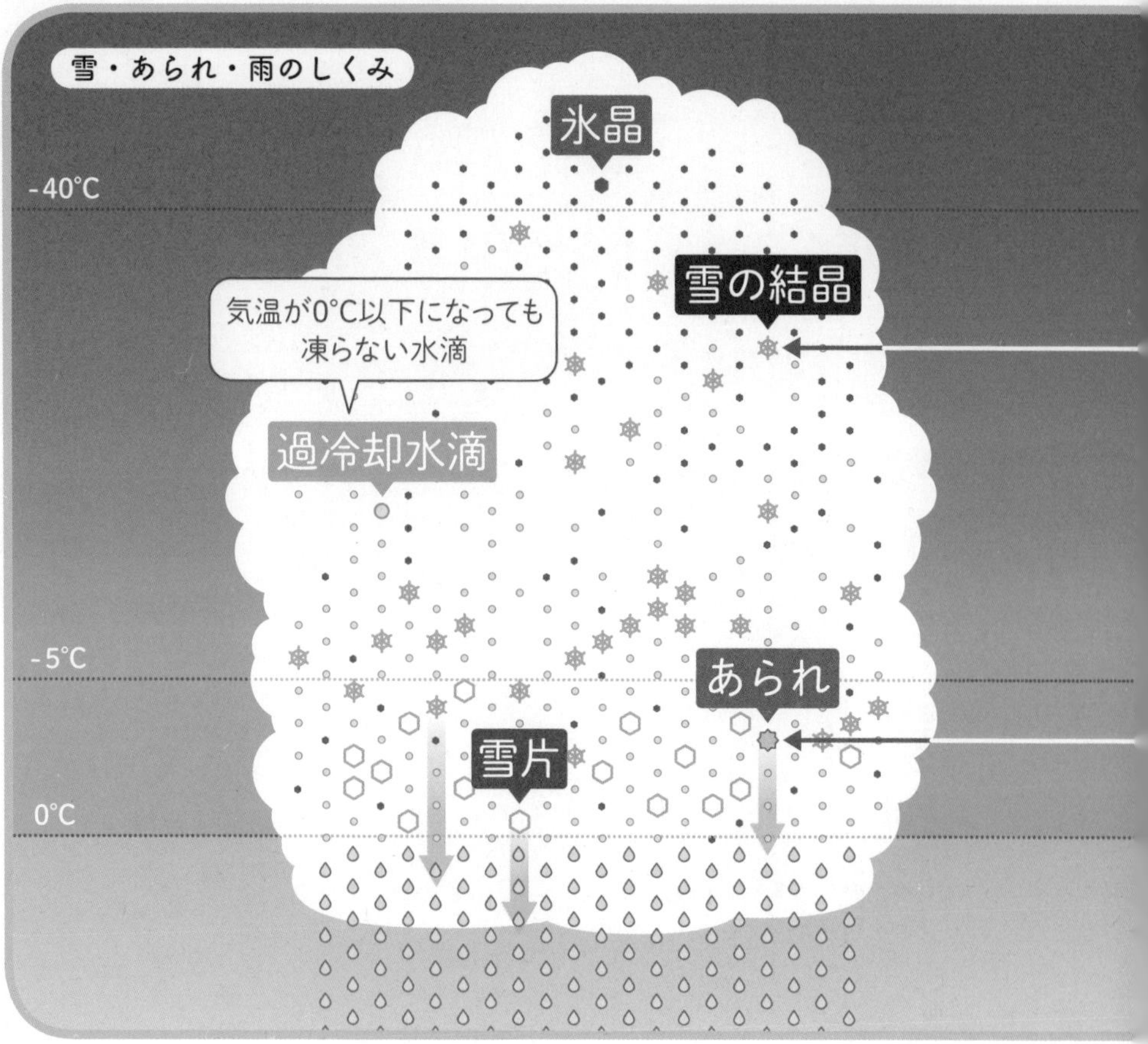

くほど気温が低く、下に行くほど気温が高くなっています。

雲の上のほうにある氷晶は、過冷却水滴から水蒸気を吸収して大きくなり雪の結晶になります。

この雪の結晶が落下するときに、ほかの過冷却水滴とくっついて凍ると、あられになります。

雪の結晶もあられも、そのまま落ちることで雪やあられになります。そして**雪やあられが落下する過程で溶けてしまえば、雨になります。**

氷晶が成長し落下する過程で、雪、あられ、雨の3つに変化するというわけです。

過冷却水滴はその3つの変化をうながす媒体のようなもの。このように考えると、雨が雪になったり、雪が雨になったりするおなじみの現象も納得できます。

Keywords 過冷却水滴 雪 あられ 雨

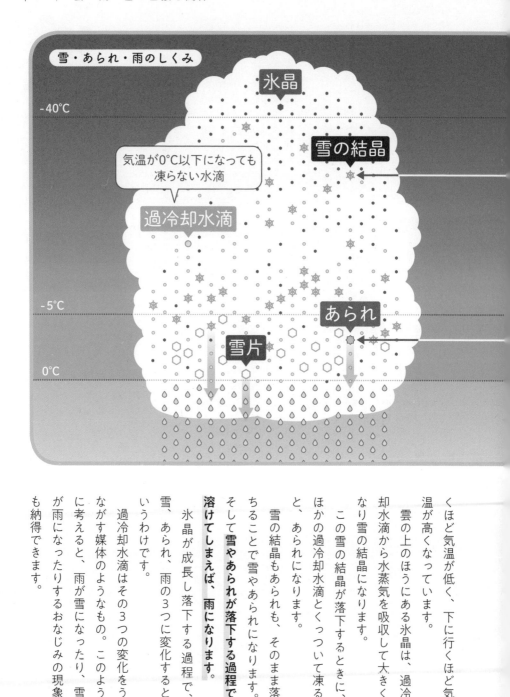

06 雨か雪かみぞれか？結果は気温と湿度で変わる

同じ気温でも湿度が低いほど雪が降りやすくなります

図❶ 雨と雪の境界は「気温」と「湿度」

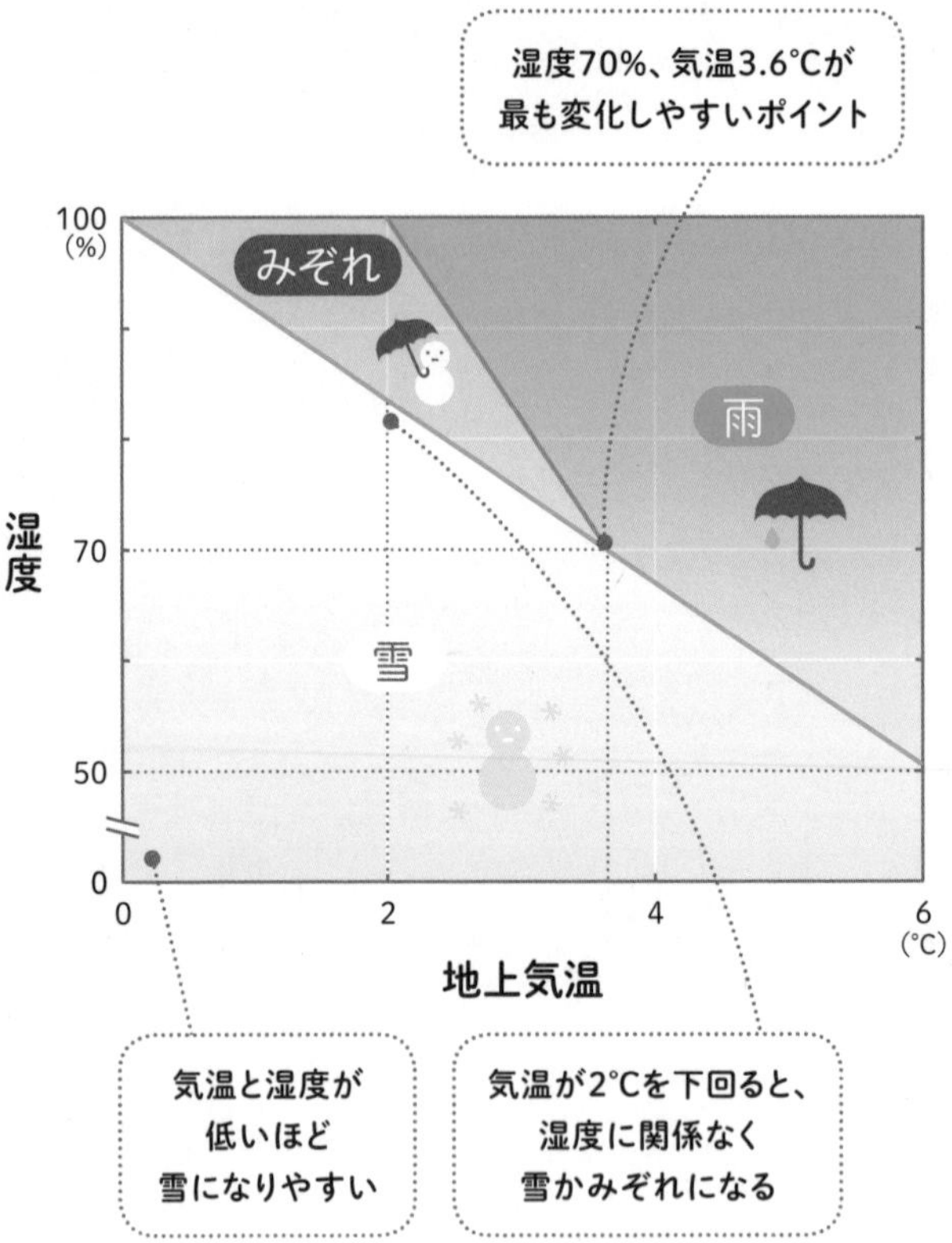

湿度70%、気温3.6℃が最も変化しやすいポイント
100 (%)
70
50
0
湿度
みぞれ
雨
雪
0
2
4
6 (℃)
地上気温
気温と湿度が低いほど雪になりやすい
気温が2℃を下回ると、湿度に関係なく雪かみぞれになる

雨には、暖かい雨と冷たい雨があるのをご存じですか。

雲のなかの気温が0℃より高く、氷晶が含まれていない雲から降る雨を**「暖かい雨」**と呼びます。これは、空気中の海塩粒子などが水蒸気と結びつき、水滴となって地上に落ちてきたものを指します。

この暖かい雨は、雲頂の温度が0℃を下回らない熱帯地方の雲から発生します。

一方、氷点下の雲のなかで氷晶ができ、それが成長し落下する途中で溶けて水滴になったものを**「冷たい**

図2

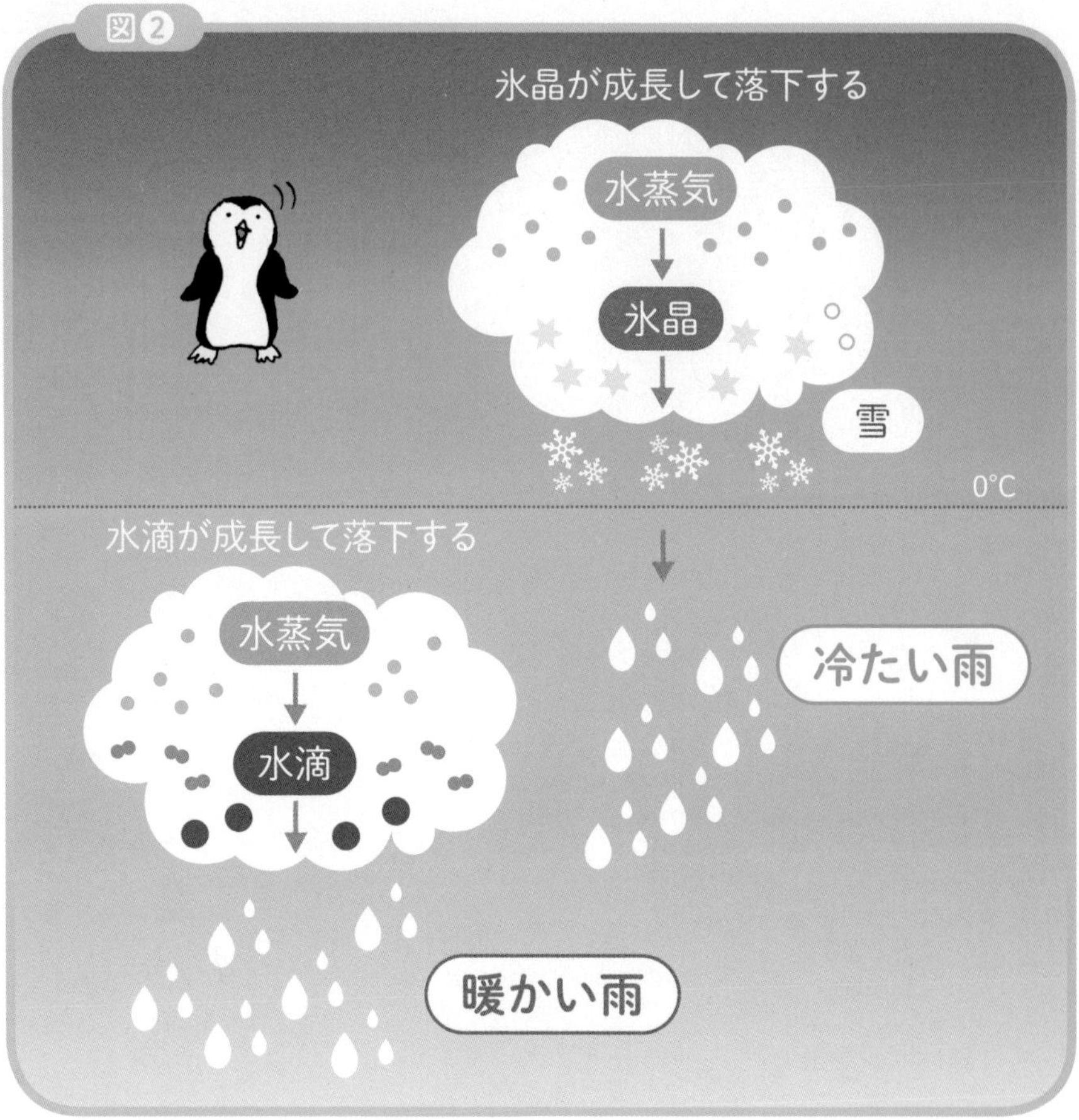

雨」と呼びます。気温が高い雨でも、もとは氷晶だったため、冷たい雨になるのです。

日本で降るほとんどの雨は、こちらの冷たい雨です。

季節が冬になり、気温がぐっと下がるころには、雪の結晶が溶けずに落下するので、雪になります。

このように、気温が低いほど雪やみぞれになりやすいのは当然ですが、ここには湿度の条件も関わってきます。

図❶を見てください。気温が6℃の場合、湿度が50％以上なら雨、50％を下回ると雪になります。つまり、**空気が乾燥している日ほど雪が降りやすいといえるのです。**

ただし、気温が2℃以下になった場合は、湿度に関係なく雪やみぞれが降ります。

Keywords 暖かい雨 冷たい雨 雪 みぞれ

07

雨を降らせる上昇気流は4つの原因で発生する

上昇気流は不安定、暖気と寒気、低気圧、山の斜面で発生します

図❶

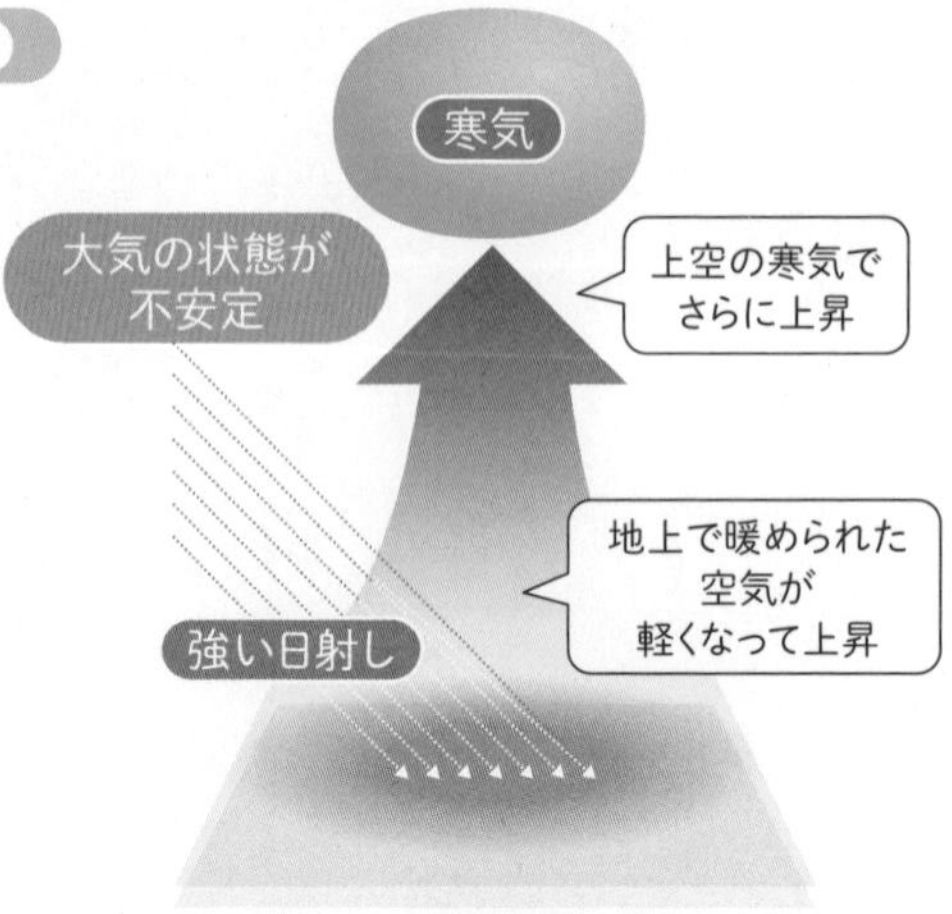

図❷

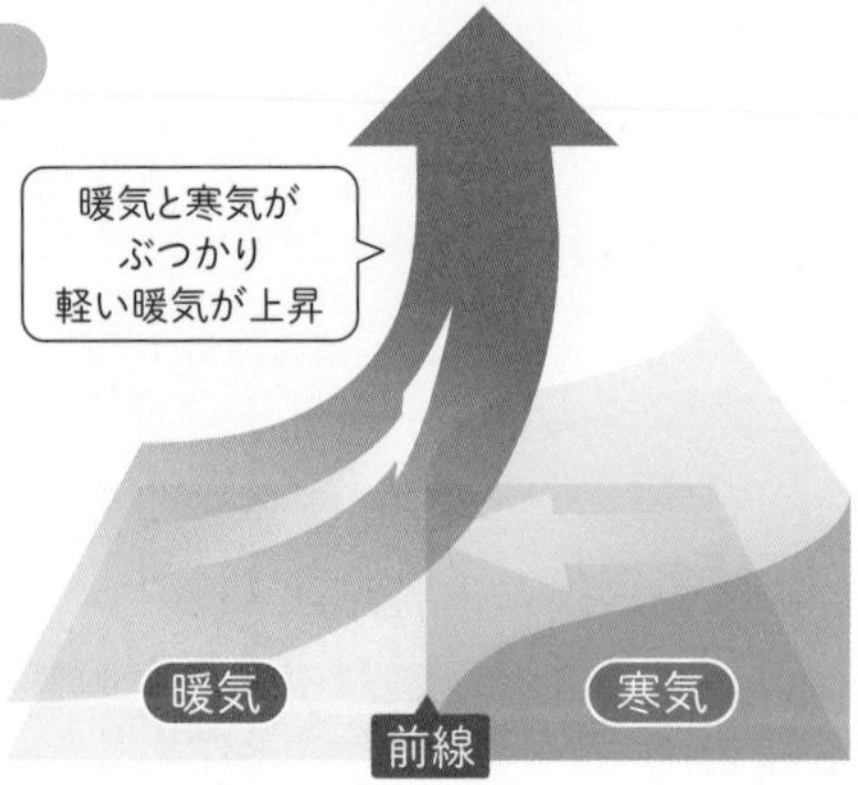

上昇気流とは、真上に向かう空気の流れです。

この上昇気流がきっかけで、雨や雪、みぞれが降る雲が生まれます。ポイントは「大気の状態が不安定」「暖気と寒気」「低気圧」「山の斜面」の4つです。

まずは大気の状態が不安定な場合です。太陽光で地面が暖められると、上昇気流が発生します（図❶）。

太陽によって暖められた空気は膨らんで大きくなり、軽くなって上がっていきます。このとき、大気の状態が不安定で上空に寒気（冷たい空

図❸

低気圧に向かって
集まった空気が
上昇
低

山にぶつかった空気が
上昇気流になると
雨雲に！　山の天気は
変わりやすい

図❹

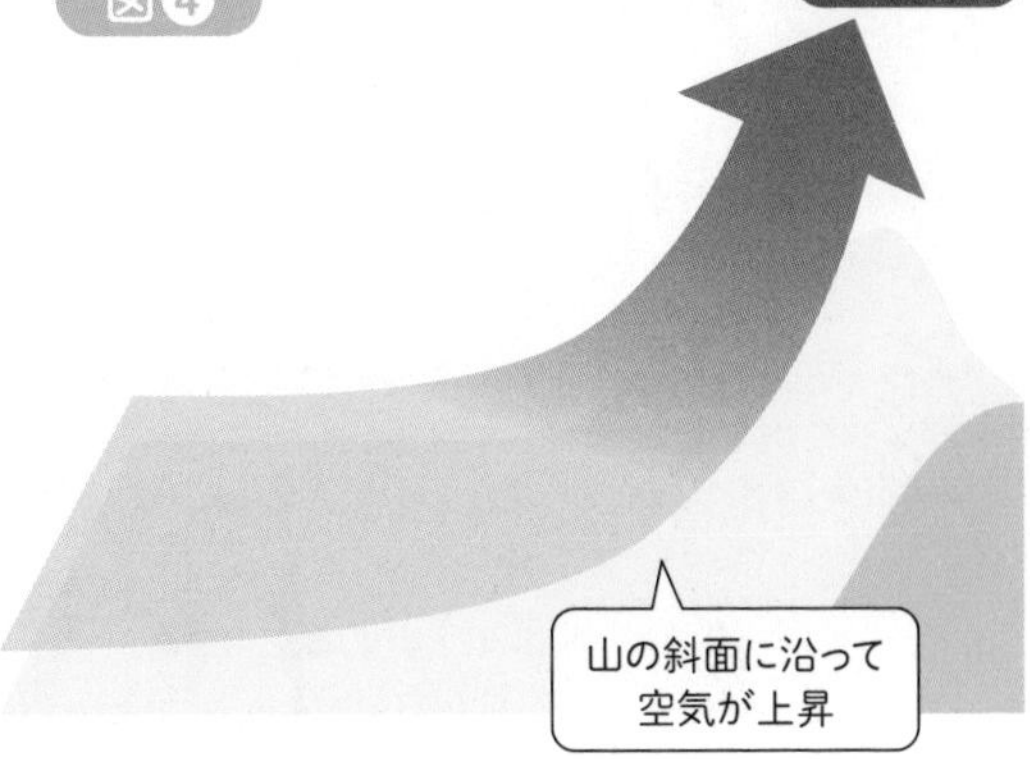
上昇気流
山の斜面に沿って
空気が上昇

気）が流れ込んでいる状態なら、この軽い空気はさらに上昇して雨を降らせる雲ができます。

次に暖気（暖かい空気）と寒気がぶつかる場合です。

この2つがぶつかると、軽い暖気が重い寒気に持ち上げられるような形で上昇します（図❷）。ちなみに、この**暖気と寒気の境目を「前線」と呼びます。**

一方で、低気圧から上昇気流が発生する場合もあります。

低気圧の周辺は気圧（空気の圧力）が低いので、周囲の空気を吸い込む現象が発生します。そして、吸い込まれた空気から上昇気流が発生します（図❸）。

このほか、横向きの風が山にぶつかることで発生する上昇気流もあります（図❹）。

08 雪の結晶の形は気温と水蒸気で決まる

地上で雪の結晶を調べれば上空の大気の状態を予測できます

樹枝六花の結晶

樹枝状の雪の結晶は、中心の核から細長い枝が伸びているような形になっているため「樹枝六花」とも呼ばれる。

6本の枝の形をした「樹枝状」の結晶は代表的なパターンのひとつ

雪の結晶にはさまざまな形があります。

世界ではじめて人工雪をつくることに成功した物理学者・中谷宇吉郎（１９００〜１９６２）は、上空の「気温」と「水蒸気量」で雪の結晶の形が変わることを発見しました。

雪の結晶の形は「気温」によって板状または柱状のどちらかに分かれます。この状態がさらに「水蒸気量」によって変化します。

わたしたちが一般的に、雪の結晶としてイメージする「樹枝状《じゅしじょう》」という形の結晶は、気温マイナス10〜20

図

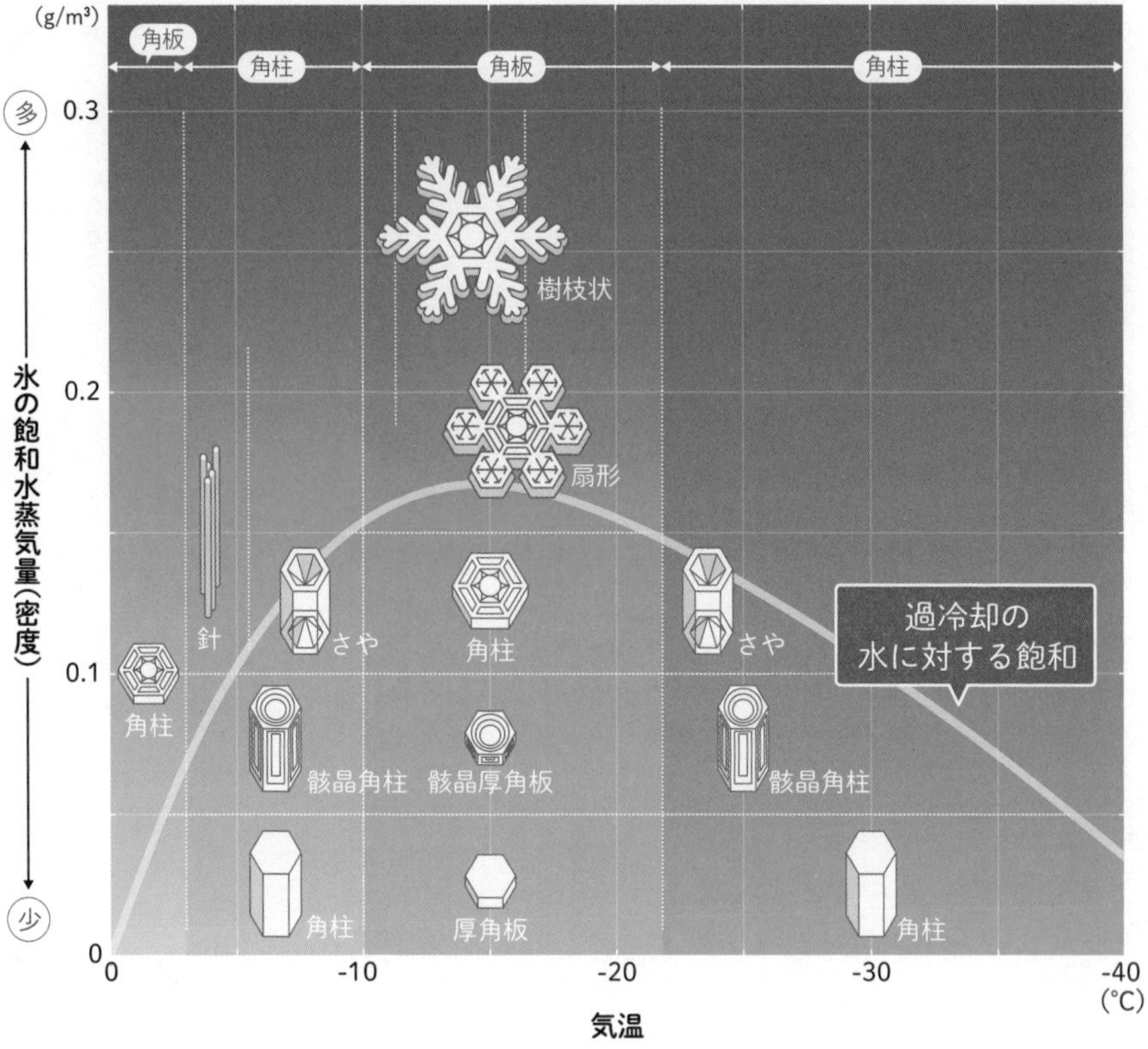

℃で水蒸気量が0・2〜0・3g/㎥（グラム毎立方メートル）で発生する結晶です。同じ気温で水蒸気量が少ないときは「厚角板」になります。

この雪の結晶は刻々と変化します。そして、**雪の結晶の形を調べるだけで上空の気温や水蒸気量を予測できる**というわけです。

中谷氏の有名な言葉「雪は天から送られた手紙」はそういう意味です。

豆知識

ダイヤモンドダストとは？

気温が極端に下がると空気中の水蒸気が凍り、氷の結晶ができます。そこに太陽の光が当ってキラキラと輝いて見える現象が「ダイヤモンドダスト」。このとき、氷の結晶は空気中に浮いているのではなく、移動している（降っている）状態になります。

Keywords 雪 雪の結晶 樹枝状 ダイヤモンドダスト

09

雲、霧、もやはすべて同じもの

空にあるのが「雲」で地表付近にあるのが「霧」と「もや」

北海道釧路湿原の霧

釧路・札幌・東京の霧日数の平年値※

※1991～2020年の平均値

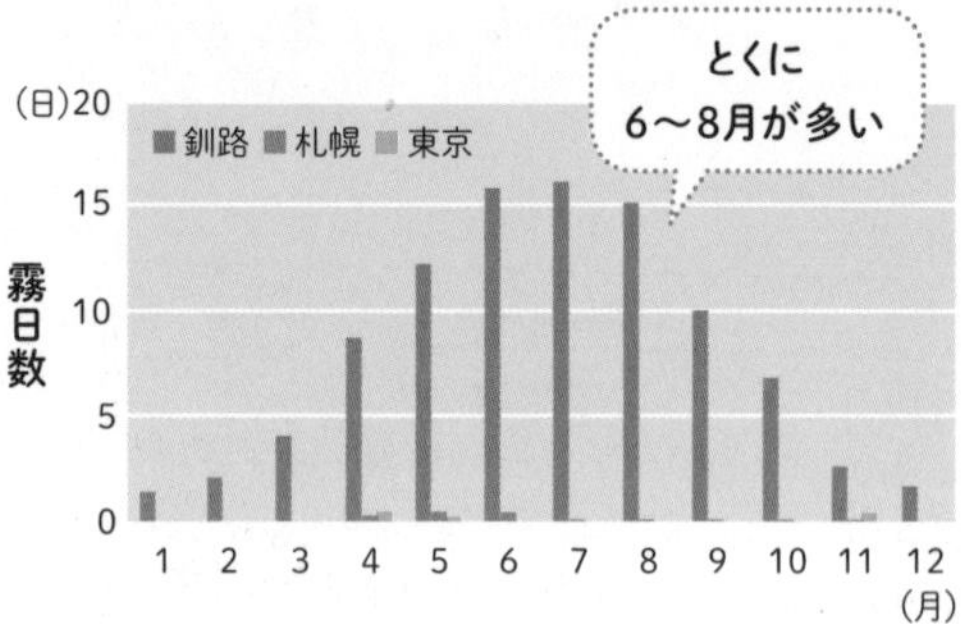

じつは空に浮かぶ雲と、地上に立ちこめる霧はまったく同じものです。どちらも小さな水滴が浮いている状態で、上空にあるか地上にあるかだけの違いです。

ちなみに気象庁では、微小な浮遊水滴により視程（水平方向で見通せる距離）が**1km未満の状態を「霧」と呼び、1km以上10km未満の状態を「もや」と呼んでいます。**

また、霧が発生しやすいのは「盆地」と呼ばれる地形です。

盆地は周囲を山で囲まれているため風が弱く、地上の熱が上空に逃げ

長野県御嶽山（おんたけさん）から見た雲海

ていく放射冷却現象が起こりやすいのです。この現象で冷えた空気が盆地にたまることで、霧が発生しやすくなります。この霧は「盆地霧」などと呼ばれます。

寒い夜に盆地霧が発生すると、気温が上がり始める朝までその場にとどまります。この状態の盆地霧を山の高いところから見たものが「雲海」と呼ばれるものです。

豆知識

都市部で霧が発生しない理由

都市部（とくに東京）では、コンクリートの建物が増えて緑地が減ったため、空気が乾燥して霧の発生が減りました。朝晩の冷え込みが弱くなったことも原因のひとつです。北海道の釧路（右ページのグラフ）と比べると違いがよくわかります。

 Keywords 霧 もや 盆地霧 雲海

Chapter 7

10 霧が発生するメカニズム

放射霧、蒸気霧、移流霧の3つを覚えておきましょう

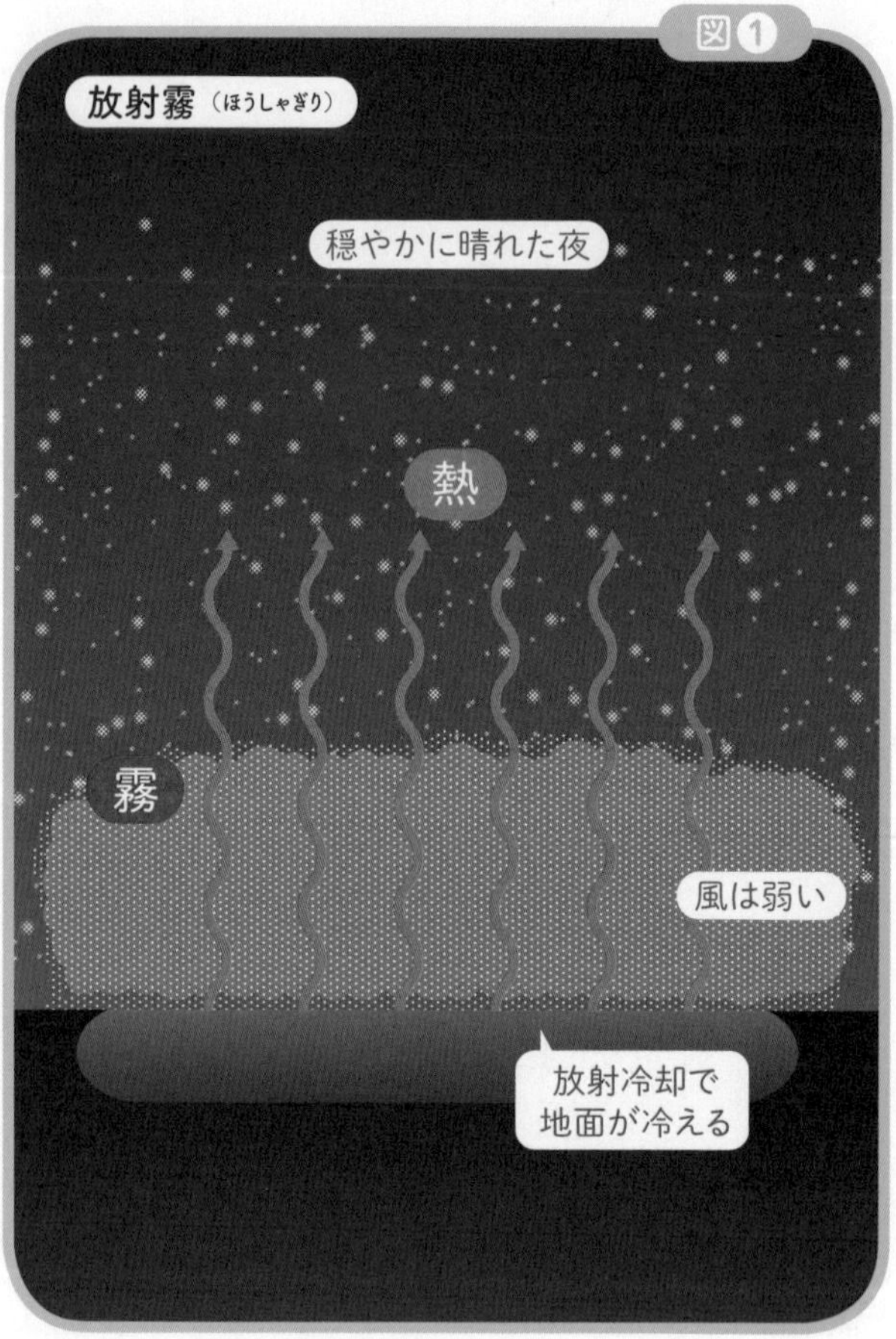

霧は地表付近で発生する雲です。透明な水蒸気が過飽和状態になることで小さな水滴になり、空中にただよう現象です。

この霧が発生するメカニズムにはいくつかパターンがあります。

まずは**放射霧**《ほうしゃぎり》。穏やかに晴れた夜、地表の熱が上空に逃げる放射冷却現象によって地表付近が冷え込むことで発生します（図❶）。とくに雨が降ったあとの夜、湿気が多い状態で発生する放射霧は**濃霧**《のうむ》になります。

2つ目は**蒸気霧**《じょうきぎり》。空気よりも暖か

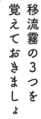

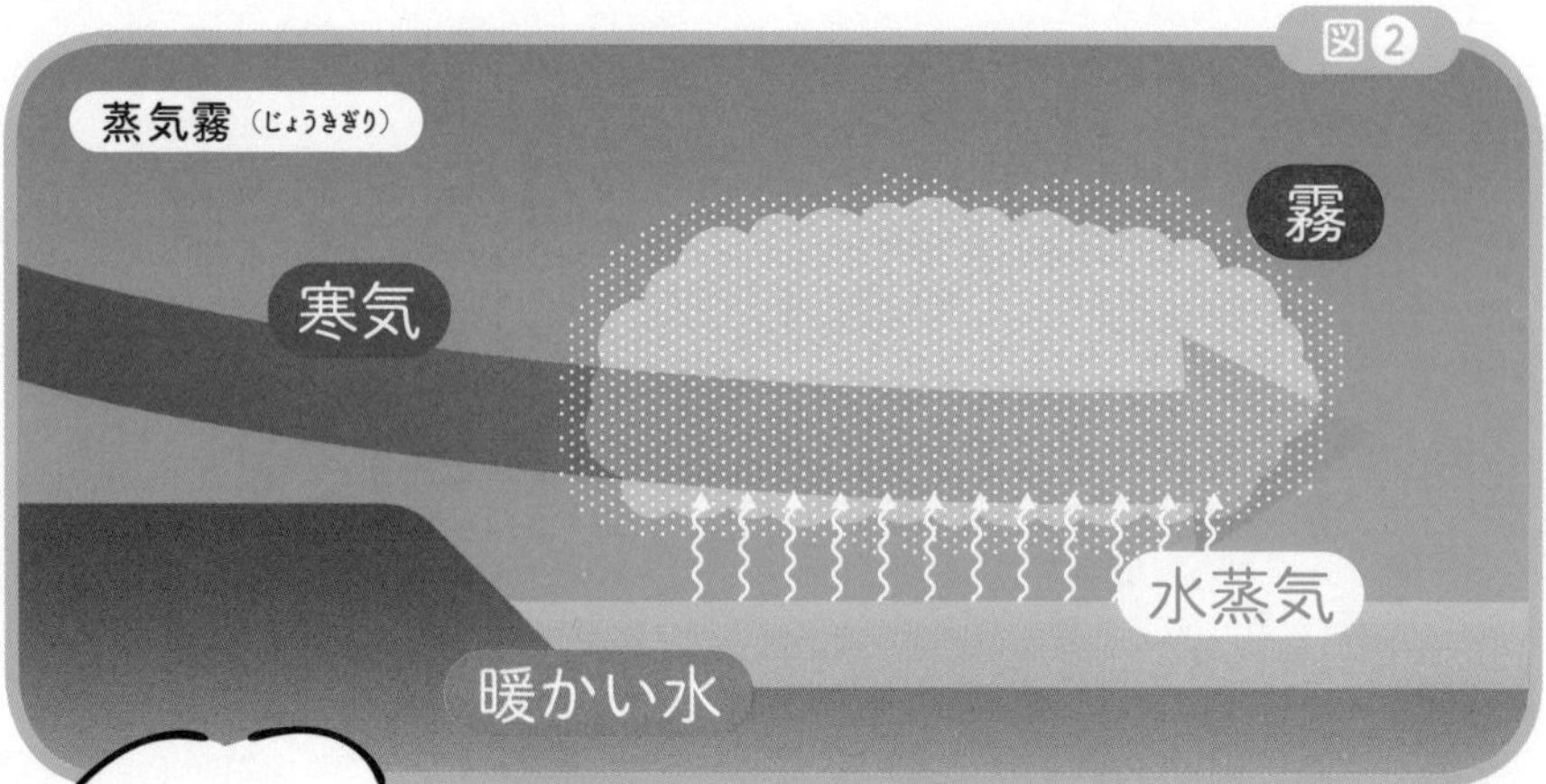

い水が蒸発することでできた水蒸気に寒気（冷たい空気）が流れ込むことで発生する霧です（図❷）。真冬の日本海や川で見られる湯気のように立ち上る霧がこの蒸気霧です。「けあらし」と呼ばれることもあります。

３つ目は**移流霧**《いりゅうぎり》。「移流」とは空気の塊が水平に移動すること。暖かい空気の塊が、温度の低い地面や海面に冷やされ、水蒸気が凝結してできる霧のことを移流霧といいます（図❸）。日本では、北海道の東の海でしばしば発生しています。

このほかにも、暖気と寒気がぶつかる前線にできる**前線霧**《ぜんせんぎり》、湿った空気が山を昇るときに発生する**滑昇霧**《かっしょうぎり》（山霧、ガス）、湿った暖気と寒気が混じり合うことで発生する**混合霧**《こんごうぎり》などがあります。

Keywords 霧 放射霧 蒸気霧 移流霧 前線霧 滑昇霧 混合霧

11 大きい雹は時速115kmで落下する

雲のなかで上下しながら成長したあられが雹になります

空から降ってくる氷の粒は直径5㎜未満の場合「あられ」、5㎜以上の場合「雹《ひょう》」と呼ばれます。

では、なぜ氷の粒の大きさに差ができるのでしょうか。

これは、雲のなかに発生する上昇気流の強さで説明できます。

上昇気流が弱いとき、氷の粒はそのままあられとして地上に降ってきます。このとき、途中で溶ければ雨になります。

一方、**上昇気流が強いとき、氷の粒はあられのまま雲のなかをただよい、上下しながら成長します。**そし

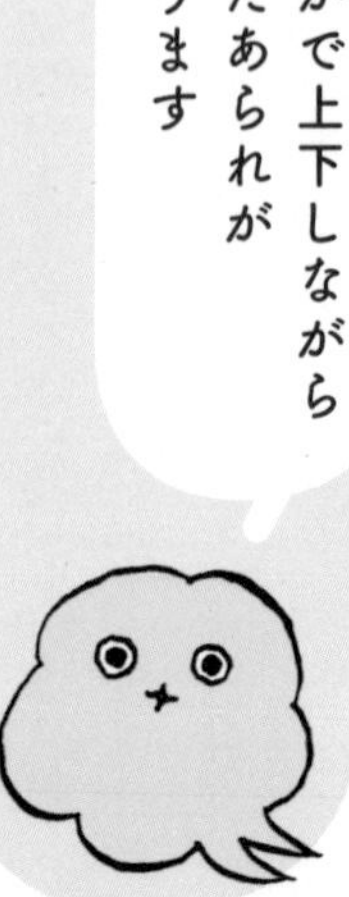

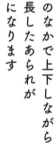

雹の形や大きさはさまざま。氷の塊と化した雹は、大きければ大きいほど落下スピードも速くなる。

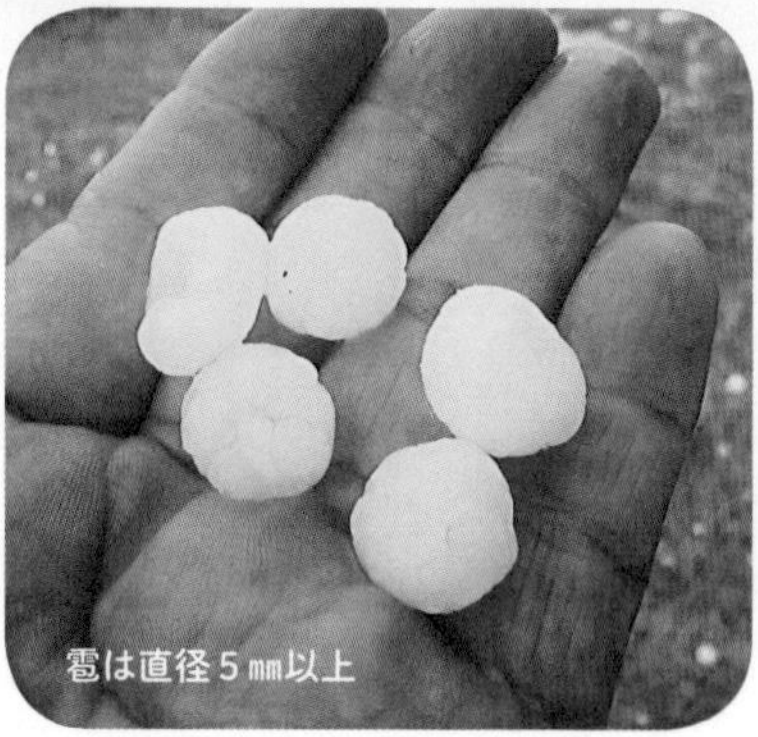

雹は直径５㎜以上

て、次第に大きくなり、強い上昇気流でも支えきれない大きさになったときに落下します。

雹が落下するスピードは大きいほど速くなり、被害も大きくなります。直径５㎜の雹の落下スピードは時速36㎞ですが、直径50㎜の場合は時速１１５㎞に達します。

雹による被害のなかで最も影響が大きいのは農作物で、そのほかは屋根、窓ガラス、ビニールハウス、車のフロントガラスなどに損傷を与えています。

雹害（雹による被害）の発生件数は5月から7月に集中しており、長野県、栃木県、群馬県などの東日本の内陸部に多く発生しています。これは気温が上がりやすく、大気の状態が不安定になりやすいからと考えられています。

Chapter1

12

雷が発生するメカニズム

雲と地上の間で放電が発生すると落雷になります

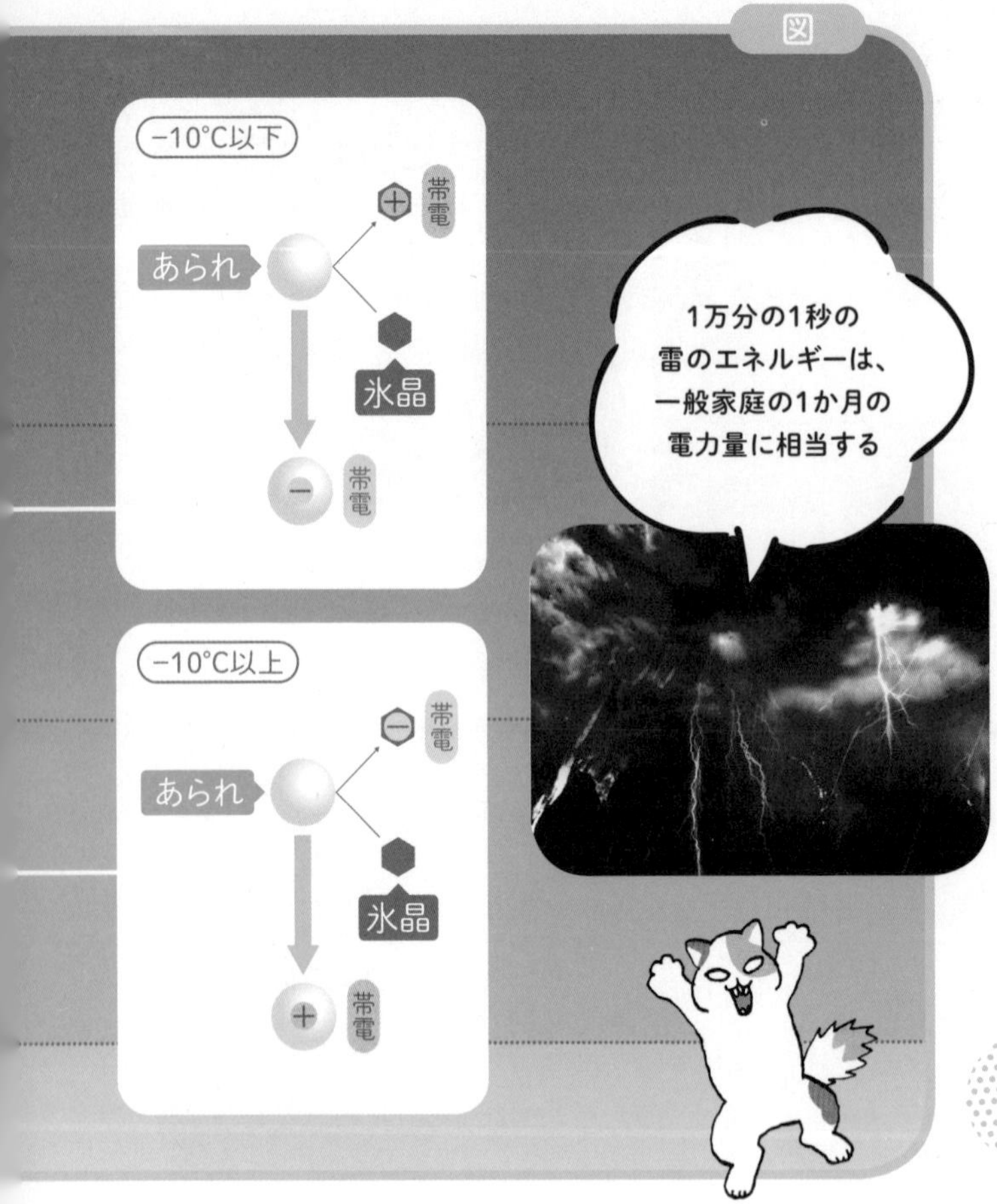

雷は「積乱雲」と呼ばれる発達した雲のなかで発生します。

積乱雲はとても強い上昇気流によって生まれた大きな雲で、大気の状態が不安定なときに発生しやすくなります。夏によく見られる入道雲も積乱雲の一種です。

雷が発生するメカニズムを知るため、ここで積乱雲を上層、中層、下層の3つに分けて考えましょう。

まずマイナス10℃以下の上・中層であられ（大きな氷の粒）と氷晶（小さな氷の粒）がぶつかると、あられはマイナスに、氷晶はプラスに帯電

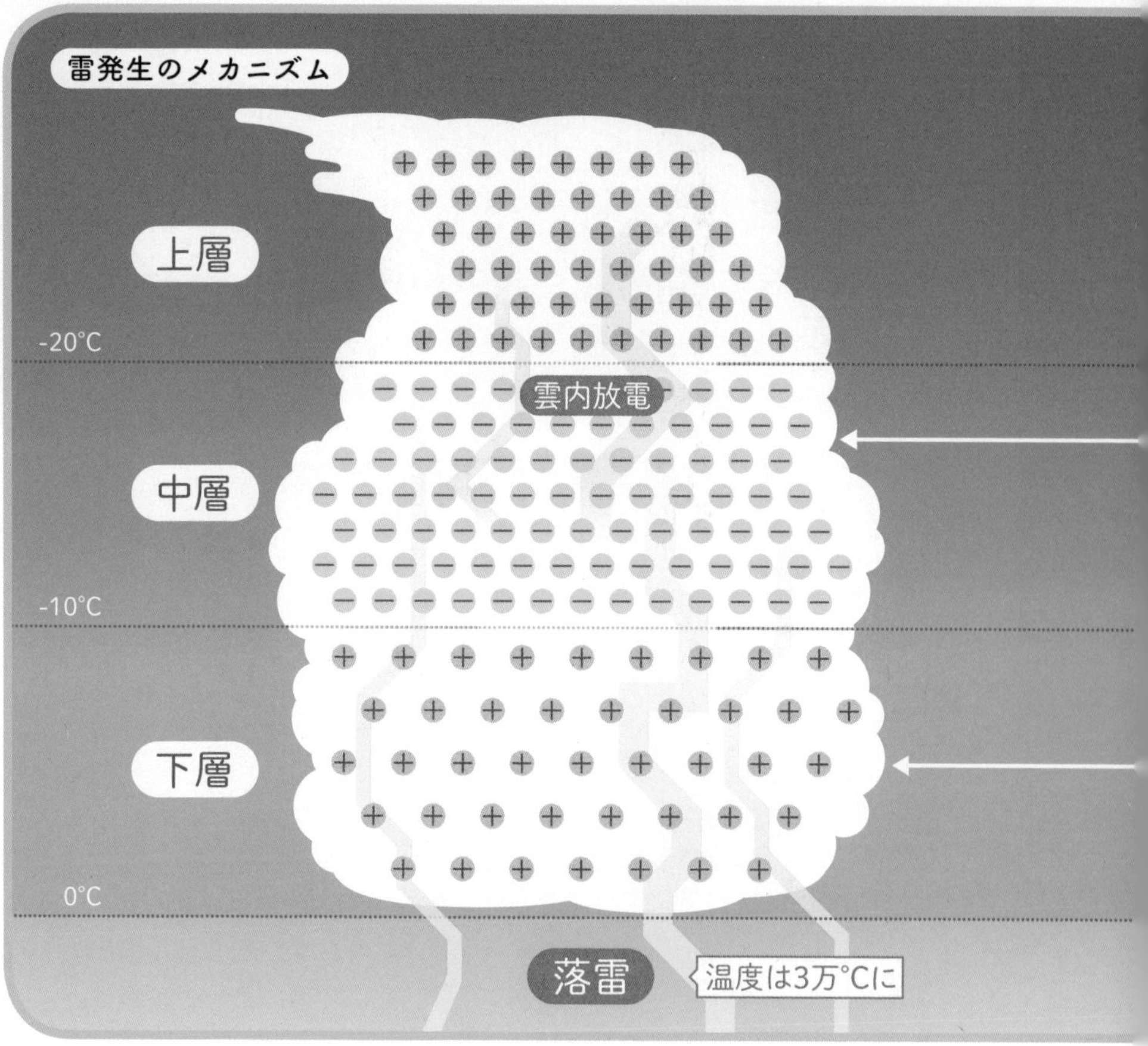

します。その結果、あられより軽い氷晶が持ち上げられ、積乱雲の上層がプラスの状態になります。

一方、マイナス10℃以上の下層では、あられがプラスに、氷晶がマイナスに帯電します。重いあられが落下するため、プラスになります。

そして中層に、上層から落ちてきたあられ（マイナス）と下層から押し上げられた氷晶（マイナス）が集まるため、全体的にマイナスの状態になります。

このように、積乱雲は上からプラス、マイナス、プラスの「三極構造」なります。

この構造の雲のなかで**プラスとマイナスが反応して放電が起きます（雲内放電）**。さらに積乱雲が発達し、雲のなかのマイナスと地上のプラスが反応して落雷になります。

Keywords　氷晶　あられ　積乱雲　三極構造　雲内放電　落雷　雷

雑談のネタに使えるかも

お天気3択クイズ vol.1

第1問

積乱雲（入道雲）に含まれる水の量は、25mプールの約何杯？

❶ 70杯

❷ 700杯

❸ 7000杯

第2問

雨粒の形で、正しいのはどれ？

❶ ボール型　❷ しずく型　❸ あんぱん型

第3問

世界一の積雪の記録があるのは？

❶ 日本

❷ 南極

❸ フィンランド

正解・解説

第1問 正解は❸。標準的なサイズの積乱雲に含まれる水の量は約30億ℓ、30万t。つまり、25mプールの「約7000倍」の水が空に浮かんでいるのである。

第2問 正解は❶と❸。霧雨のような小さな雨粒はボールの形。大きな雨粒になると、落下スピードが速くなり、下から受ける力が強くなるので、あんぱんのような形に。

第3問 正解は❶。当時観測所のあった滋賀県の伊吹山で、1927年2月14日に積雪11m82㎝を記録。これは世界記録でもあり、日本は世界のなかでも雪の多い国のひとつ。

Chapter 2

台風・豪雨・竜巻が発生する理由

台風や大雨、集中豪雨、積乱雲がもたらす竜巻など、
気象の急激な変化が甚大な被害をもたらすことがあります。
これらの被害を最小限なものにするためにも、
台風・豪雨・竜巻について理解しておきましょう。

Chapter2

13

日本に台風が上陸しやすい理由

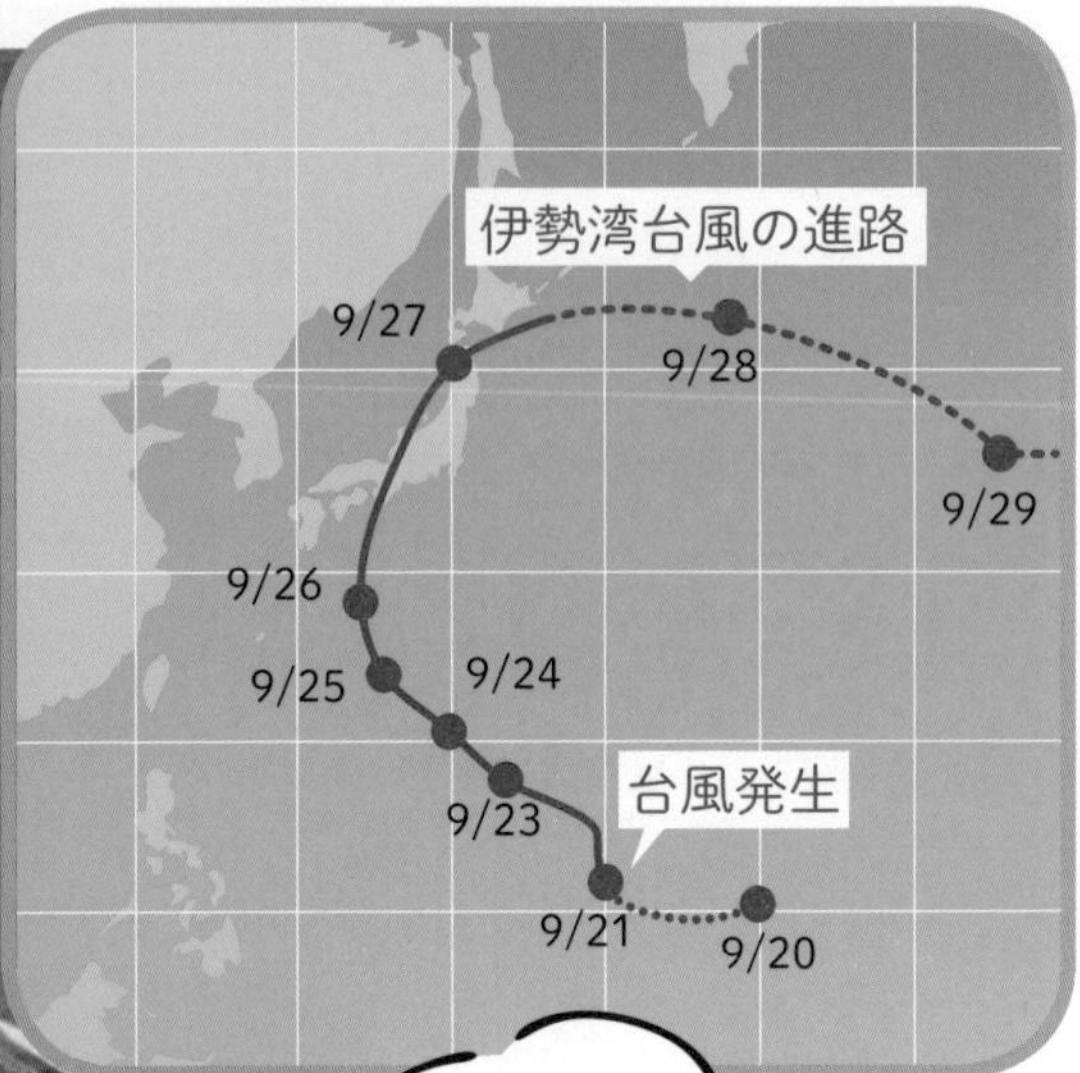

1959年９月26日、和歌山県潮岬の西に上陸した伊勢湾台風の高潮により、三重県長島町は泥海に沈んだ。

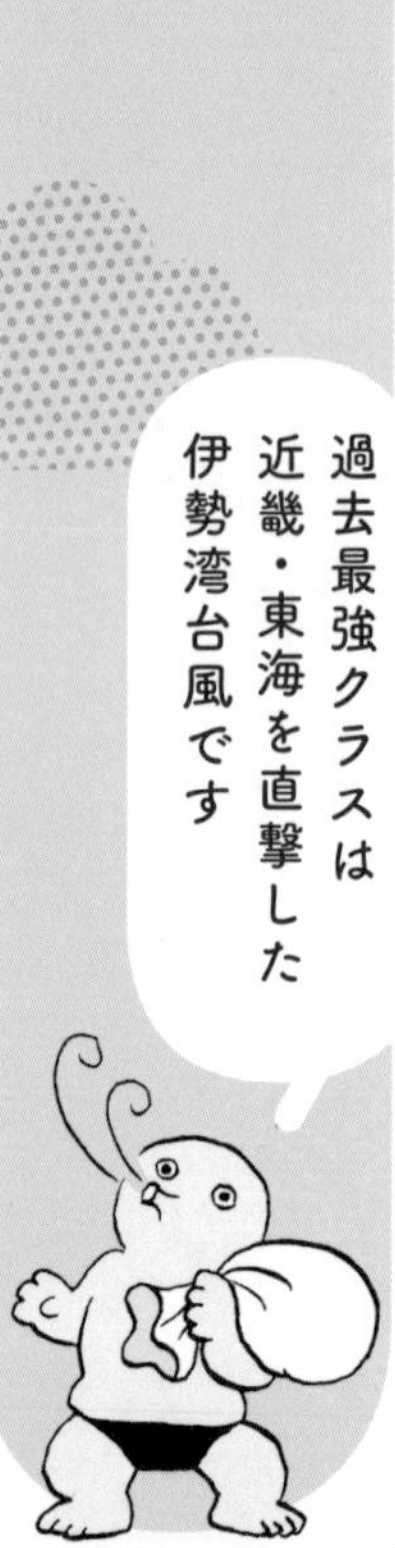

なぜ、夏から秋の時期に台風が発生しやすくなるのでしょうか。それは熱帯低気圧が原因です。

「熱帯低気圧」は熱帯の海上で発生する低気圧のことで、**日本の南東の海上は熱帯低気圧が発生しやすい場所となっています。**この熱帯低気圧のなかで、中心の最大風速（10分間平均）がおよそ秒速17m以上になるものを「台風」と呼びます。

なかでも、１９５９年に発生した**伊勢湾台風（台風15号）は過去最強クラスの台風**として知られています。和歌山県潮岬の西に上陸したこ

の台風の暴風域は300km以上まで広がりました。上陸後、時速65kmで北上したこの台風は、伊勢湾に観測史上1位の389cmの高潮を生み、甚大な被害をもたらしました。

1961年に発生した第二室戸台風も同じクラスの台風でした。それから60年以上経過した現在も、この2つを上回る強さの台風は上陸していません。

豆知識

高波と高潮と津波の違いは？

「高波」は強い風によって、波が高くなる現象。「高潮」は海面が盛り上がり沿岸に押し寄せる現象。これは、台風や低気圧による海水の「吸い上げ効果」などによって発生します。「津波」は高潮に似ていますが、原因は地震です。

Keywords 台風 伊勢湾台風 熱帯低気圧 暴風域 高波 高潮 津波

14 台風の正体は巨大な雲の渦

雲が回転して渦になり、水蒸気をエネルギーにして大きくなります

図❶ 雲の渦の構造

熱帯低気圧のうち、
中心最大風速が
およそ17m/sのものを
「台風」と呼ぶ

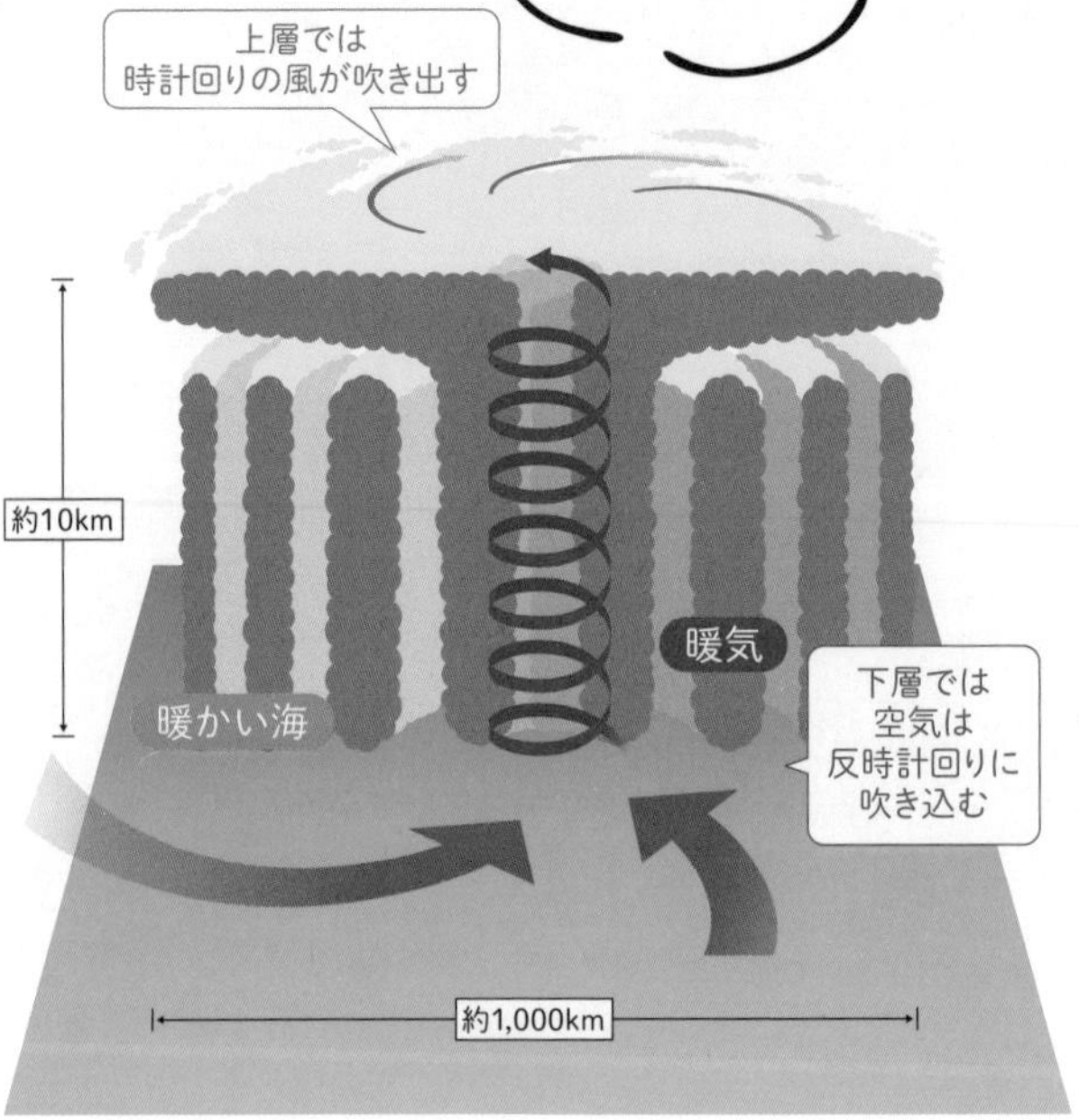
上層では
時計回りの風が吹き出す
約10km
暖気
暖かい海
下層では
空気は
反時計回りに
吹き込む
約1,000km

台風が生まれるのは、熱帯の海の上です。熱帯の海では海面からたくさんの水が蒸発して水蒸気が発生しています。暖かい水蒸気をたくさん含んだ空気から上昇気流が発生し、上昇した水蒸気が上空で冷やされて大きな雲になります。

地球は西から東に向かって自転しているため、**進行方向に対して右に回転しようとする力（コリオリの力）が雲に働き、大きな渦ができます。**雲の下層で暖気が反時計回りに吹き込み、上層で時計回りの風が吹いているという状態です（図❶）。

図❷

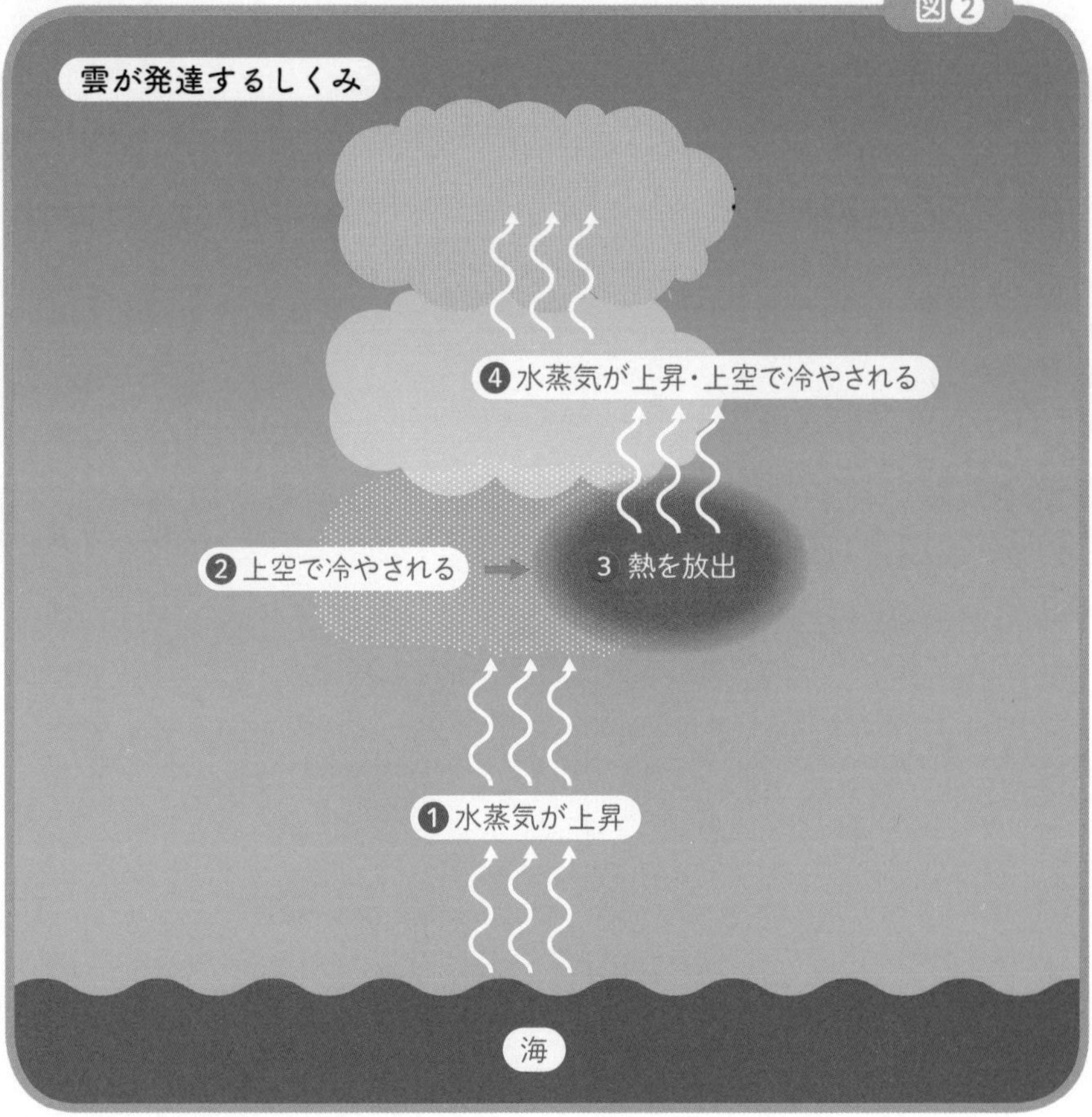

この渦は当初、熱帯低気圧と呼ばれますが、**中心付近の風の強さが秒速17mを超えると「台風」**と呼ばれるようになります。

つまり、熱帯低気圧と台風は基本的に同じもの。ニュースなどで聞く「台風の勢力が弱まり熱帯低気圧になった」とは、風の強さが秒速17m以下になった状態を示しています。

台風のエネルギー源は水蒸気です。海から生まれた水蒸気（気体）は上空で冷やされて水（液体）に変化します。気体が液体に変わるときに出す熱（凝結熱）で温められた空気は、さらに上昇します。**「水蒸気が上昇→上空で冷やされる→熱を放出→さらに水蒸気が上昇」というサイクル**（図❷）をくり返して雲が発達し、台風が活発になるのです。

Keywords 台風 熱帯低気圧 コリオリの力 凝結熱

15 台風情報は予報円と暴風警戒域で見る

図❶ 台風の強さ

台風の強さ	中心付近の最大風速	風速と被害
猛烈な	54m/s以上	60m/s 鉄塔の曲がるものが出る。
非常に強い	44m/s以上 54m/s未満	50m/s 倒れる木造家屋が多くなる。
強い	33m/s以上 44m/s未満	40m/s 屋根が飛ぶ。小石が飛び散る。

図❷ 台風の大きさ

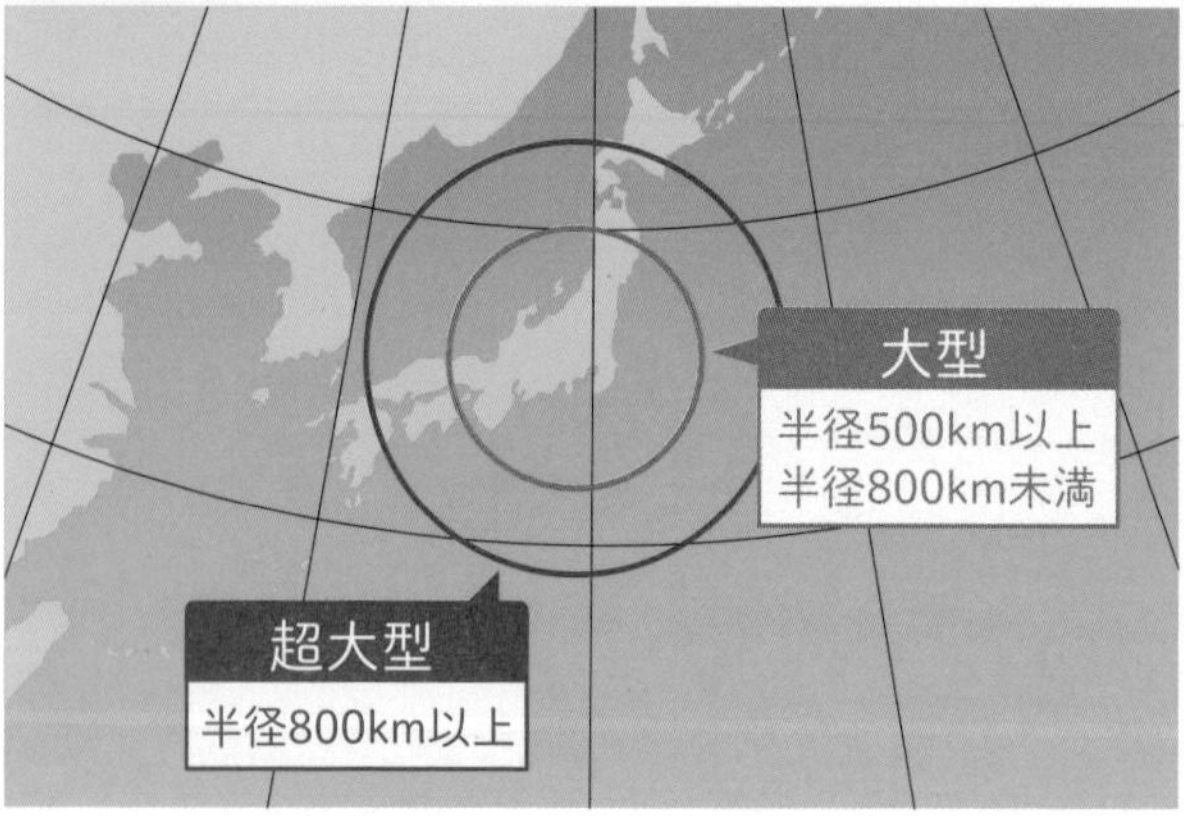

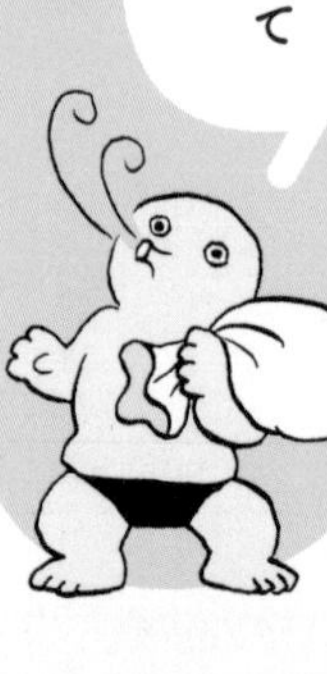
約30％の台風は予報円からはずれて進みます

「台風がいつどこに上陸するのか」を知りたいときは、まず台風情報の「予報円」に注目しましょう。

予報円とは、図❸の白い点線で示した円で、**台風の中心が到達すると予測される範囲と日時を示したもの**です。そして、この予報円の外側を囲む赤い線は「暴風警戒域」と呼ばれるもので、台風の中心が予報円内に進んだ場合、**秒速25m以上の暴風域に入る恐れがある範囲を示したもの**になります。

ただし、台風が進路を変え、この予報円に入らない確率は30％ほどあ

図3 台風情報の予報円

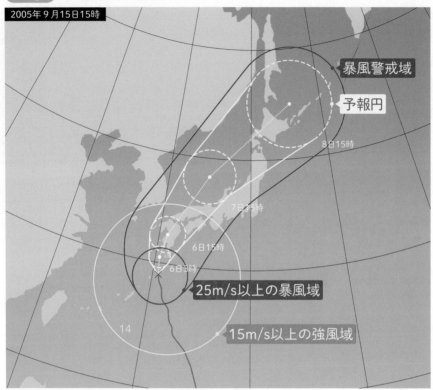

今後の台風の勢力を簡単に見るには、「暴風警戒域」と「予報円」の差を見るとよい。この差は、その時間の「暴風域」を表しており、差が広がっているときは暴風域が広がる、つまり「勢力が強まる」ことがわかる。

るので、「暴風警戒域の外だから」と安心しないことです。台風情報は何度も確認しましょう。

また、台風の勢力はリアルタイムで変化します。情報を確認するとき、台風の強さや大きさに関する用語を覚えておくと便利です。

台風の強さとは風の強さです。「猛烈な」「非常に強い」「強い」などの用語で表現されます（図❶）。たとえば「猛烈な」は中心付近の最大風速が秒速54m以上を表します。これは鉄塔を曲げる恐れのある風の強さです。

一方、台風の大きさとは影響がおよぶ範囲のことです（図❷）。秒速15m以上の強風域の半径が500km以上、800km未満の場合は「大型」。強風域の半径が800km以上の場合は「超大型」と表現します。

Keywords 台風 台風情報 予報円 暴風警戒域

16

記録的な大雨になる3つのパターン

前線の停滞、ゆっくり台風、前線プラス台風の3つが記録的な大雨の原因になります

木曽川の増水(イメージ)

2021年夏の豪雨

2021年8月13日から8月15日にかけて、日本付近に停滞した前線の影響で非常に激しい雨をもたらした。国土交通省によると、木曽川の犬山観測所において、戦後2番目の水位に当たる11.93mを観測した。

図1 前線の停滞

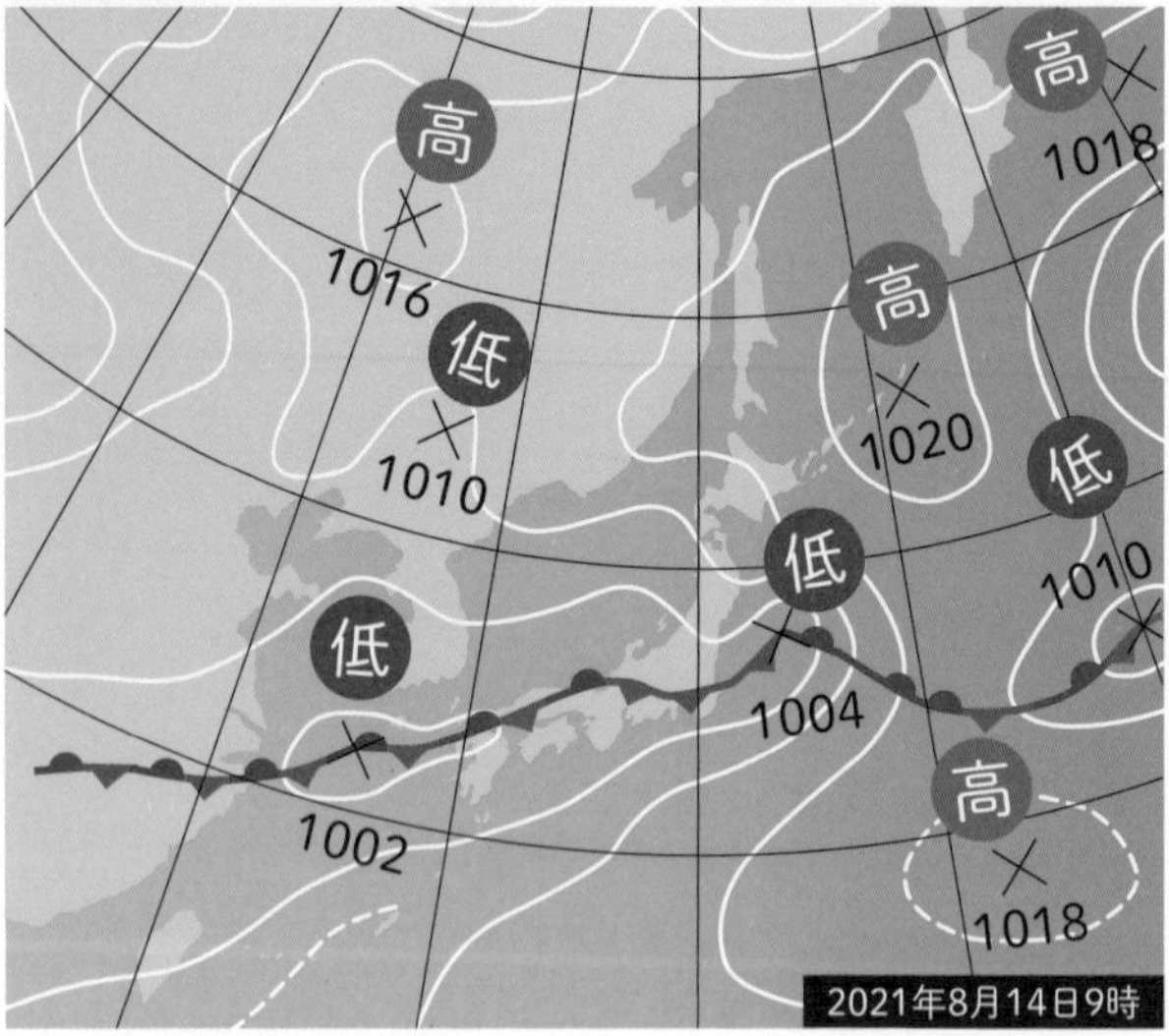

2021年8月14日9時

近年、日本では記録的な大雨が増えており、各地でさまざまな災害を引き起こしています。山では土砂災害、河川では土石流や洪水などが起こりやすい状況になっています。この大雨を発生形態から見ると3つのパターンに分けられます。

ひとつ目は「前線の停滞」。前線とは暖かい空気と冷たい空気の境目のこと。この**2つの空気の勢力がほぼ同じ場合、前線の位置が動かず、雨が降り続きます。**梅雨や秋の長雨はこの前線の停滞が原因です。

最近では、2021年夏の豪雨が

図❷ 前線プラス台風

2007年7月初旬から梅雨前線が活発な状況で、14日には大隅半島に台風が上陸。

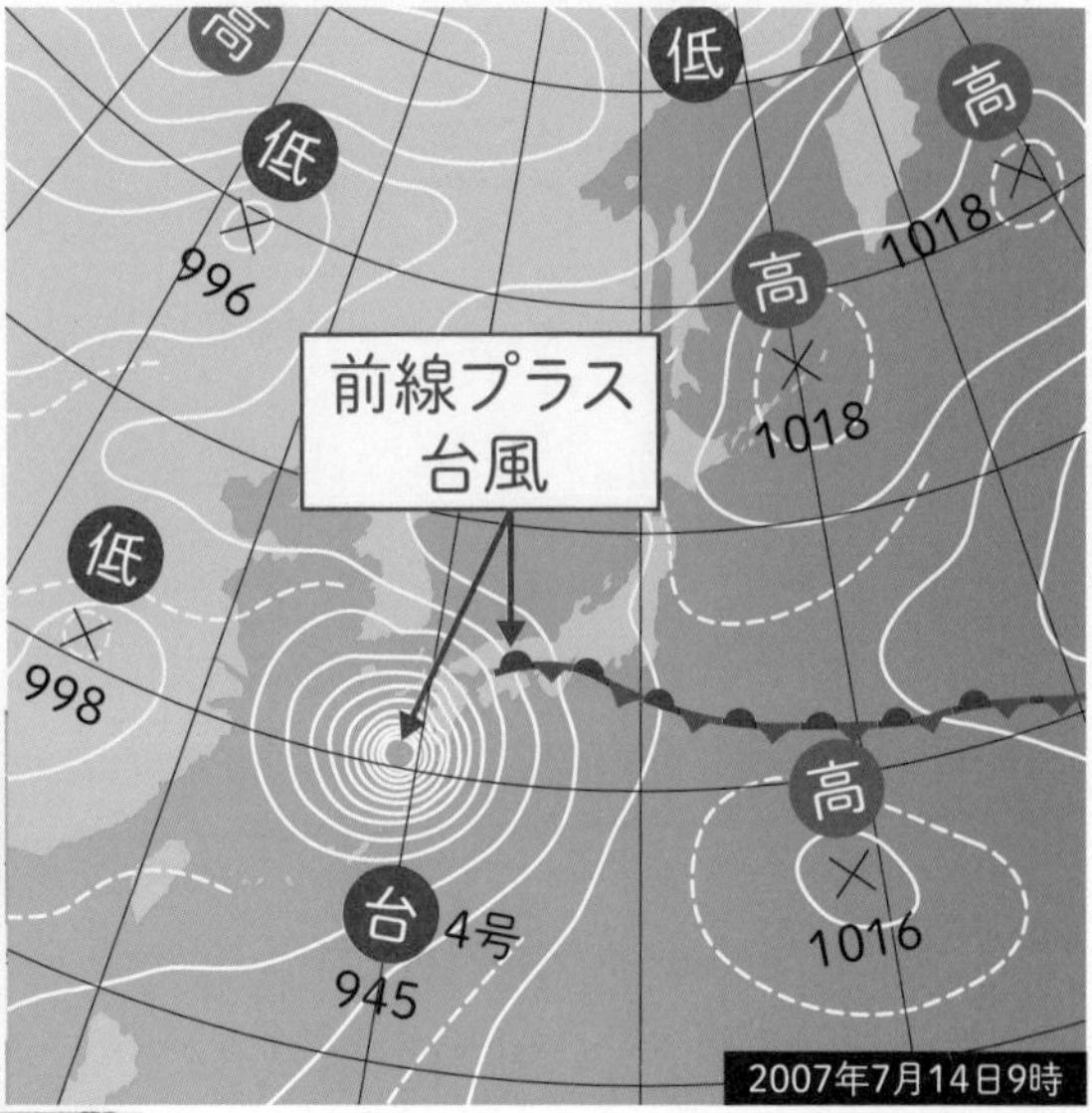

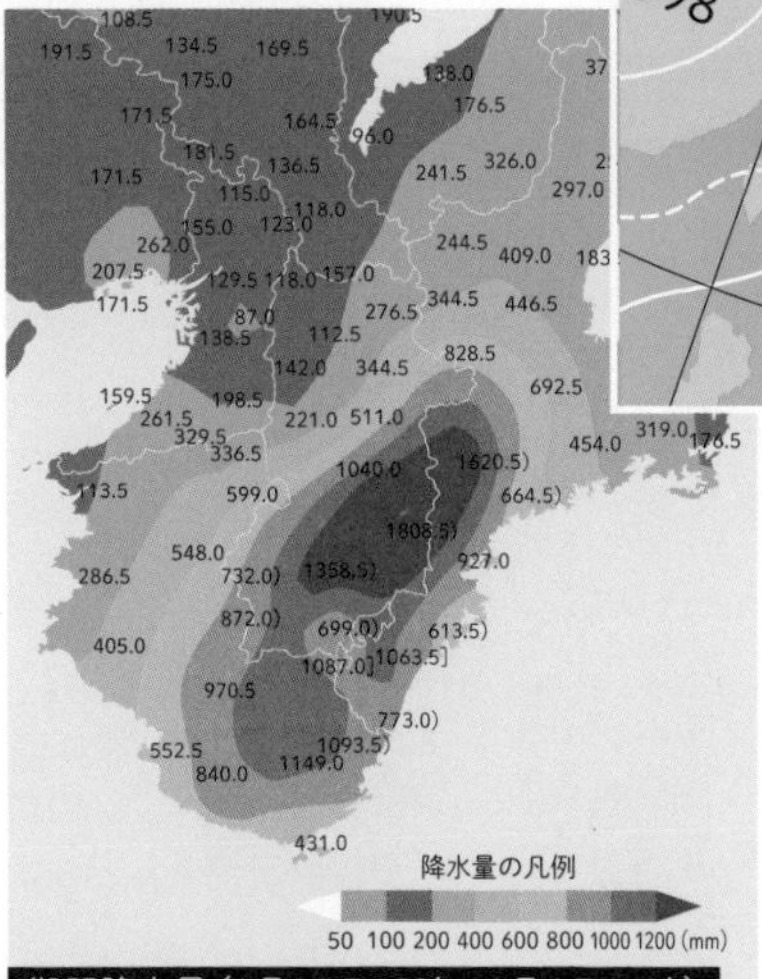

期間降水量（8月30日18時～9月4日24時）

図❸ ゆっくり台風

紀伊半島大水害

台風周辺は暖かく湿った空気が流れ込むため、台風が近づく前から雨が降り出し、さらに台風の動きが遅いと、記録的な大雨になることがある。左は、2011年紀伊半島大水害のときの降水量。ゆっくり台風によって記録的な大雨につながった。

このケースに当てはまります（図❶）。この年は8月中旬に、西日本から東日本の広い範囲で大雨になりました。北にある高気圧の影響で、盛夏にもかかわらず梅雨のような大気の流れになり、そこに南から大量の水蒸気が流れ込んだことが原因とされています。

2つ目は「前線プラス台風」のパターン。梅雨や秋の長雨の時期に前線の停滞で**たっぷり雨が降ったあと、台風が近づいて記録的な大雨になるケース**です（図❷）。

そして、3つ目は「ゆっくり台風」のパターン。台風周辺には暖かく湿った空気が流れ込むため、台風が接近する前から雨が降り始めることがあります。この状態で**台風がゆっくり通過することが記録的な大雨につながるケース**です（図❸）。

 Keywords 台風 豪雨 前線

17 局地的に大雨が降る集中豪雨のしくみ

積乱雲が移動しながら次々に発生して細長い雨雲になります

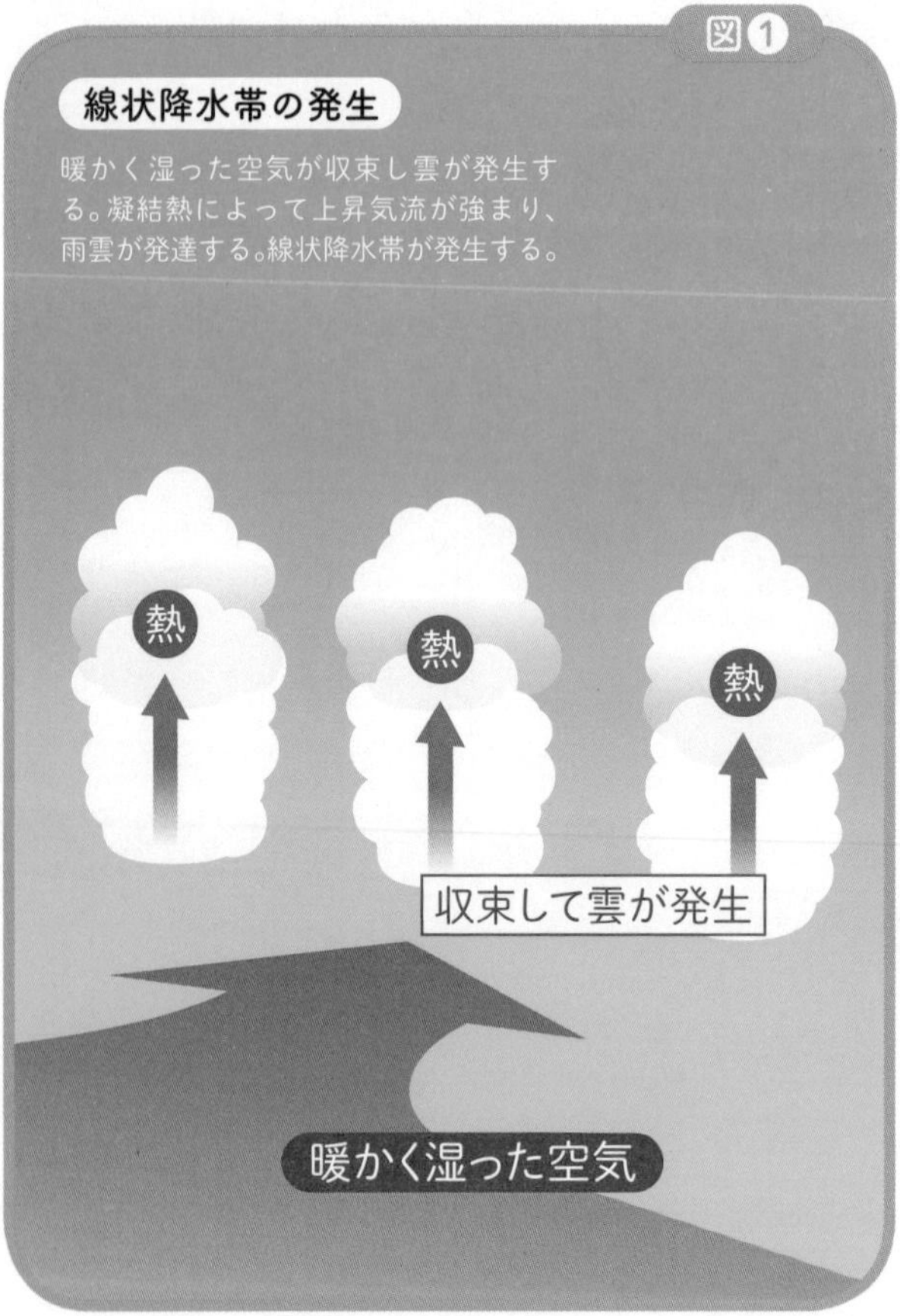
図1
線状降水帯の発生
暖かく湿った空気が収束し雲が発生する。凝結熱によって上昇気流が強まり、雨雲が発達する。線状降水帯が発生する。
熱
熱
熱
収束して雲が発生
暖かく湿った空気

何日も雨が降り続けるのはやっかいですが、かぎられた地域に短時間で大量の雨が降る「集中豪雨」にも警戒が必要です。

気象庁では、単独の積乱雲による雨で数十分の間に数十㎜程度の雨量をもたらす雨のことを**「局地的大雨」**、複数の積乱雲による雨で数時間にわたって強く降り、100㎜から数百㎜の雨量をもたらす雨のことを**「集中豪雨」**と呼んでいます。ちなみに、「ゲリラ豪雨」は俗称です。気象用語として、きちんとした定義はありません。

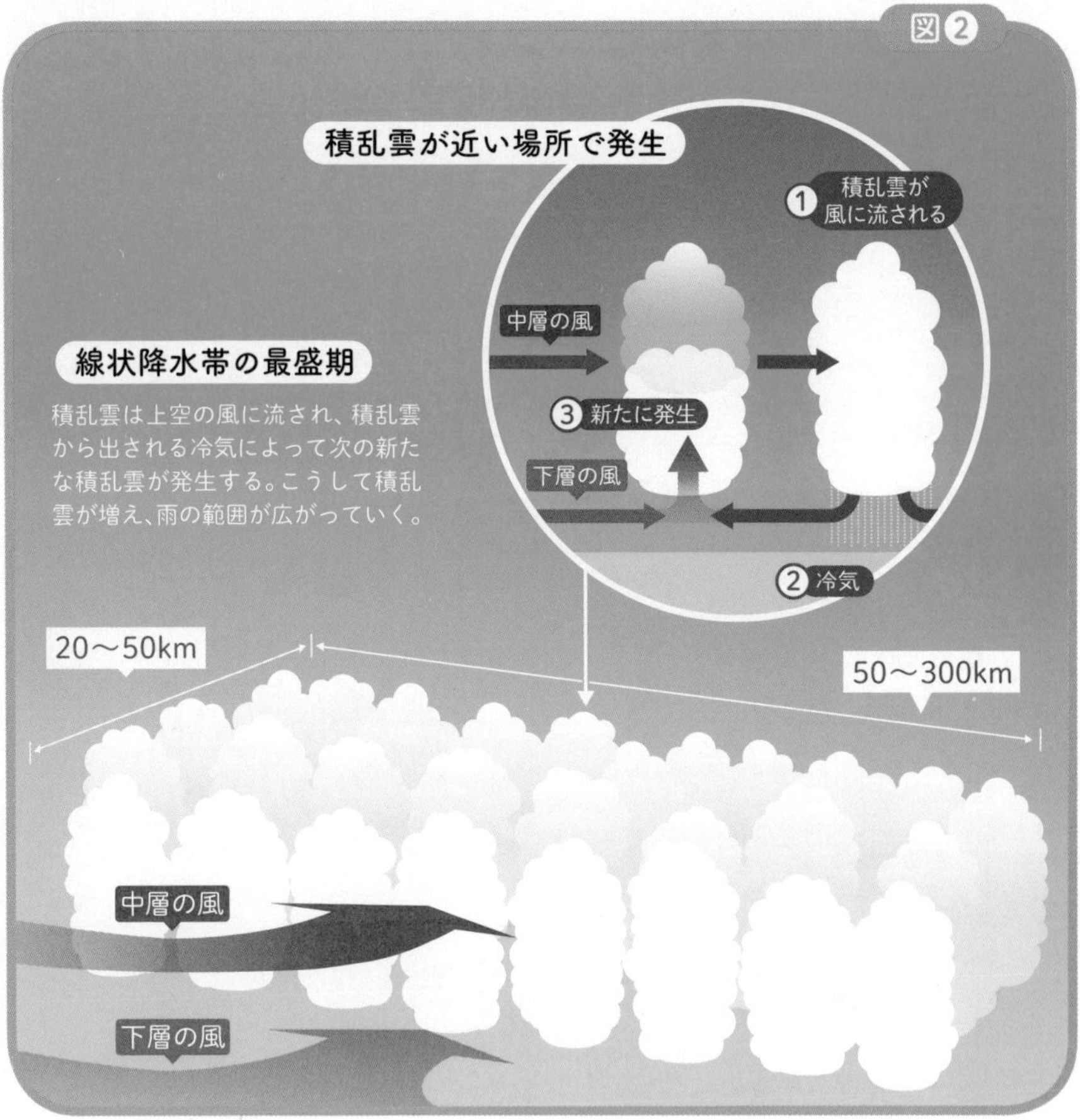
図2
積乱雲が近い場所で発生
1 積乱雲が風に流される
中層の風
3 新たに発生
下層の風
2 冷気
線状降水帯の最盛期
積乱雲は上空の風に流され、積乱雲から出される冷気によって次の新たな積乱雲が発生する。こうして積乱雲が増え、雨の範囲が広がっていく。
20〜50km
50〜300km
中層の風
下層の風

集中豪雨の多くは、「線状降水帯」と呼ばれる細長い雨雲（複数の積乱雲）が原因になります。

この線状降水帯は暖かく湿った空気が収束して生まれます。ここで凝結熱（気体が液体に変わるときの放熱）が発生し、この熱によって上昇気流が強くなることで雨雲が発達します（図❶）。

さらに線状降水帯を構成する複数の積乱雲は中層の風に流されて移動。この下層では雨の蒸発などによって冷気が生まれ、それが暖かく湿った空気とぶつかることで新たな積乱雲が発生します。このように移動しながら同じ場所に新たな雲が生まれることで、全長50〜300㎞におよぶ細長い線状降水帯が生まれ、その細長い巨大な雨雲が集中豪雨をもたらすのです（図❷）。

Keywords 局地的大雨 集中豪雨 ゲリラ豪雨 線状降水帯

18 細長い雲を見つけたら豪雨を警戒せよ

前線や低気圧の付近、その南側の「湿舌」で集中豪雨が発生します

図❶ 2000年東海豪雨

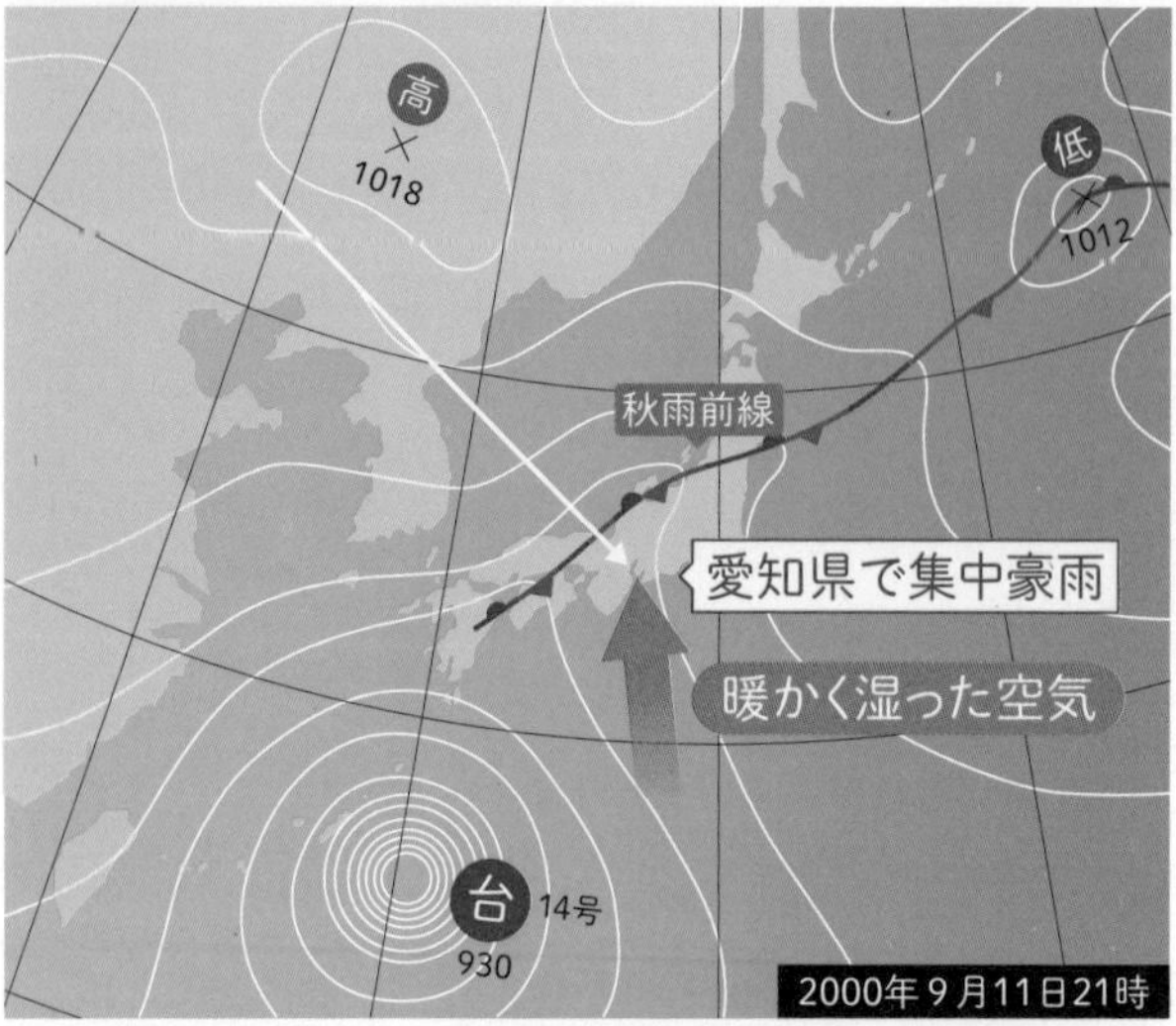

2000年の東海豪雨は、線状降水帯で記録的な大雨になった。名古屋市では日降水量が428.0mm、1時間降水量が97.0mmと、いずれも観測史上1位の記録となり、5時間で260mmを超える大雨となった。

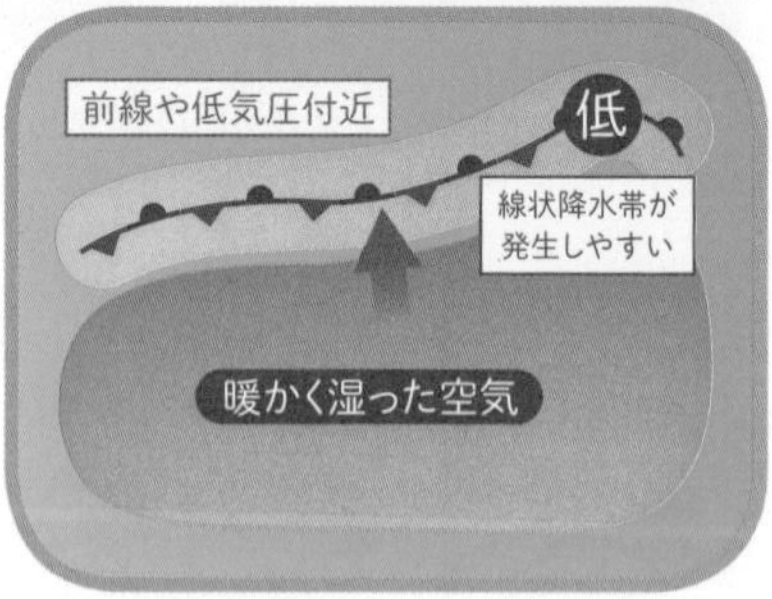

集中豪雨の原因のひとつが「線状降水帯」と呼ばれる細長い雲（積乱雲）であることは、すでに説明しました（44ページ）。つまり、**線状降水帯の発生場所を見つければ集中豪雨を予測できる**というわけです。

線状降水帯は**前線や低気圧付近**にできやすいといえます。この付近は「気団」の境目です。気団とは、気温や水蒸気量がほぼ一定である空気の塊のこと。気団と気団がぶつかることで次々に雲が発生し、線状降水帯が生まれます。

図❶は、秋雨前線と台風にはさま

図❷ 平成24年7月九州北部豪雨

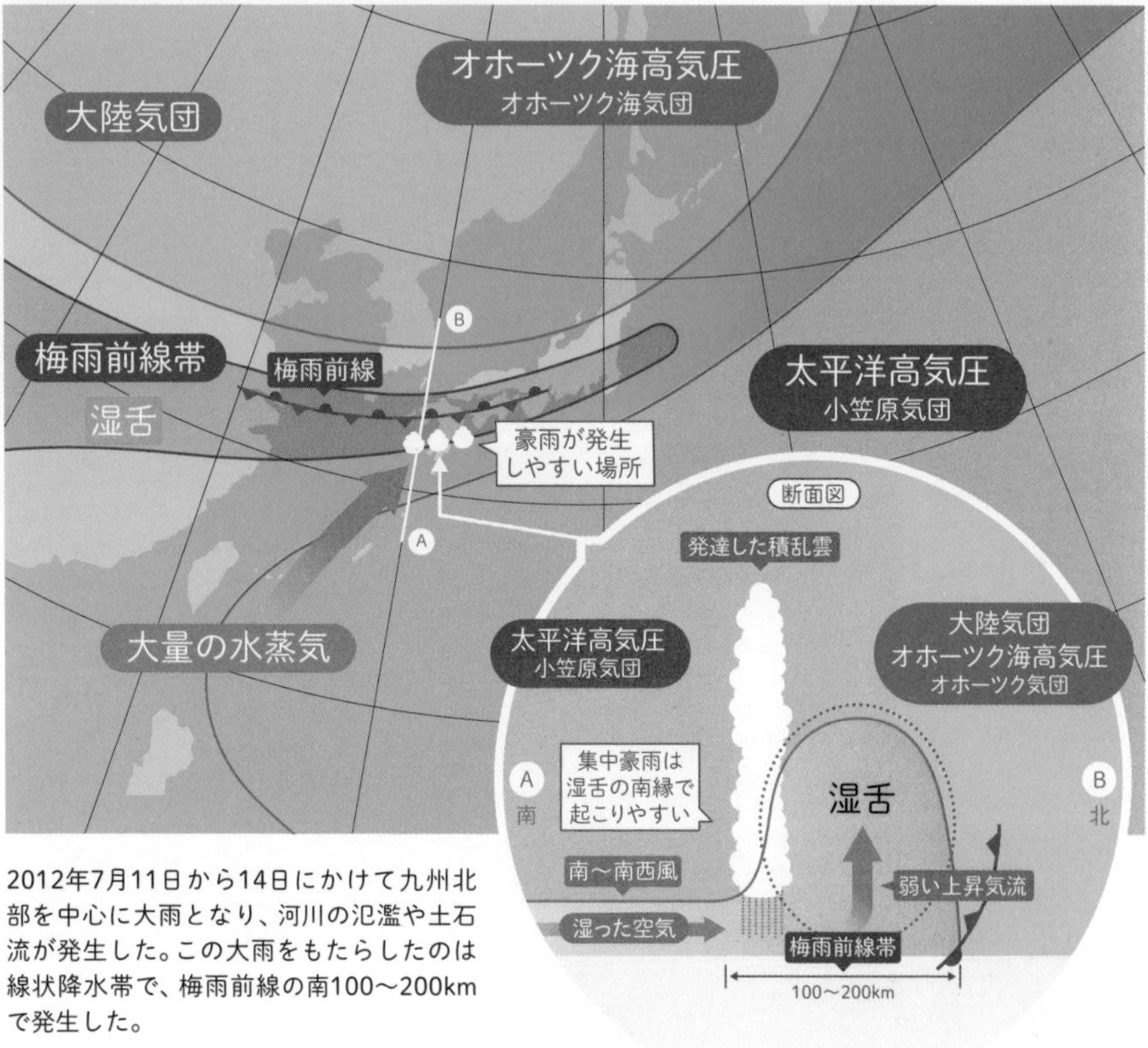

2012年7月11日から14日にかけて九州北部を中心に大雨となり、河川の氾濫や土石流が発生した。この大雨をもたらしたのは線状降水帯で、梅雨前線の南100〜200kmで発生した。

れた愛知県で集中豪雨が発生した例です。南にある台風の暖かく湿った空気が前線に向かって流れ込むことで、線状降水帯が発生して集中豪雨を引き起こしました。

一方、**前線や低気圧の南側**には雨粒になる水蒸気がたくさんあるため、風と風がぶつかることで線状降水帯が発生する場合があります。

過去の事例では、梅雨前線の南側に集中豪雨が多数発生しています。

図❷のように、日本では、毎年オホーツク海高気圧と太平洋高気圧の間に梅雨前線ができます。この梅雨前線の付近で上昇気流が発生すると、「湿舌」と呼ばれる舌状に延びた湿った空気の塊ができます。そしてここに、南から大量の湿った空気が流れ込むことで線状降水帯が発生し、大量の雨を降らせるのです。

 Keywords 線状降水帯 秋雨前線 梅雨前線

Chapter2

19 正確な予報が困難なゲリラ豪雨

大気が不安定になると積乱雲があちらこちらに発達。ゲリラ豪雨が発生します

図　ゲリラ豪雨のメカニズム

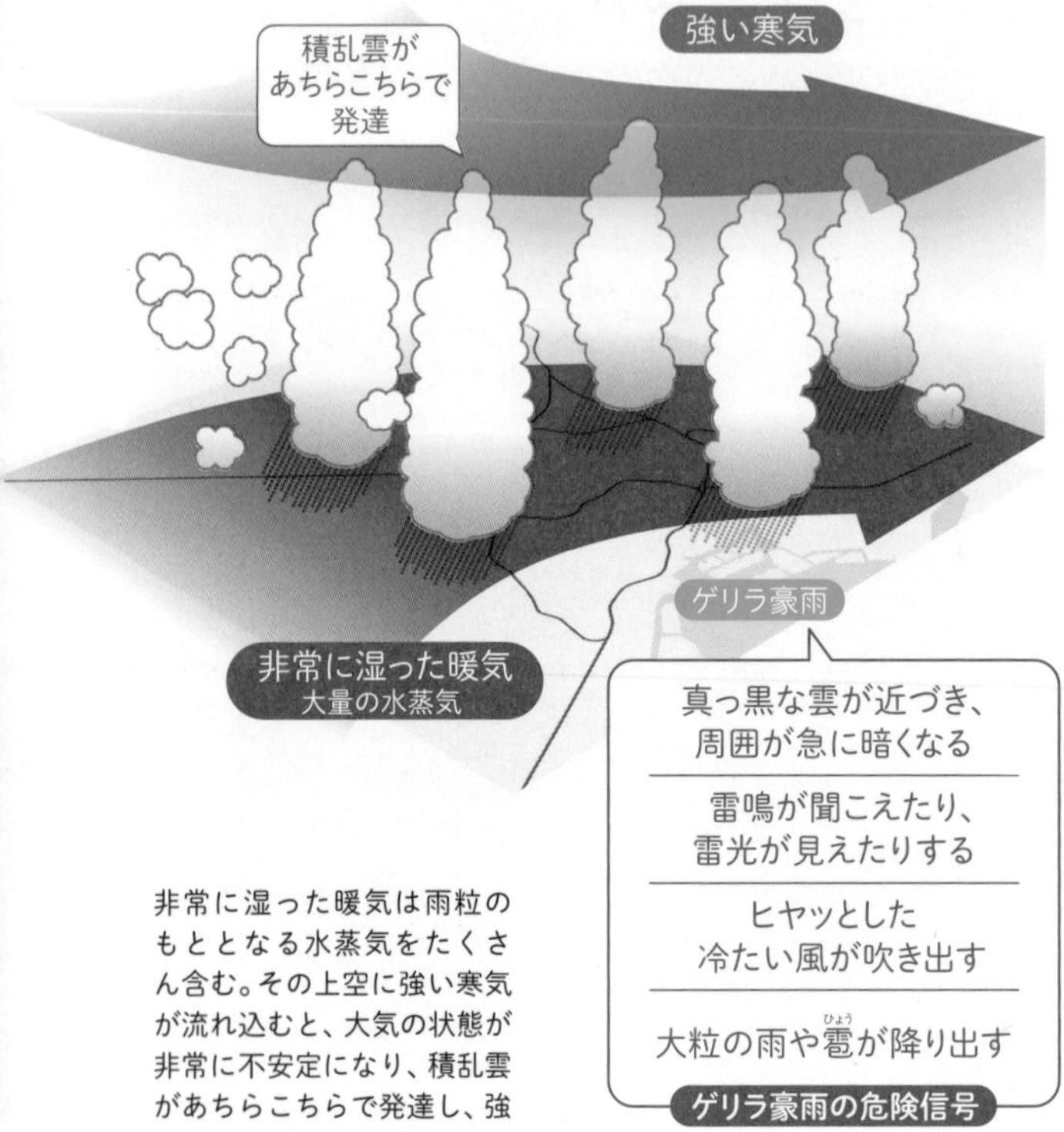

積乱雲があちらこちらで発達
強い寒気
ゲリラ豪雨
非常に湿った暖気
大量の水蒸気
真っ黒な雲が近づき、周囲が急に暗くなる
雷鳴が聞こえたり、雷光が見えたりする
ヒヤッとした冷たい風が吹き出す
大粒の雨や雹《ひょう》が降り出す
ゲリラ豪雨の危険信号

非常に湿った暖気は雨粒のもととなる水蒸気をたくさん含む。その上空に強い寒気が流れ込むと、大気の状態が非常に不安定になり、積乱雲があちらこちらで発達し、強い風の吹き出しとともにゲリラ豪雨が発生する。

「ゲリラ豪雨」は俗称で、正式な気象用語ではありません。気象用語では「局地的大雨」といいます。**正確な予測がしにくく、局地的で突発的な短時間に降る激しい雨のことを指す言葉**です。

ゲリラ豪雨は大気の状態が不安定になることで発生します。

上空に寒気があり、日差しで温まった地表付近の温度が上がったり、非常に湿った暖気が流れ込んだりして、大気の状態が不安定になると、次々に積乱雲が発生します。

この積乱雲が局地的なゲリラ豪雨

モクモクと発達した雲や底の黒い雲
が近づいたら、ゲリラ豪雨のサイン

をもたらすのです。

また、都市部のヒートアイランド現象（郊外よりも気温が高くなる現象）により、ゲリラ豪雨を発生しやすくなることも指摘されています。

このゲリラ豪雨が降るおおまかな地域を予測することはできますが、残念ながら現在の予報技術では、いつどの場所に降るかを正確に予測することはできません。

豆知識

ゲリラ豪雨と夕立の違いは？

「夕立」も俗称で、どちらかといえば文学的な表現。夏の午後から夕方にかけて降る、激しいにわか雨のことを指します。夕立の場合、大規模な積乱雲が発達することがないので、ゲリラ豪雨のような洪水や水害をもたらすことはありません。

 Keywords ゲリラ豪雨 不安定 ヒートアイランド現象

Chapter2

20 ゲリラ豪雨で都市型水害が起こる

雨水は低いところに流れるため、浸水被害をもたらす原因に

図1 100㎜の雨が降ったとき

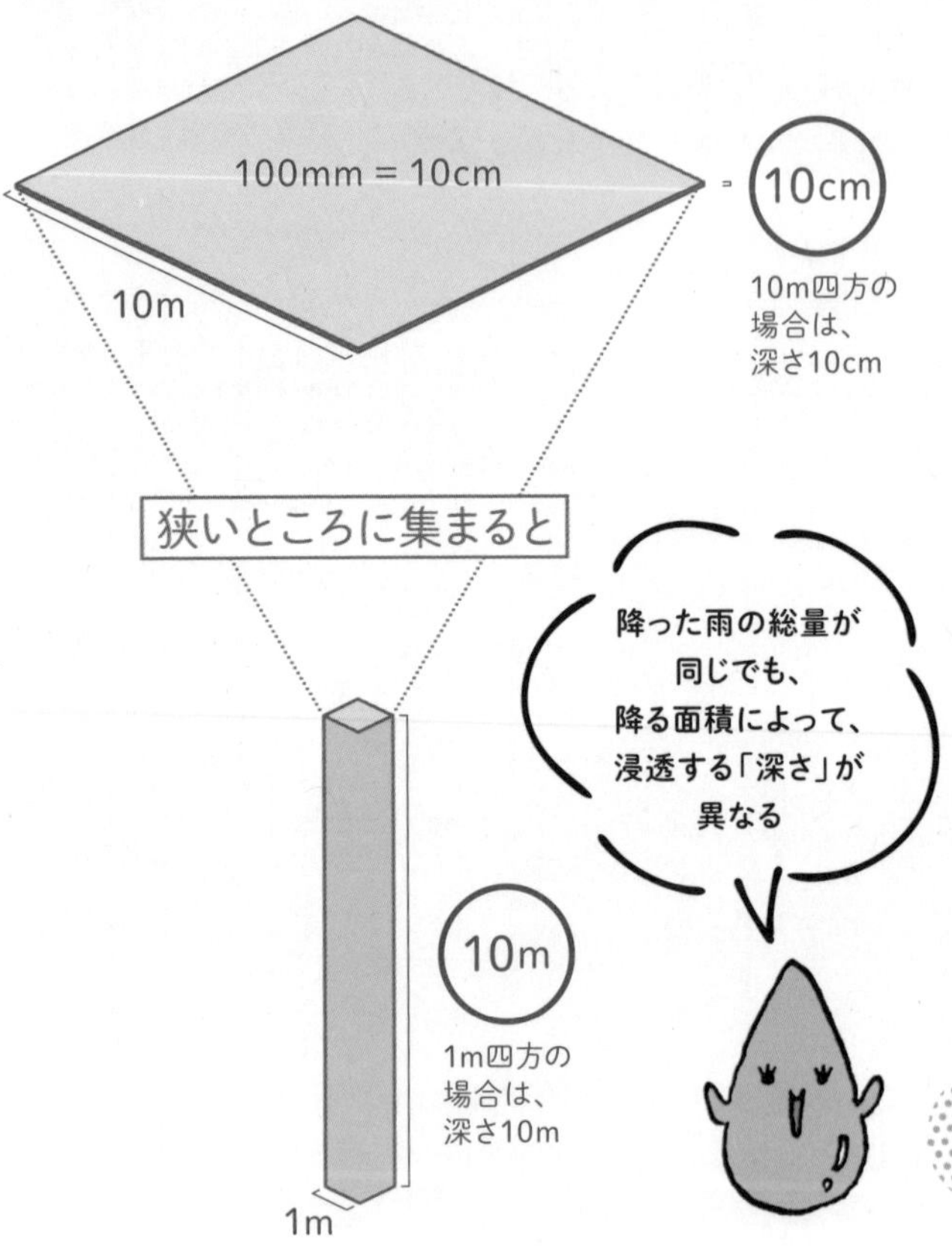

100mm = 10cm
10cm
10m四方の場合は、深さ10cm
10m
狭いところに集まると
10m
1m四方の場合は、深さ10m
1m
降った雨の総量が同じでも、降る面積によって、浸透する「深さ」が異なる

都市部では、アスファルトで舗装された道路やコンクリートの建物が多いため、雨水が地面に浸透しにくい状態になっています。

そこにゲリラ豪雨が発生すると、雨水がいっきに下水道に流れ込み、排水が追いつかなければ、周囲の道路が水浸しになります（内水氾濫《ないすいはんらん》）。

また、このとき市街地を流れる河川に雨がいっきに流れこむことになるため、短期間で急激に水位が上がります。河川があふれたり、堤防が決壊したりすれば、いわゆる「洪水」の状態になります（外水氾濫《がいすいはんらん》）。

図2 内水氾濫と外水氾濫

都市型水害は内水氾濫と外水氾濫に分けて考えることができる。内水氾濫は内水ハザードマップを、外水氾濫は洪水ハザードマップを参照することで、居住するエリアがどんな被害を受ける可能性があるのかを確認できる。

内水氾濫

大雨が降り、下水道の排水能力を超えてしまうことで市街地が浸水するのが「内水氾濫」。都市化が進み、道路の多くがアスファルトで舗装されていることが原因となっている。「浸水害」とも呼ばれる。

外水氾濫

大雨で川の水が堤防からあふれたり堤防が決壊したりして、その水が市街地に流れ込んで浸水するのが「外水氾濫」。外水氾濫は家屋の倒壊など大規模な被害を引き起こす可能性がある。「洪水」とも呼ばれる。

このように、ゲリラ豪雨による水害の特徴は、**「急な増水」「低いところが水に浸かる」「河川の氾濫」**などがあります。これらをまとめて**「都市型水害」**と呼びます。

ゲリラ豪雨は予測しにくく局地的に集中して降るため、都市型水害を引き起こしやすいといえます。これは、多量に集中して降るだけではなく、**降った雨が浸透せずに低い場所に集まること**とも関係しています。

たとえば、図のように、10m四方の地面に降る100㎜の雨は深さ10cmまで浸透します。

これが1m四方の地面に集まることで、100㎜の雨は深さ10mになります。同じ雨の量でも、せまくて低い場所に集まることで、より大きな被害につながりやすい状態になるわけです。

21

竜巻の方程式は「積乱雲＋空気の渦」

下にできた空気の渦が積乱雲に吸い込まれ、竜巻が発生します

図❶

竜巻発生のしくみ

竜巻は、空気の回転と積乱雲によって発生する。積乱雲の強い上昇気流によって、空気の回転速度が速くなり竜巻が発生する。

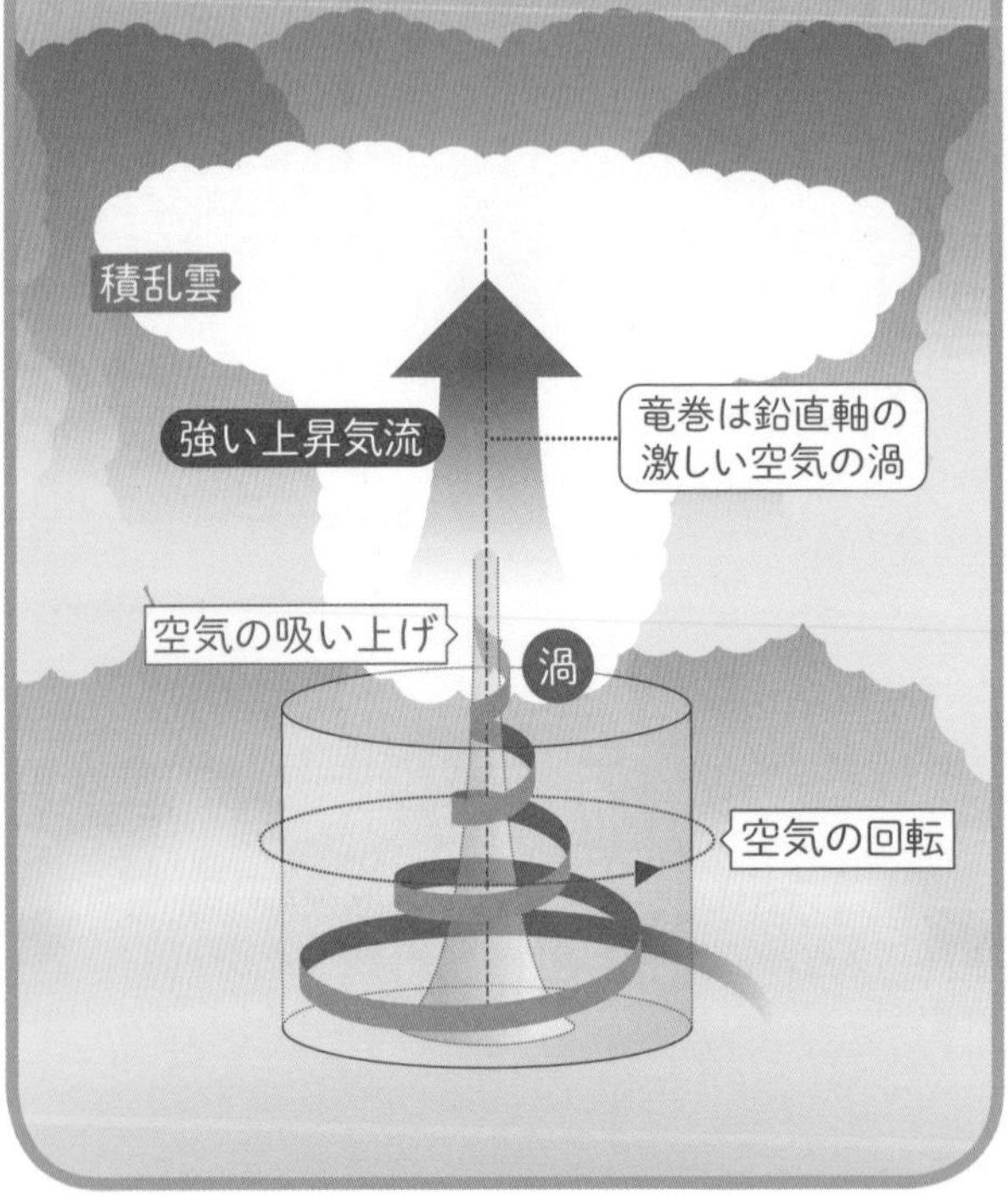

竜巻は、積乱雲の下にできる細長く高速で回転する渦巻き状の上昇気流です。「トルネード」とも呼ばれています。

もう少し詳しく説明します。

まず、発達した積乱雲の下には強い上昇気流が発生しており、空気が上へ吸い上げられる状態になっています（図❶）。そこに風が集まったり、風と風がぶつかり合ったりすると、空気の渦巻きができます。

この空気の渦が上昇気流によって吸い上げられ、鉛直軸《えんちょくじく》（垂直方向の軸）で高速回転している状態が竜巻

図❷

局地前線の竜巻

局地前線では、風と風がぶつかり渦が発生しやすい。この渦の上に積乱雲が移動してくると、強い上昇気流によって空気の回転が速まり、竜巻が発生する。

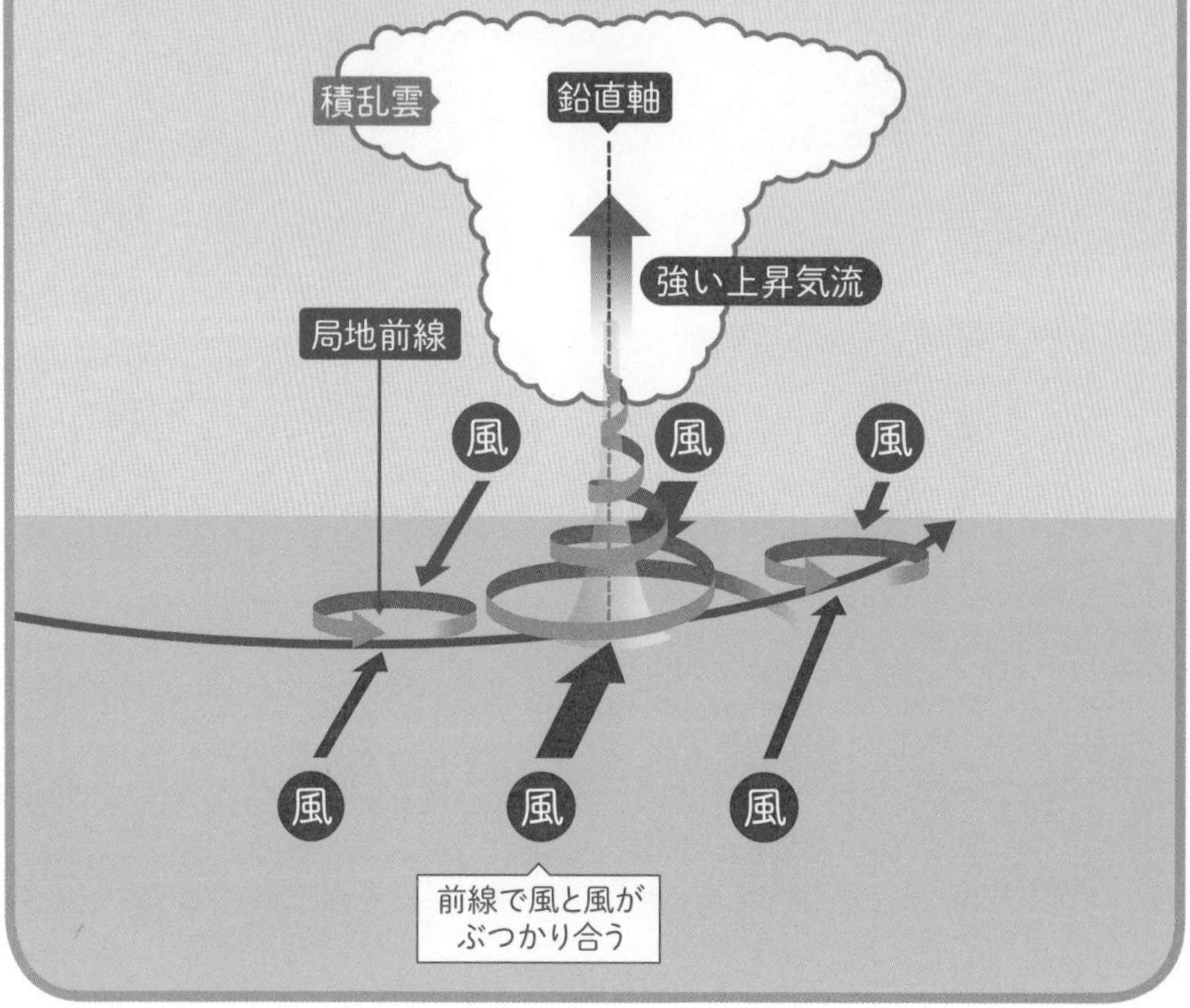

です。

この回転は上に行けば行くほど高速になります。回転半径が短くなるほど回転スピードは上がるという法則があるからです。フィギュアスケートの選手が高速で回転するとき、手足を密着させて回転半径を小さくしていることを思い出せば、よくわかります。

また、竜巻には2つのタイプがあります。**ひとつは巨大積乱雲（スーパーセル）で発生する大きくて強い竜巻。**これは大きな被害をもたらす可能性があります。

もうひとつは、局地前線（天気図に現れないような小さな前線）にできる比較的小さな竜巻です。海上にできる竜巻はこの局地前線タイプが多く、複数の竜巻が同時に発生することもあります（図❷）。

Keywords 竜巻 積乱雲 巨大積乱雲 スーパーセル 局地前線

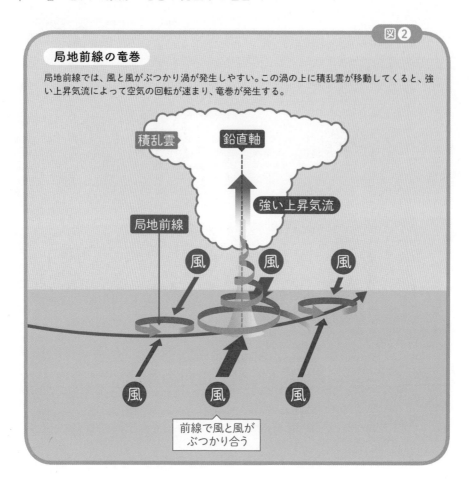

22 日本で発生する竜巻は年に25個

過去最大級の竜巻は茨城県つくば市の「F3」です

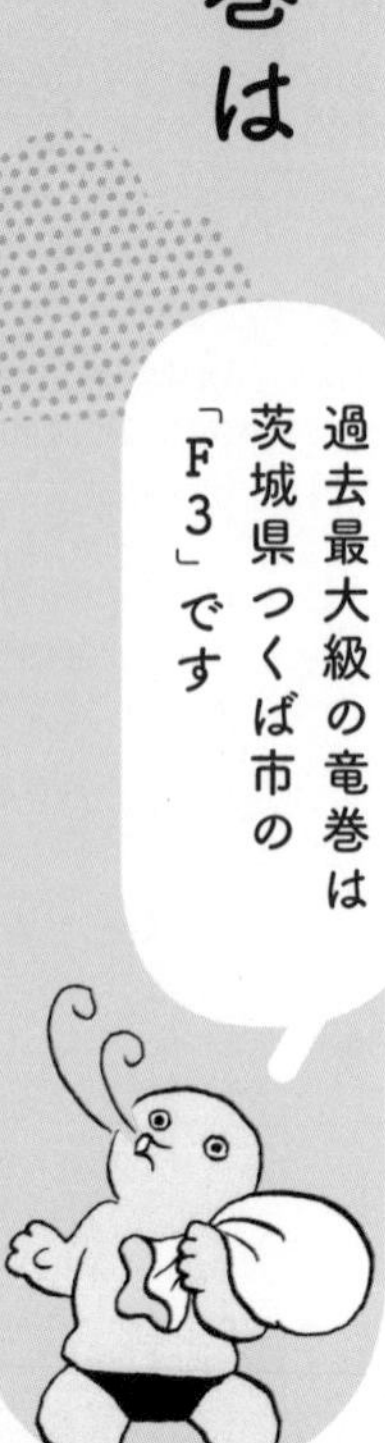

日本では年に平均25個程度の竜巻が確認されています（規模の小さい海上の竜巻を除く）。竜巻の被害を受ける確率は高くはありませんが、家屋の倒壊や車両の転倒など、大きな被害をもたらすこともあるので注意が必要です。

気象庁では、竜巻などの激しい突風に関する気象情報として、「竜巻注意情報」を発表しています。さらに、竜巻などの激しい突風が発生しやすい地域の詳細な分布と1時間先までの予報として、「竜巻発生確度ナウキャスト」を提供しています。

図 藤田スケール（Fスケール）

F0	17〜32m/s 約15秒間の平均	テレビのアンテナなどの弱い構造物が倒れる。
F1	33〜49m/s 約10秒間の平均	屋根瓦が飛び、ガラス窓が割れる。
F2	50〜69m/s 約7秒間の平均	住家の屋根がはぎとられ、弱い非住家は倒壊する。大木が倒れ、ねじ切られる。
F3	70〜92m/s 約5秒間の平均	壁が押し倒され住家が倒壊する。自動車は持ち上げられて飛ばされる。
F4	93〜116m/s 約4秒間の平均	住家がバラバラになって辺りに飛散。列車が吹き飛ばされ、自動車は何十mも空中飛行する。
F5	117〜142m/s 約3秒間の平均	住家は跡形もなく吹き飛ばされる。数トンもある物体がどこからともなく降ってくる。

アメリカで発生した巨大な竜巻

竜巻は一般的に、中緯度の平地で発生する傾向がある。アメリカではフロリダ半島南端（北緯25度）から、カナダ領（北緯50度）に至る範囲で竜巻の発生が見られる。とくにアメリカ中西部（オクラホマ州付近）は竜巻が多発する地域。北極からの寒気団とカリブ海からの暖気団が衝突して大気が不安定になったときに発生する。

　また、竜巻は水平方向におよぼす影響が小さく、一般的な風速計で突風の風速を計測することは困難です。そのため、シカゴ大学の藤田哲也博士は、**突風により発生した被害の状況から風速を大まかに推定する「藤田スケール（Fスケール）」**を考案しました。

　このスケールではFの値が大きいほど風速が強く、被害が大きいことを示しています。国内最大級は、2012年5月6日に茨城県つくば市で発生した竜巻です。これは、巨大積乱雲（スーパーセル）から発生したもので、被害分布は長さ17㎞、幅約500ｍで「F3」でした。

　日本ではこれまで「F4」以上の竜巻は観測されていませんが、アメリカでは「F4」以上の竜巻が多数発生しています。

Keywords　竜巻　藤田スケール　Fスケール　スーパーセル

お天気3択クイズ vol.2

第1問

竜巻が最も多い都道府県は？

❶ 北海道
❷ 高知県
❸ 沖縄県

第2問

台風は1年間に平年で3個上陸。最も多かった年は何個上陸？

❶ 5個
❷ 10個
❸ 15個

第3問

1時間に降った雨量が、日本で最も多い記録は何ミリ？

❶ 127㎜
❷ 157㎜
❸ 187㎜

正解・解説

第1問 正解は❶。1991～2017年に確認された竜巻は、北海道が47件と最も多い。2位は沖縄県の43件。3位は高知県の34件。ちなみに東京都は8件。

第2問 正解は❷。台風上陸数の過去最多記録は、2004年の10個。台風の上陸がゼロの年は、1984年、1986年、2000年、2008年、2020年と5年ある。

第3問 正解は❸。1982年7月23日、長崎県長与町で1時間に187㎜の猛烈な雨を観測。この大雨は長崎豪雨と呼ばれ、長崎市内を中心に同時多発の土砂災害によって、多くの死者が出た。

Chapter 3

気圧と気流による変化のメカニズム

低気圧の中心に風が吹き込むことで「上昇気流」が発生します。
高気圧の中心から風が吹き出すことで「下降気流」ができます。
このような気圧と気流の関係を知っておけば、
積乱雲による豪雨や、フェーン現象のメカニズムがわかります。

23 気温と気圧、気温と水蒸気の関係

気圧が下がれば
気温が下がり、
水蒸気が水滴になります

図1

空気上昇と膨張

高度が上がるほど気圧が低くなるために、空気が上昇すると膨張する。空気は膨張するときに運動エネルギーを使うため気温が下がる。そのため空気は上昇すると冷えるのである。

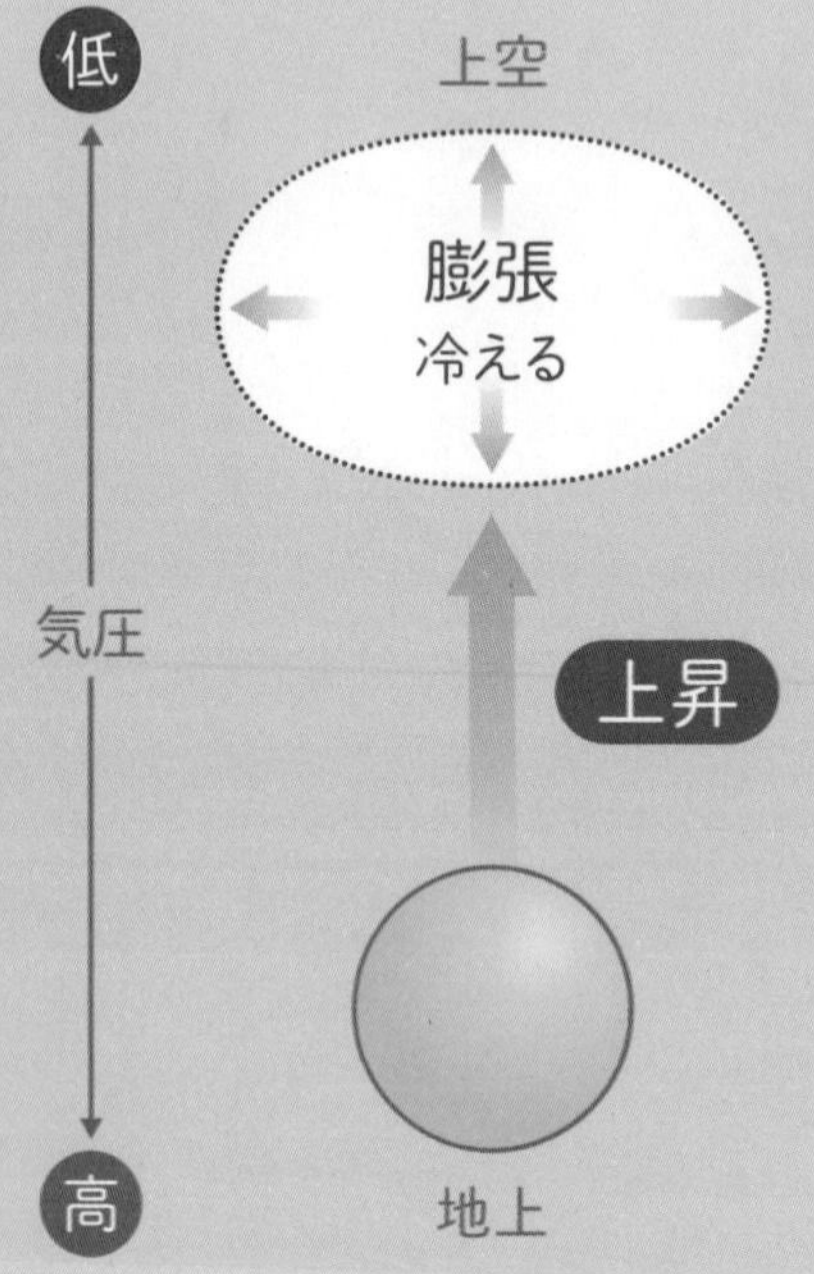

私たちは気温が上がると「暖かい」と感じ、気温が下がると「寒い」と感じます。そもそも、気温とは大気の温度のことです。そしてこの温度は、空気中の分子（窒素、酸素など）の運動エネルギーで決まります。

空気中の分子が激しく飛び回る状態では運動エネルギーが高く、気温が高くなります。一方、分子の動きがゆっくりで運動エネルギーが低いと、気温が低くなります。

地上にある空気が上昇すると、気圧（大気の圧力）が低くなるために膨張します。そして膨張するときに

図② 気温と飽和水蒸気量

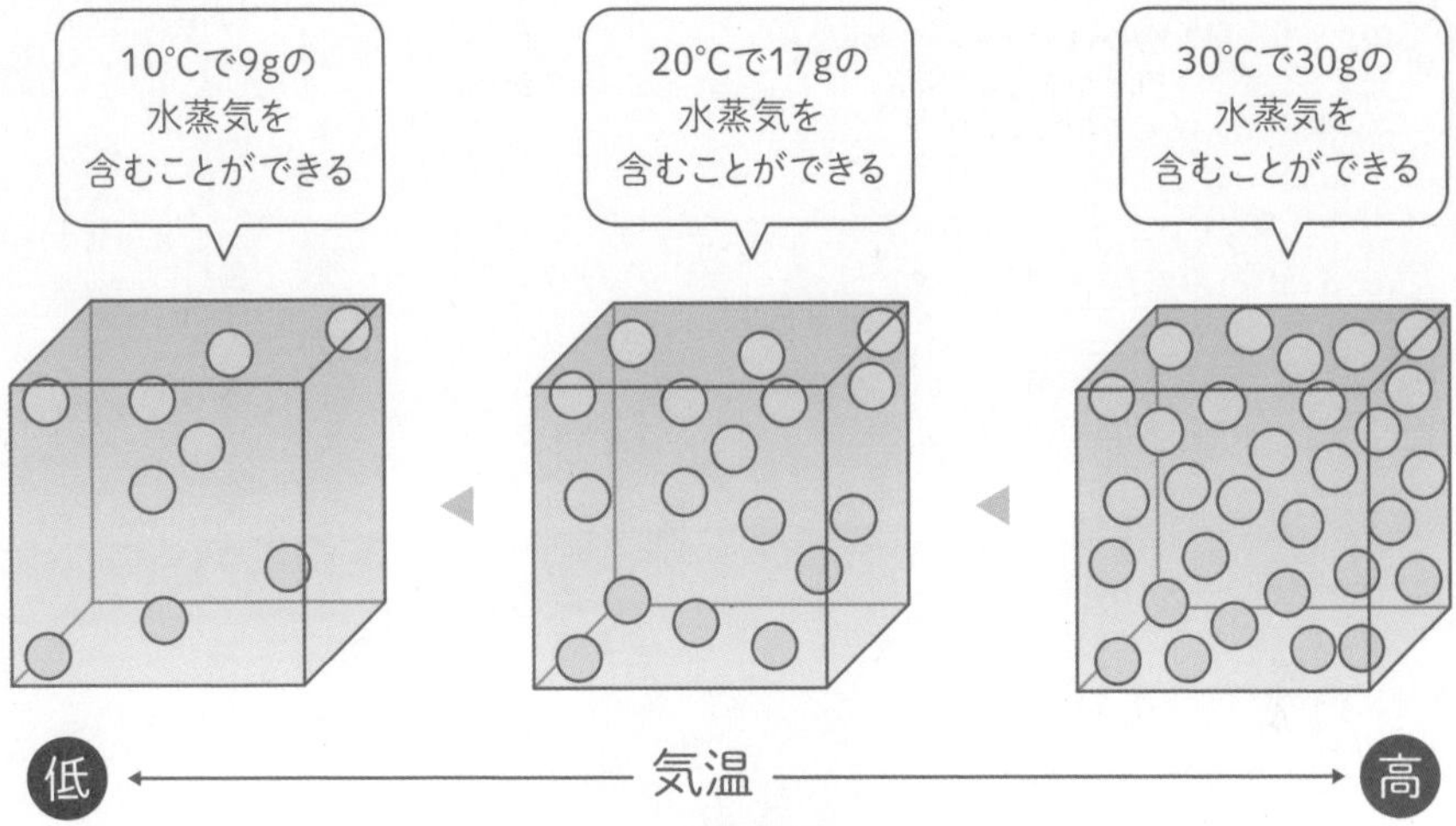
10°Cで9gの
水蒸気を
含むことができる
20°Cで17gの
水蒸気を
含むことができる
30°Cで30gの
水蒸気を
含むことができる
低
気温
高

気温が高いほど、
空間に多くの
水蒸気が含まれる

運動エネルギーを使うので、なかの運動エネルギーは小さくなり、気温が下がります。**上昇した空気は周囲の空気に冷やされるのではなく、膨張することで自然に冷えるのです。**

また、気象現象を理解するために、気温と水蒸気の関係を知っておくことも大切です。

一般的に、気温が高いほど空間に水蒸気を多く含みます。1㎥の空間の場合、10℃なら9gまで、30℃なら30gまで水蒸気を含むことができます。この**1㎥あたりの限界の水蒸気量が「飽和水蒸気量」**です。

空気が上昇して気温が下がるとキープできる水蒸気量（飽和水蒸気量）が減り、残った水蒸気が凝結して水滴になります。そして、この水滴が雨になるのです。

Keywords 気温 運動エネルギー 気圧 飽和水蒸気量

24

「不安定」は異常気象のキーワード

冷たい重い空気が上で暖かい軽い空気が下が、「不安定」の構造です

図1

「不安定」の構造

暖かい軽い空気の上に、冷たい重い空気が乗っている状態が「不安定」。上下を入れ替えて安定するように対流が起こり、上昇気流が発生する。

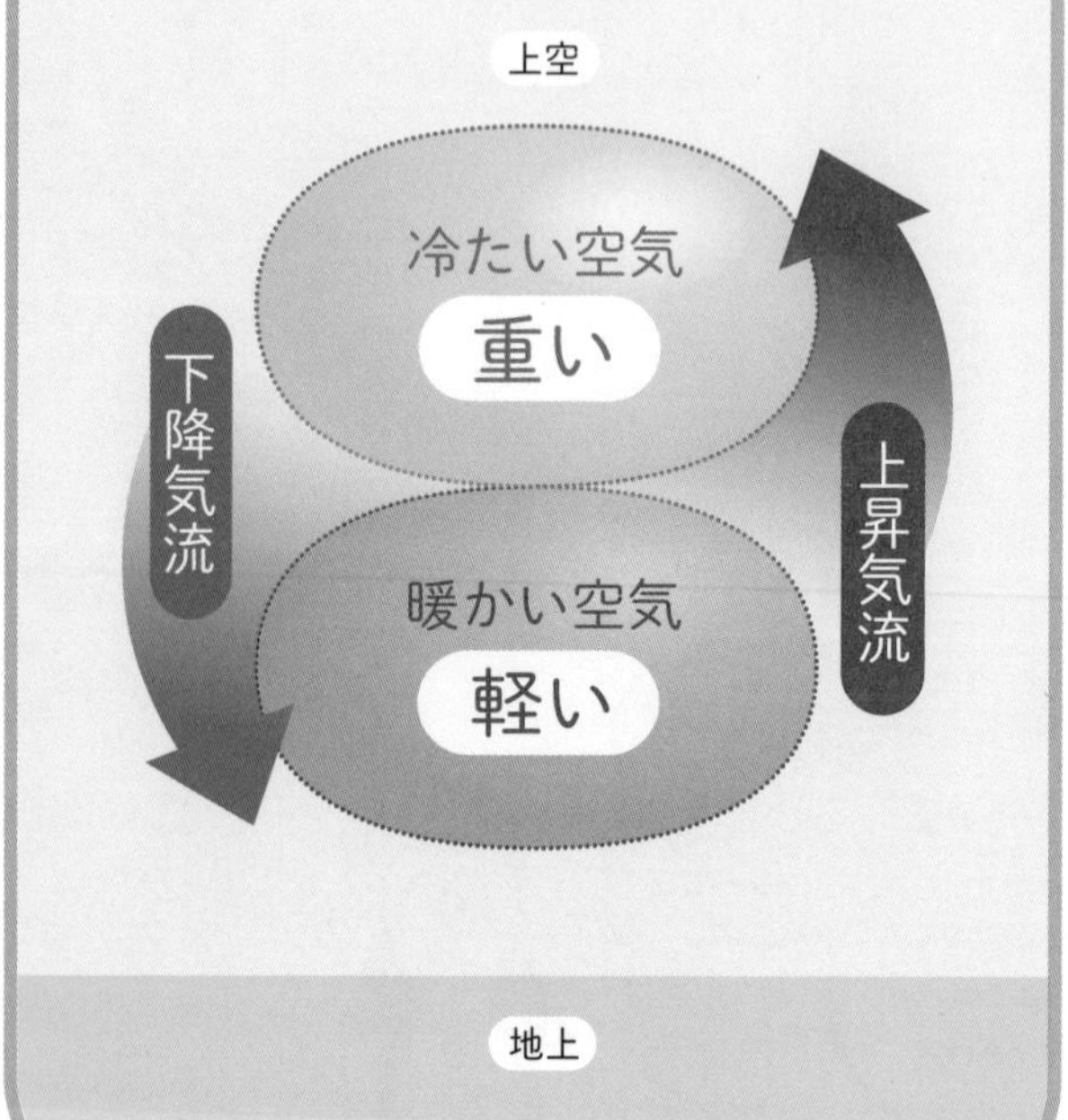

ゲリラ豪雨や竜巻などの異常気象を引き起こすのが、「不安定」と呼ばれる大気の状態です。具体的には、**暖かい軽い空気の上に冷たい重い空気が乗っている状態**。この大気が不安定な状態で、軽い空気は上に重い空気は下に行こうとするため、対流が起こり、結果として「上昇気流」が発生するのです。

逆に、このような対流が起こりにくい状態を「安定」または「大気が安定している」といいます。

大気が安定しているかどうかを決めるのは、空気の重さだけではあり

図❷

乾燥と湿った空気の違い

湿った空気は上昇すると凝結熱が発生。乾燥した空気より気温が高くなるため、上昇気流が起こりやすく、不安定になりやすい。

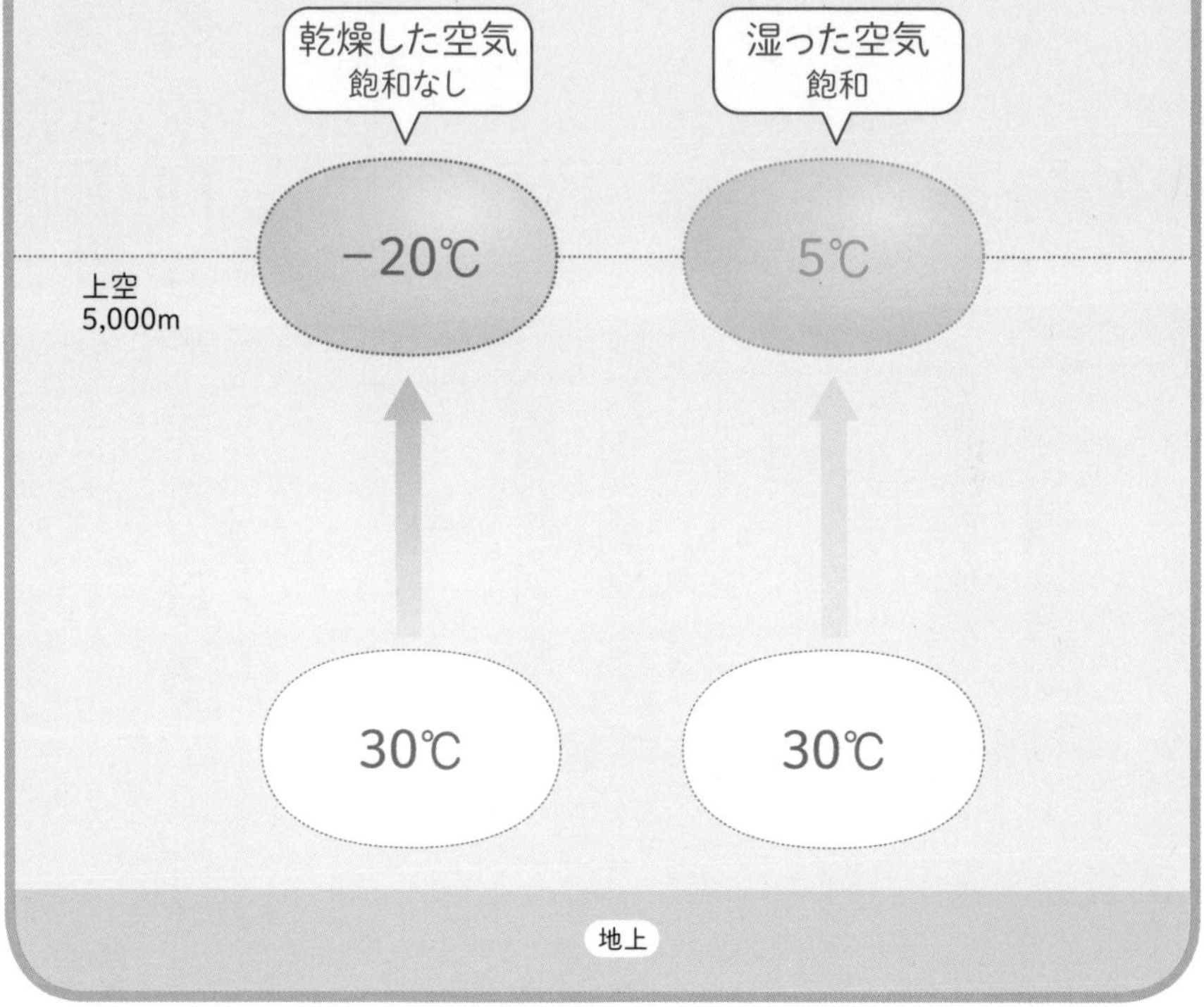

ません。空気に含まれる「水分の量」も関係しています。

水分が多く含まれる湿った空気は、上空で水蒸気が凝結するときに熱を放出するので、気温はあまり下がりません。一方、乾燥した空気は（水蒸気が凝結しないため）湿った空気よりも気温が下がります。

たとえば、図❷のように、地上で30℃の乾燥した空気は上空5，000mでマイナス20℃になります。地上で30℃の湿った空気は上空5，000mで5℃になります。

このように、乾燥した空気よりも湿った空気のほうが上空で気温が高くなります。気温が高ければ空気は軽くなり、上昇気流が起こりやすい状態になります。そのため、**乾燥した空気よりも湿った空気のほうが、「不安定」になりやすいのです。**

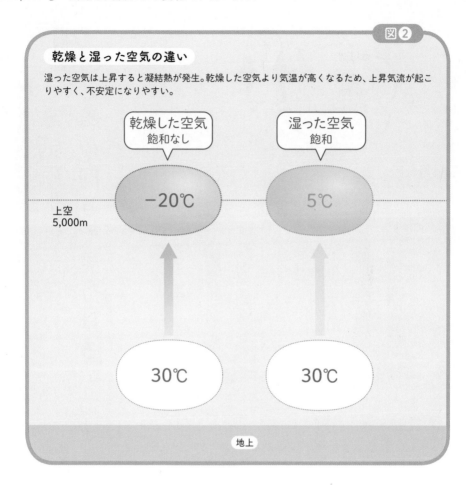

25 高気圧と低気圧は風の向きで見分ける

高気圧では下降気流、低気圧では上昇気流が発生します

高気圧が近づくと晴れ、低気圧が近づくと雨が降ることは体験としてわかります。しかし、そもそも「高気圧」「低気圧」とはどんな状態でしょうか。

高気圧とは周囲よりも気圧が高い状態です。気圧とは大気の重さによる圧力なので、気圧が高ければ、周辺の空気は外側（気圧の低い大気）に向かって吹き出します。

そして、**高気圧の中心に上空から空気が流れ込むため、下降気流ができます**（図❶）。この下降気流で雲が消えてしまうため、晴れることが

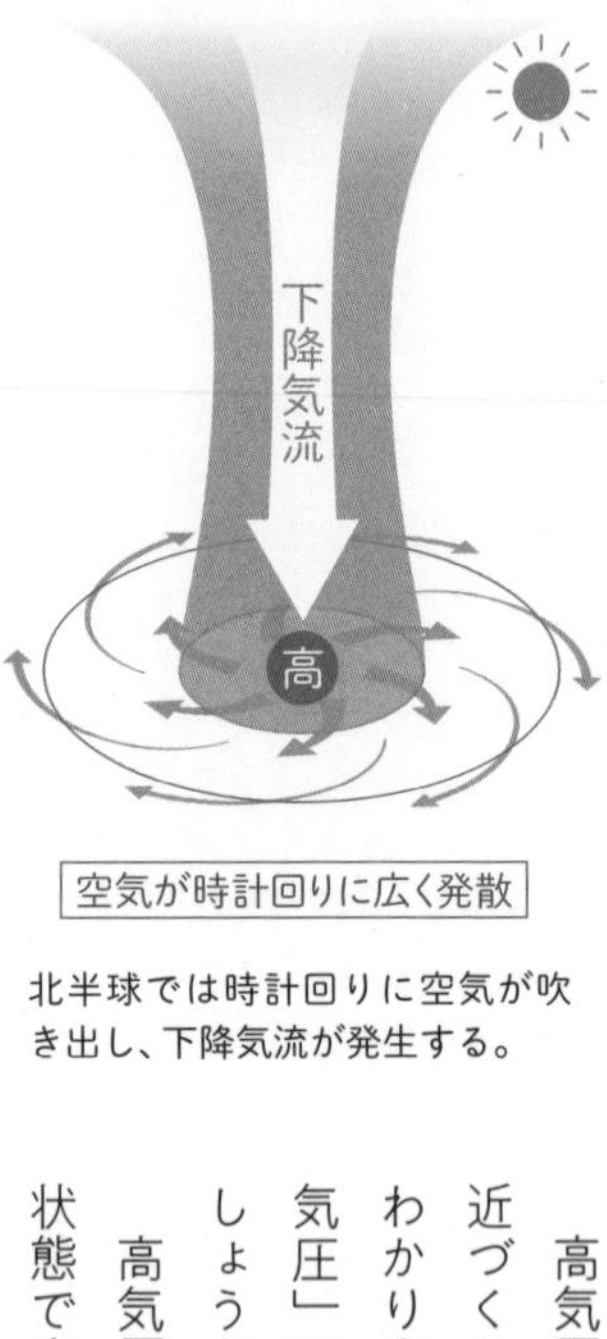

北半球では時計回りに空気が吹き出し、下降気流が発生する。

北半球で反時計回りに空気が集まり、上昇気流が発生する。

図❸ 高さと気圧の関係

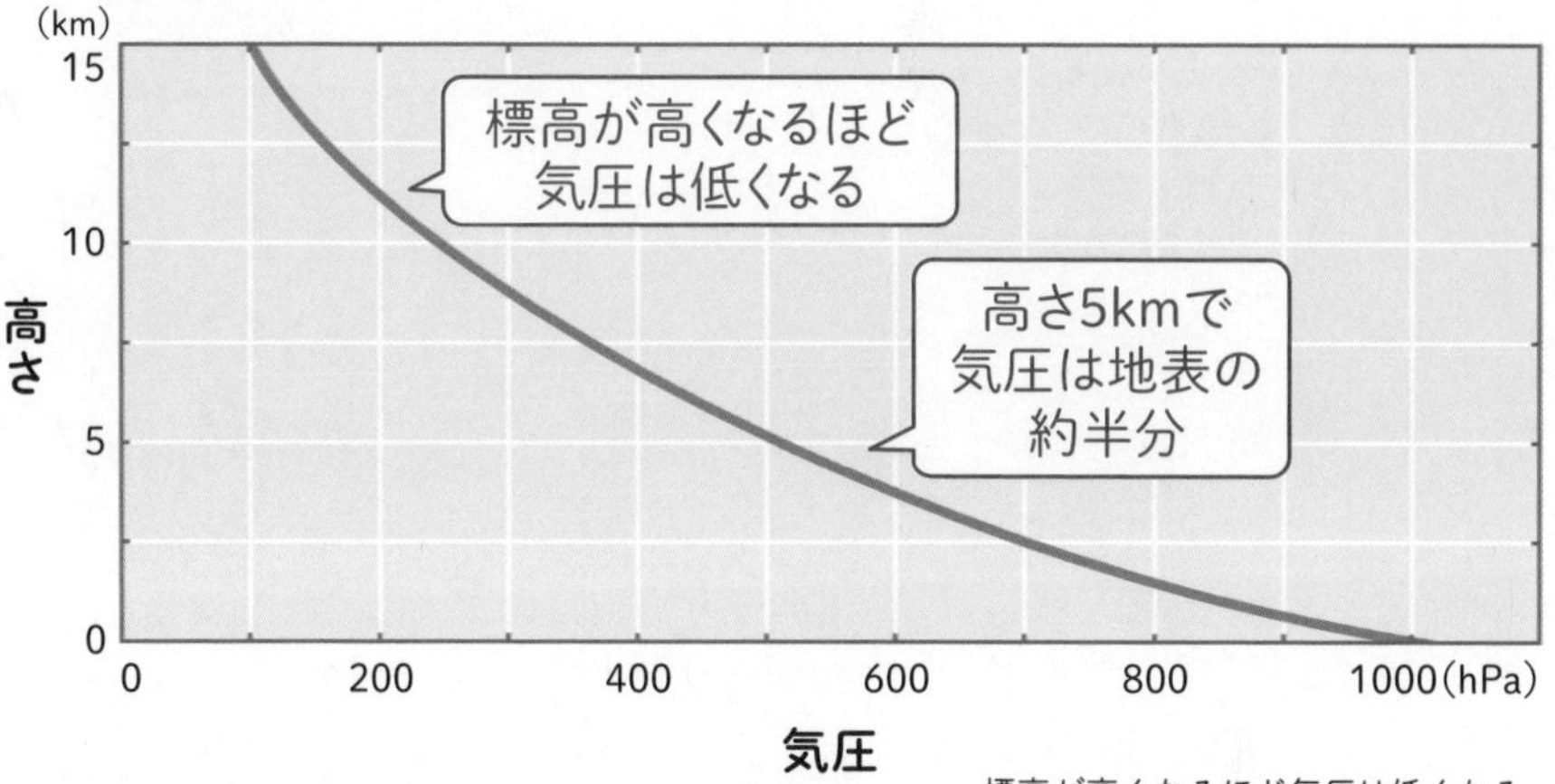

標高が高くなるほど気圧は低くなる。地表では約1000hPaで、高さが5kmになると500hPaくらいで地上の約半分になる。高さが10kmでは地表の約4分の1、高さが15kmでは地表の約10分の1になる。

日本一の山、富士山の高さは3,776mで、山頂の平年の気圧は638hPaと地表の約3分の2(63%)になる。気圧が低くなると沸点が下がるため、富士山頂では水が約88°Cで沸騰する。

多くなるのです。

低気圧は高気圧の逆です。周囲よりも気圧が低ければ、気圧が高い外側から低気圧の中心に向かって空気が流れ込みます。この中心に集まった空気は、**地表があるため下へは行けず、上昇気流が発生します**（図❷）。そして、この上昇気流により雲が発生するので、雨が降りやすくなるというわけです。

豆知識

標高が高くなれば気圧は下がる

空気にも重さがあり、気圧とはその重さによる圧力のことです。空気の重さは「どれくらい重なっているか」にかかっているので、標高が高くなるほど気圧は低くなります（図❸）。たとえば、富士山の山頂では、気圧は地表の約3分の2になります。

Keywords 高気圧 下降気流 低気圧 上昇気流 気圧

26 地球の自転によって風の向きが変わる

北半球ではつねに右向きの力が働いています

図❶ コリオリの力

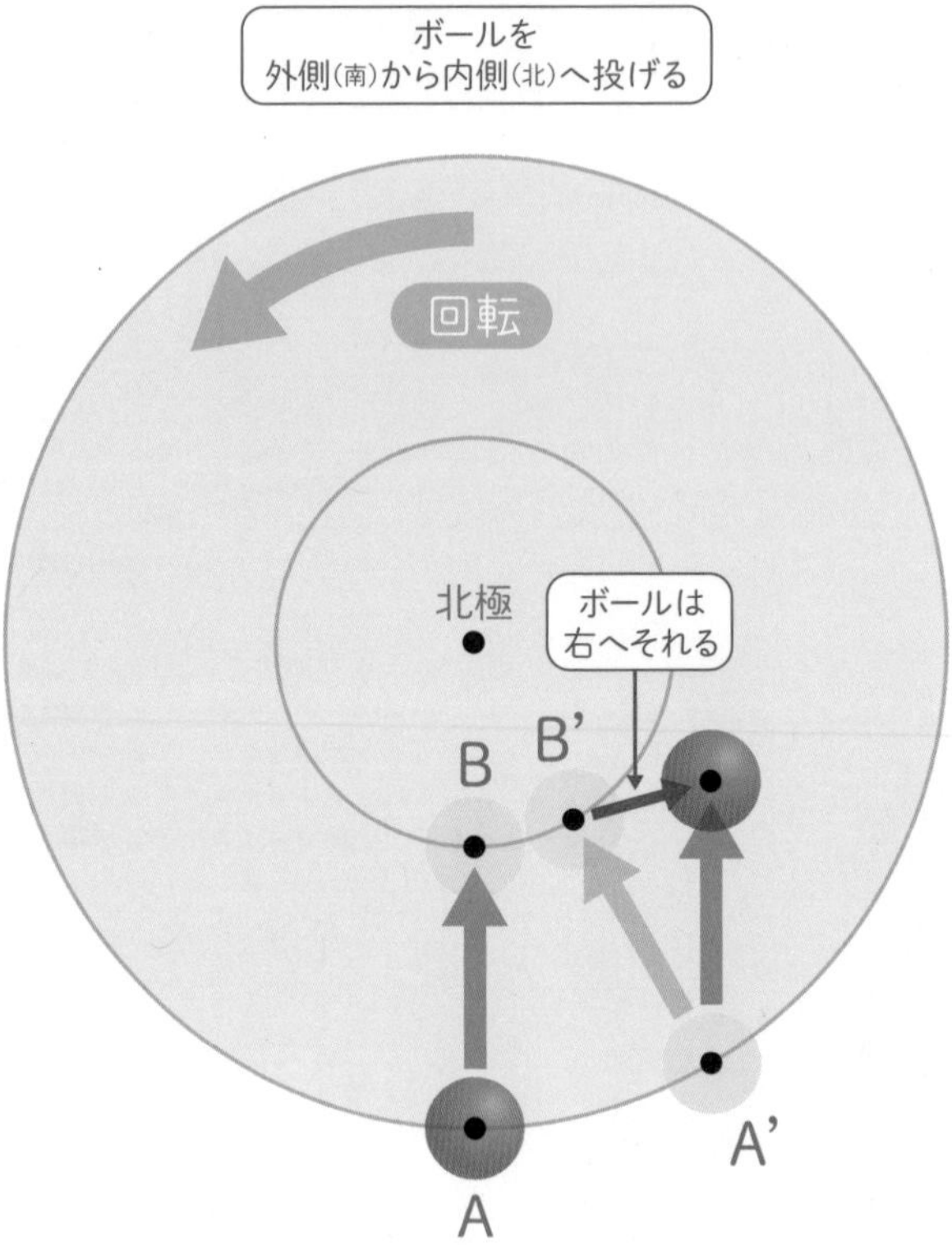

地球は自転しています。そして、この自転によって「コリオリの力」が働きます。

地球を北極の上から見下ろすと、反時計回りに回転しています。ここで、図❶のA地点とB地点を見てください。A地点にはボールを投げる人、B地点にはボールを受ける人が立っているとします。

A地点からB地点に向かってボールを投げると、ボールが到達する前に、投げた人はA地点からA′地点へ、ボールを受ける人はB地点からB′地点へ移動しています。そして投

図❷ 地衡風の発生

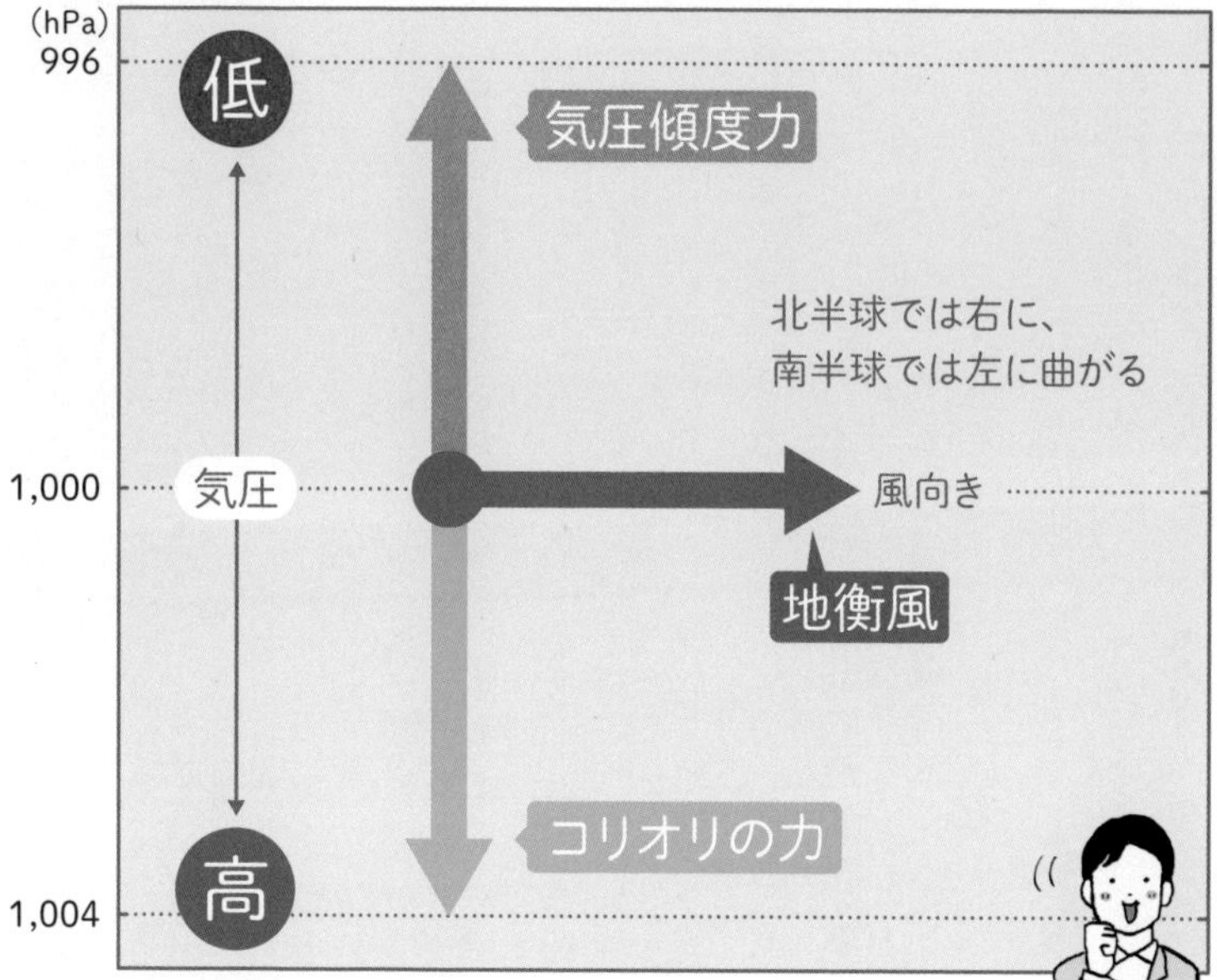

「気圧傾度力」は、高気圧と低気圧の差によって生まれる力である。風は「コリオリの力」により、進行方向の右向きに力が加わる。摩擦がないと気圧傾度力とコリオリの力の2つの力が釣り合い、等圧線（天気図で同じ気圧の地点を結んだ線）に平行な風が吹く。これが地衡風である。

げたボールはB′地点より右側にそれます。これは見かけ上、右側に向かって力がかかっているからです。これが「コリオリの力」です。**この力により北半球では進行方向に向かって右に曲がる力が働きます（南半球では左に曲がります）。**この力は、地球上の空気の動きにも影響を与えます。

ここで図❷を見てください。上空の大気のなかに気圧が高いところから低いところに流れる力（気圧傾度力）と、コリオリの力が吊り合うポイントがあります。このポイントで風向きが安定して、「地《ち》衡《こう》風《ふう》」と呼ばれる風が吹きます。

北半球で**高気圧の風が中心から時計回りに吹き出し、低気圧の風が反時計回りに吹き込む**のは、この地衡風の力が働くからなのです。

27 温帯低気圧と熱帯低気圧はエネルギー源が違う！

温帯低気圧は暖気と寒気、熱帯低気圧は暖気でできています

「低気圧」は、周囲よりも気圧が低くなっている部分を指す言葉です。

気圧の単位はhPa（ヘクトパスカル）ですが、あくまでも周囲との比較なので、「○○hPa以下を低気圧とする」という決まりはありません。

この低気圧には「温帯低気圧」と「熱帯低気圧」があります。

温帯低気圧は暖気と寒気がぶつかり合うことで発生する低気圧です。暖かい空気が上へ、冷たい空気が下へ移動してぶつかると空気が混ざり合い、渦を巻きます。

そして、この渦が発生して温帯低気圧になります。温帯低気圧には暖気と寒気があるため、つねに境目（前線）ができます。

一方、**熱帯低気圧は高温の海水から蒸発する水蒸気で発生する低気圧です。**

暖かい海からの水蒸気がエネルギー源で、雲になるときに放出される熱によってさらに上昇気流が強まり、渦を巻くように発達します。こちらには暖気しかないので、前線は発生しません。

ちなみに日本の南で熱帯低気圧として発生し、中心付近の最大風速がおよそ17m/s以上になるものを「台風」と呼びます。そのあと台風の勢力が弱まると、熱帯低気圧に戻ります。

つまり、熱帯低気圧と台風はほぼ同じもので、違いは「風の強さ」のみなのです。

図1 温帯低気圧

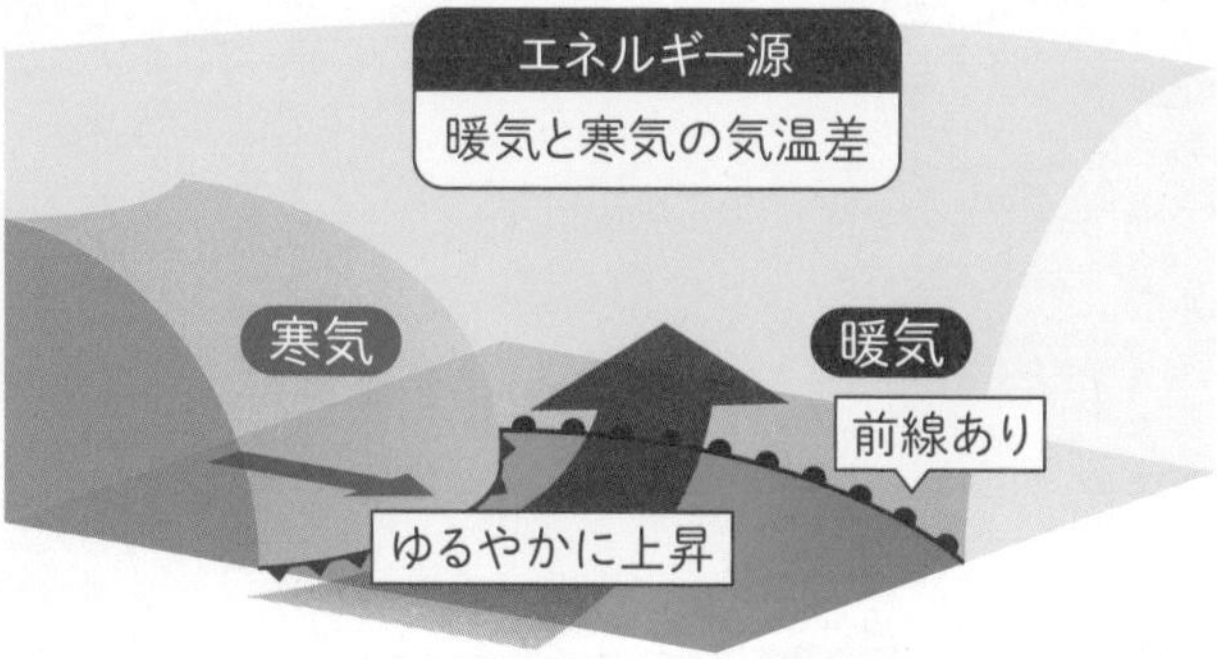

温帯低気圧は暖気と寒気によってできていて、寒気が暖気を押し上げ、暖気は寒気の上をゆるやかに上昇する。前線があり、エネルギー源は暖気と寒気の気温差である。

図2 熱帯低気圧

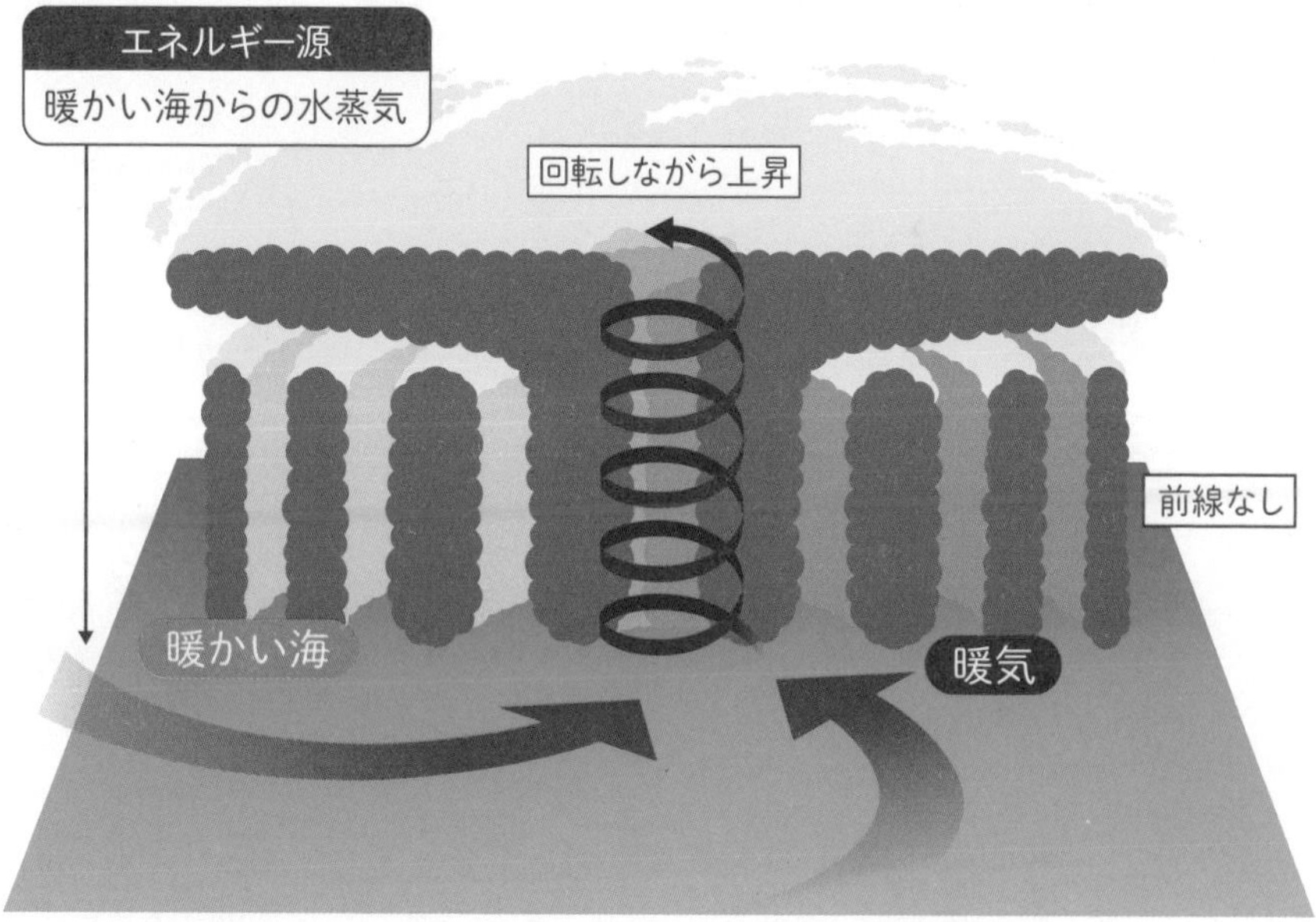

熱帯低気圧は暖気のみでできているので、温帯低気圧のような前線はない。エネルギー源は暖かい海からの水蒸気で、周りから反時計回りに空気が集まる。集まった空気は回転しながら上昇する。

Keywords 温帯低気圧 熱帯低気圧 台風

28 寒気・暖気の強さで前線の種類が変わる

前線の種類は寒冷前線、温暖前線、停滞前線、閉塞前線の4つです

図❶

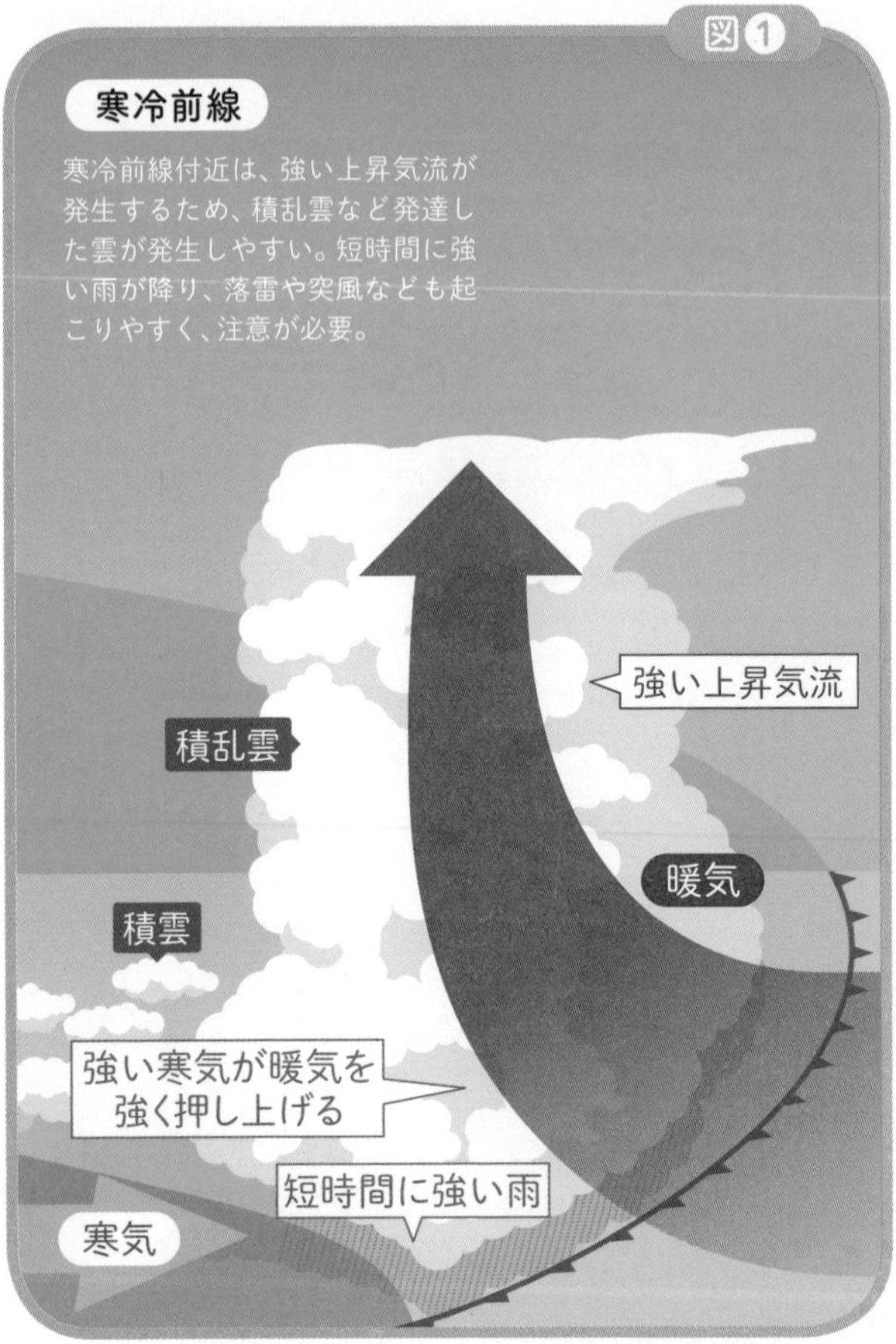
寒冷前線
寒冷前線付近は、強い上昇気流が発生するため、積乱雲など発達した雲が発生しやすい。短時間に強い雨が降り、落雷や突風なども起こりやすく、注意が必要。
強い上昇気流
積乱雲
暖気
積雲
強い寒気が暖気を強く押し上げる
短時間に強い雨
寒気

「前線」とは、寒気（冷たい空気）と暖気（暖かい空気）の境目（境界線）のこと。そして**寒気と暖気の強さによって前線の種類が変化します。**

寒冷前線は寒気の勢力が暖気より強い前線です。

寒気が暖気を押しのけて進むときにできる前線で、重い寒気が軽い暖気を押し上げるため、強い上昇気流が発生（図❶）。これにより積雲（綿のような形をした雲）や巨大な積乱雲ができ、強い雨や落雷、突風をもたらします。

一方、暖気の勢力が寒気よりも強

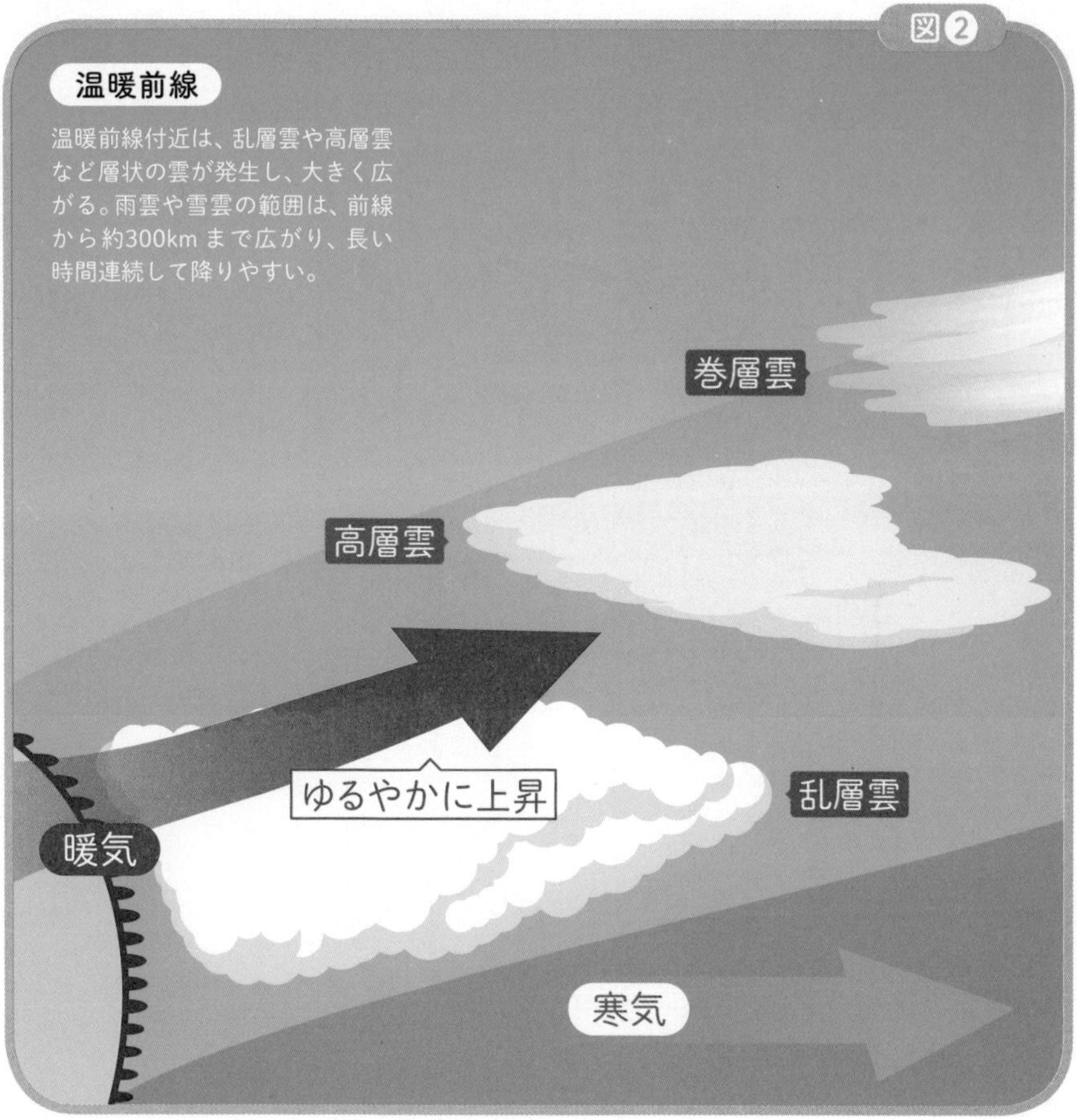
図②
温暖前線
温暖前線付近は、乱層雲や高層雲など層状の雲が発生し、大きく広がる。雨雲や雪雲の範囲は、前線から約300kmまで広がり、長い時間連続して降りやすい。
巻層雲
高層雲
ゆるやかに上昇
乱層雲
暖気
寒気

い場合は**温暖前線**ができます。重い寒気の上を軽い暖気がゆるやかに上昇し、乱層雲（暗灰色の雲）や巻層雲（白い雲）などをつくります（図❷）。雲は空全体に広がるため、長く降る雨になります。

また、寒気と暖気の勢力がちょうど同じくらいのときは**停滞前線**になります。梅雨前線がその代表格で、前線が動かないため、雨が降る時間は温暖前線よりも長くなります。

停滞前線では比較的おだやかな雨が降りますが、そこに湿った空気が流入すると、積乱雲が発生して集中豪雨をもたらすこともあります。

また、動きの速い寒冷前線が動きの遅い温暖前線に追いついて重なる**閉塞前線**もあります。寒冷前線と温暖前線のどちらが優位かで「寒冷型」と「温暖型」に分かれます。

Keywords 寒気 暖気 寒冷前線 温暖前線 停滞前線 梅雨前線 閉塞前線

29 危険な積乱雲の一生はわずか60分

発達期、成熟期、減衰期で気流が変化します

積乱雲は集中豪雨や落雷などをもたらす危険な雲です。ただしこの積乱雲が空に浮かんでいる時間は30～60分程度。とても**寿命が短い雲なのです。**

ここでは3つのステージに分けて説明します。

積乱雲の❶**発達期**は雲が成長している段階です。地表付近にある空気が上昇気流によって上に移動すると、空気の温度が下がって水蒸気を含むことのできる量(飽和水蒸気量)が減ります。すると、空気からあふれ出た水蒸気が水滴となって雲がで

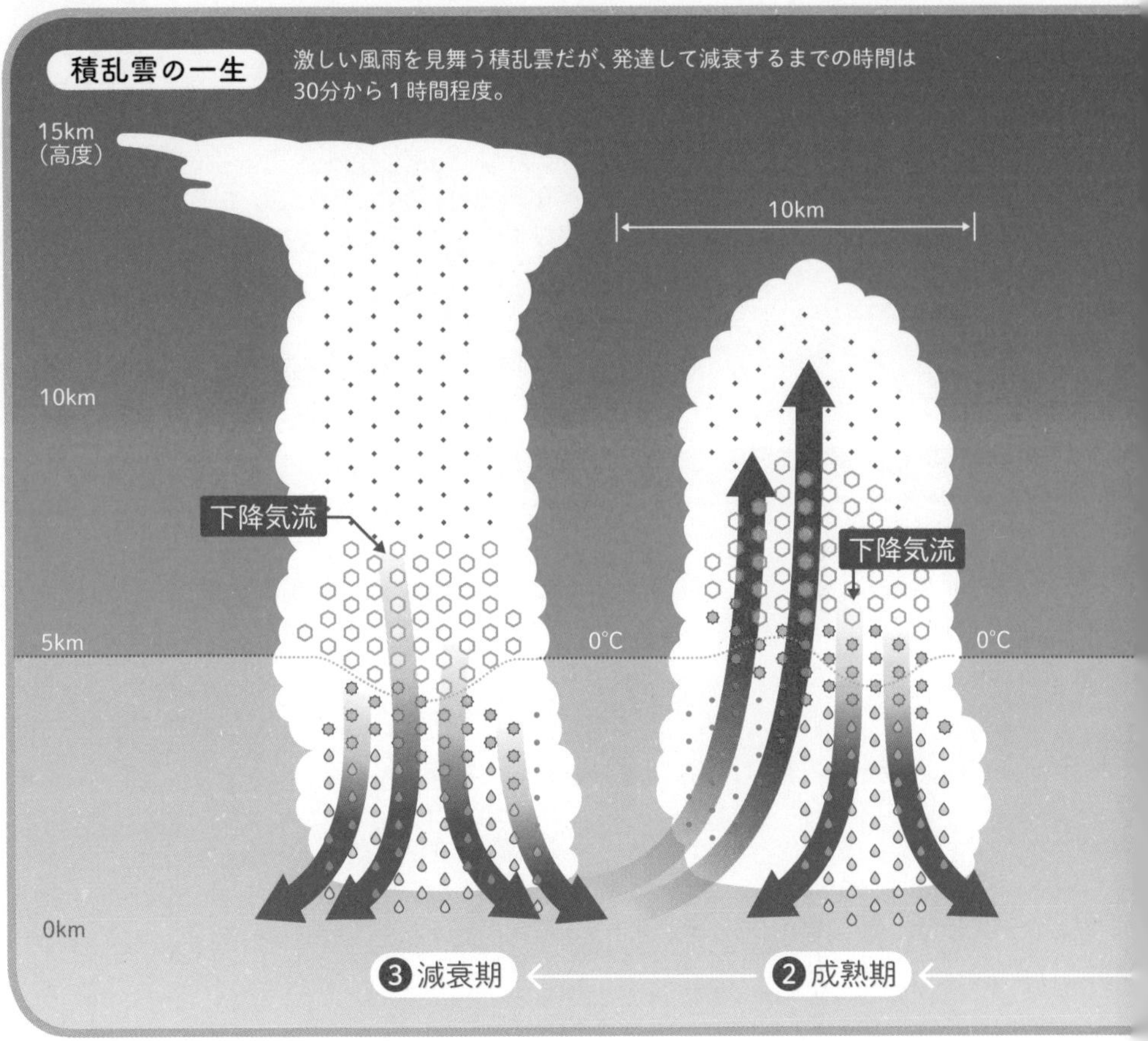

激しい風雨を見舞う積乱雲だが、発達して減衰するまでの時間は30分から1時間程度。

きます。この段階で雨粒は発生していますが、上昇気流が強いため、まだ地上には落ちてきません。

次の**❷成熟期**で雲は巨大化します。雲が成長して対流圏（地上から10〜16kmの大気の層）の上に達すると、雲のなかに大きな氷の粒ができます。大きな粒は重いので周囲の空気も巻き込んで落下し、下降気流が発生します。このとき地上に強い雨が降ります。

最後の**❸減衰期**では下降気流が強まります。落下する氷の粒が周囲の空気を冷やしたり雨粒が蒸発して空気を冷やしたりするため、下降気流が強くなります。上空から冷たい空気が下りてくることで、積乱雲の下に冷たい空気がたまります。

そして、残っていた上昇気流が消えることで、積乱雲が消滅します。

 Keywords 積乱雲 上昇気流 下降気流

30 積乱雲から別の雲や突風が生まれる

バックビルディングで積乱雲が増殖！突風の原因になります

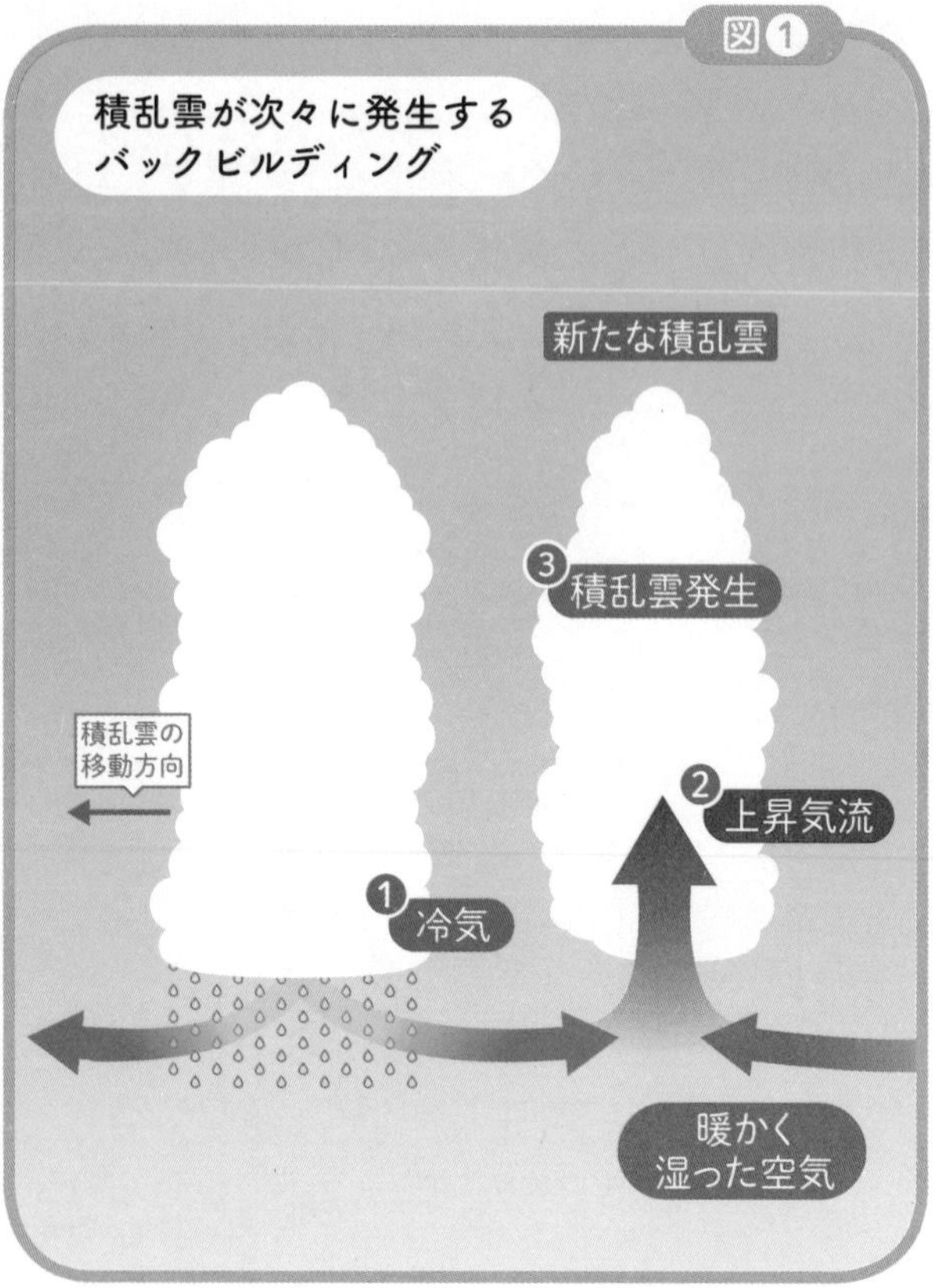

積乱雲の移動方向から見ると後ろ側で積乱雲が発生するため、バックビルディングと呼ばれ、❶❷❸の順で発生する。

ひとつの積乱雲の寿命は短く、わずか60分程度です（70ページ）。しかし、積乱雲が連続で次々に発生しながら範囲を広げていくと（線状降水帯／46ページ）大きな被害をもたらします。

ここでは、この線状降水帯が発生するしくみ**「バックビルディング」**について説明します（図❶）。

まず積乱雲のなかにできる下降気流により冷気が放出され、そばにある暖かく湿った空気とぶつかることで上昇気流が生まれて新たな積乱雲が発生します。次に、その積乱雲が

ダウンバーストは、離着陸中の飛行機が墜落事故を起こすほど強い、危険な突風である。

図❷

ガストフロントが通過する際は、突風と風向きの急変、気温の急下降と気圧の急上昇が観測される。

図❸

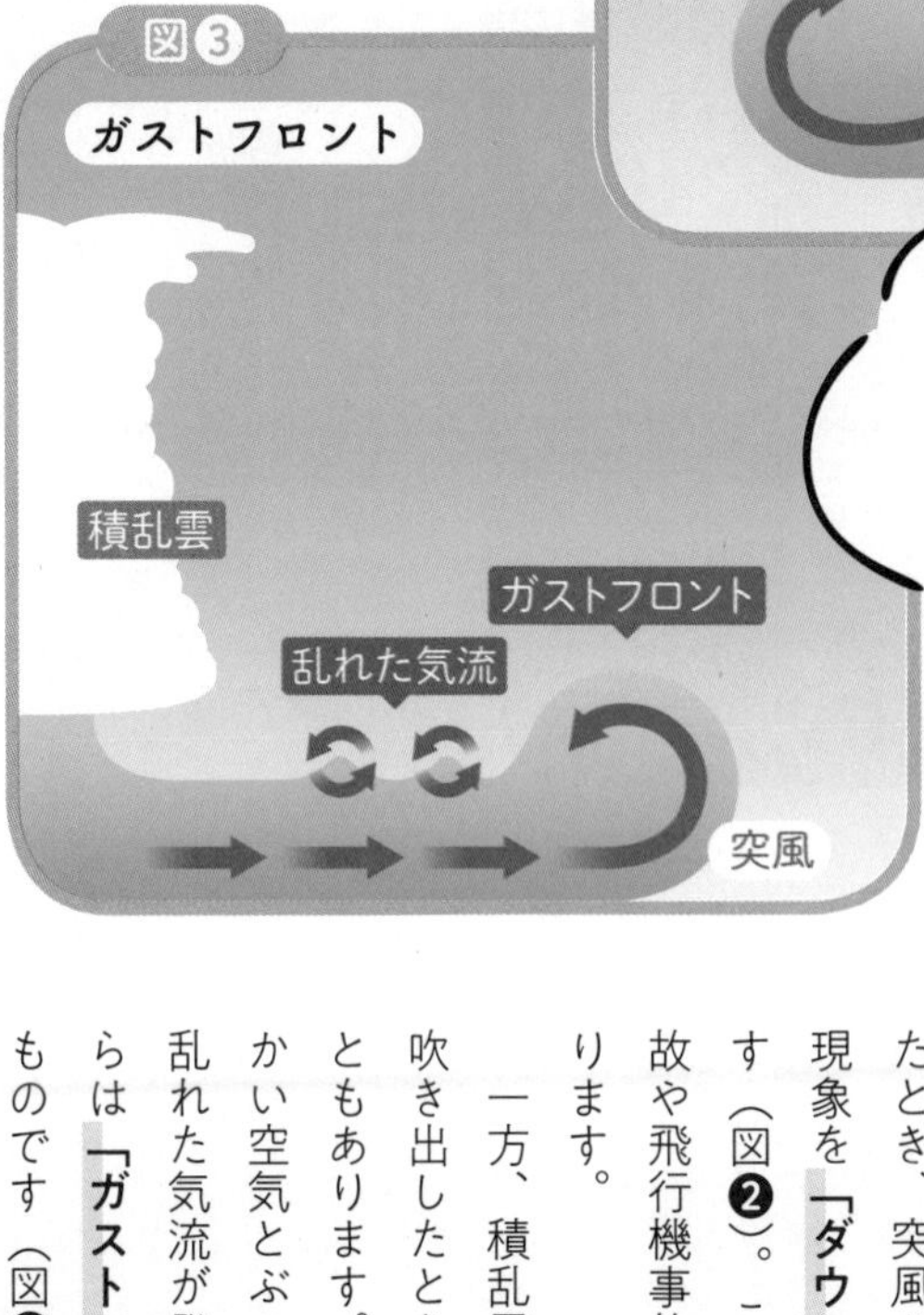

また冷気を放出することで、新たな積乱雲が発生。これをくり返して線状降水帯ができあがります。

また、この積乱雲の下降気流は、なかなかのクセモノです。

積乱雲から出る強い下降気流は、ときおり強烈な突風に変化します。

この強い下降気流が地面に衝突したとき、突風が四方八方に発散する現象を「**ダウンバースト**」と呼びます（図❷）。この突風が車の横転事故や飛行機事故につながることもあります。

一方、積乱雲の下降気流が水平に吹き出したときに突風が生まれることもあります。この突風が周囲の暖かい空気とぶつかることで局地的に乱れた気流が発生するのです。こちらは「**ガストフロント**」と呼ばれるものです（図❸）。

Keywords バックビルディング 突風 ダウンバースト ガストフロント

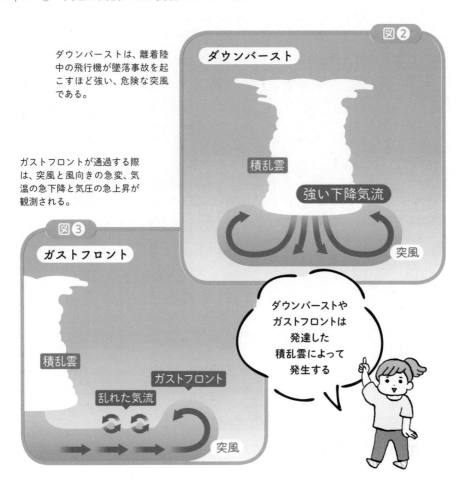

Chapter3

31 スーパーセルは超巨大積乱雲

メソサイクロンで渦が急上昇して雲が巨大化します

強烈なスーパーセル

スーパーセルは巨大なひとつの積乱雲で、スーパーセルの下では、激しい気象現象が起きやすいため、とても危険な雲である。

積乱雲のなかでとびきり大きいものを**「スーパーセル」**といいます。

通常の積乱雲は水平方向に10㎞程度広がったものですが、スーパーセルは水平方向に数十㎞、高さ十数㎞の規模で広がったものなので、規模が違います（図）。

一般的な積乱雲の寿命は60分程度ですが、スーパーセルのなかでは上昇気流と下降気流の領域が分かれており、互いの力を打ち消し合うことが少ないため、数時間程度の寿命があります。

スーパーセルの下では、竜巻や突

図 スーパーセル発生のしくみ

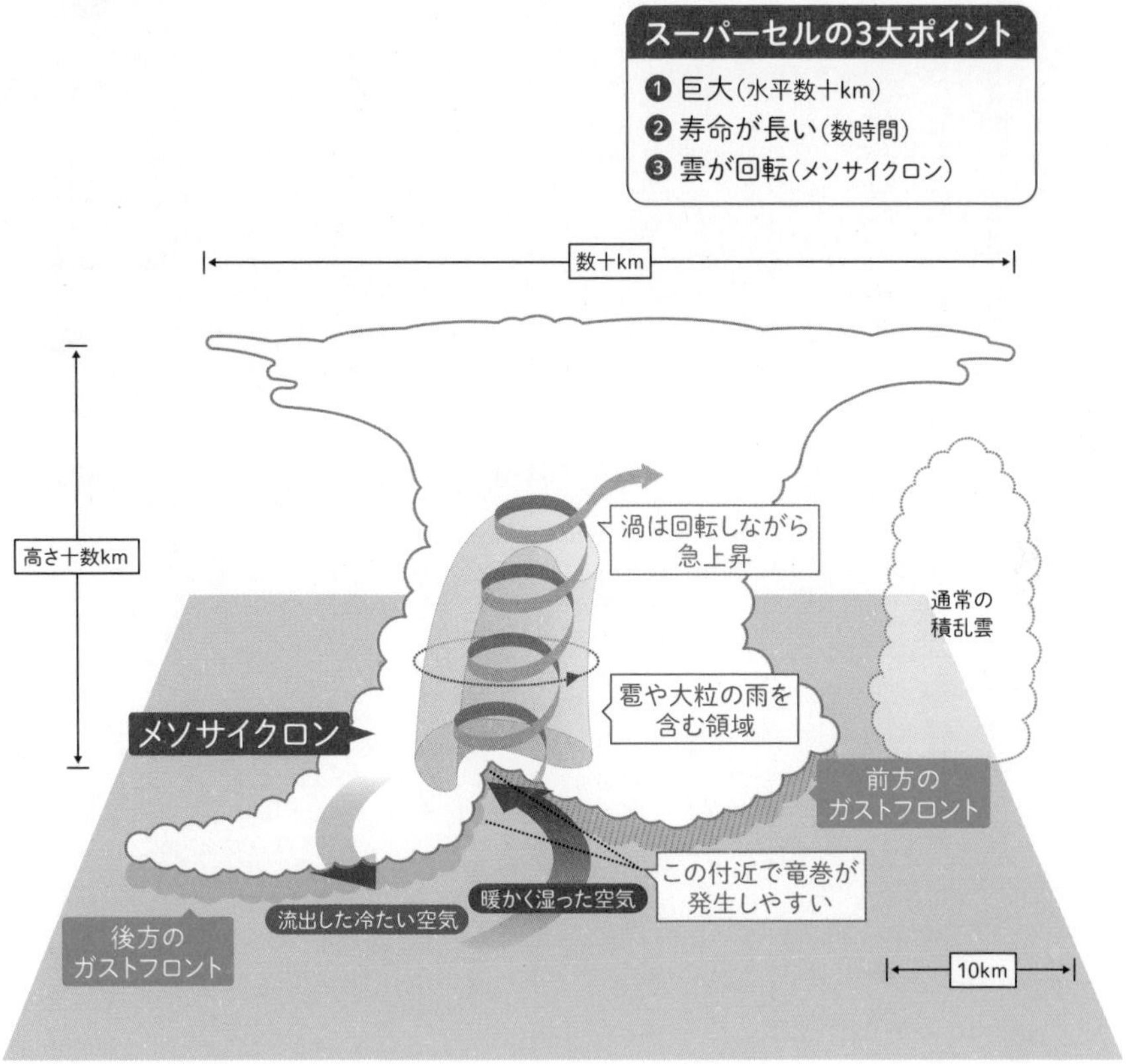

風、集中豪雨などが発生しやすいので、とても危険な雲として知られています。

このスーパーセルが超巨大な雲になるのは、下層に暖かく湿った空気が大量に流れ込むからです。湿った空気に含まれる水蒸気が雲の材料になります。

また、下層と中層の空気の風向きの差が大きいことも、スーパーセルが発生する条件です。下層と中層の風向きの差でロール状の渦が発生し、**この渦が上昇気流で持ち上げられることで、「メソサイクロン」ができます。**

これは積乱雲のなかにできる風が循環するしくみで、直径2～10㎞のメソサイクロンによって渦が回転しながら急上昇することで、スーパーセルが完成するのです。

 Keywords スーパーセル メソサイクロン

Chapter3

32 山越えの風でフェーン現象が起こる

フェーン現象の影響で猛暑日（最高気温35℃以上）になることがあります

夏になると、「盆地の夏は暑い」などの声を聞きます。なぜ盆地は暑いのでしょうか。

盆地とは周囲を山に囲まれた平地を指す言葉です。

図❶のように、湿った空気が山の斜面に沿って上昇すると気温が下がり、水蒸気が雲に変化して雨が降ります。このとき、**「潜熱《せんねつ》」と呼ばれる熱が発生します。これは、気体（水蒸気）が液体（雨）に変化する際に出る熱です。**

この熱のせいで、山越えをして吹き下ろす風は高温になります。

この風は乾燥しており、100m下降するごとに気温が1℃上がり、平野部に乾いた空気と高温をもたらします。これが**「フェーン現象」**です。

ただし、フェーン現象には雲が発生しない「乾いたフェーン」と呼ばれるものもあります。これは、上空の乾いた暖かい空気が山に沿って吹き下りることで、一段と高温・乾燥状態になる現象です。

また、山越えの風が発生すると必ず高温になるわけではありません。図❷のように風上側に非常に冷たい空気がある場合は、山を吹き上がる風が雲になり、山頂付近に雪を降らせます。風が吹き下ろすときに多少温度が上がりますが、それでも十分に冷たく、平野部を吹き抜けるときは気温が下がります。この風は「おろし」「ボラ」と呼ばれます。

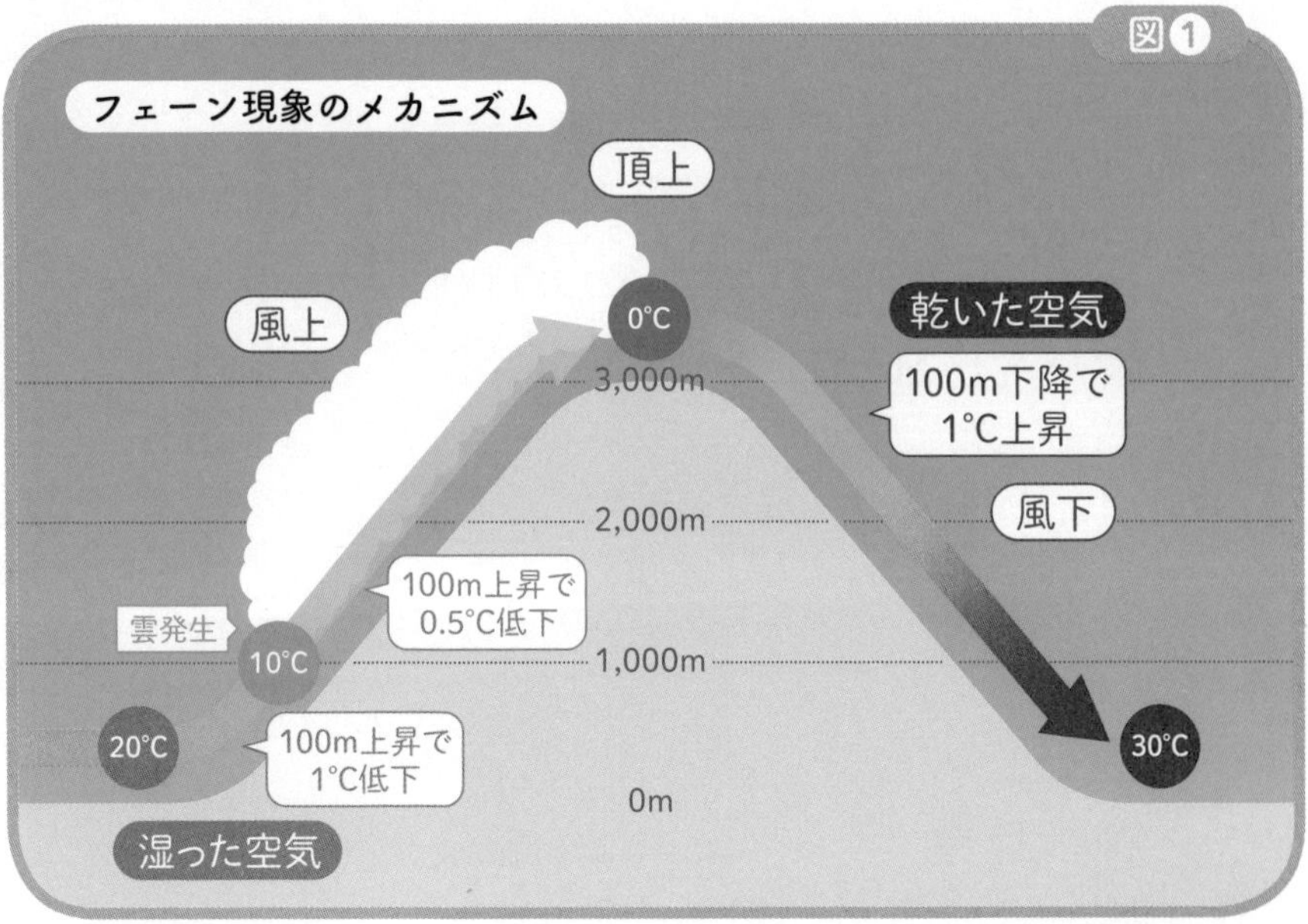

湿った空気が山に沿って上昇すると雲が発生し、熱を出す。このため風上側は気温の下がり方が小さい。雲を発生し雨を降らせた空気は乾燥するので、吹き下りる空気により気温が上がる。

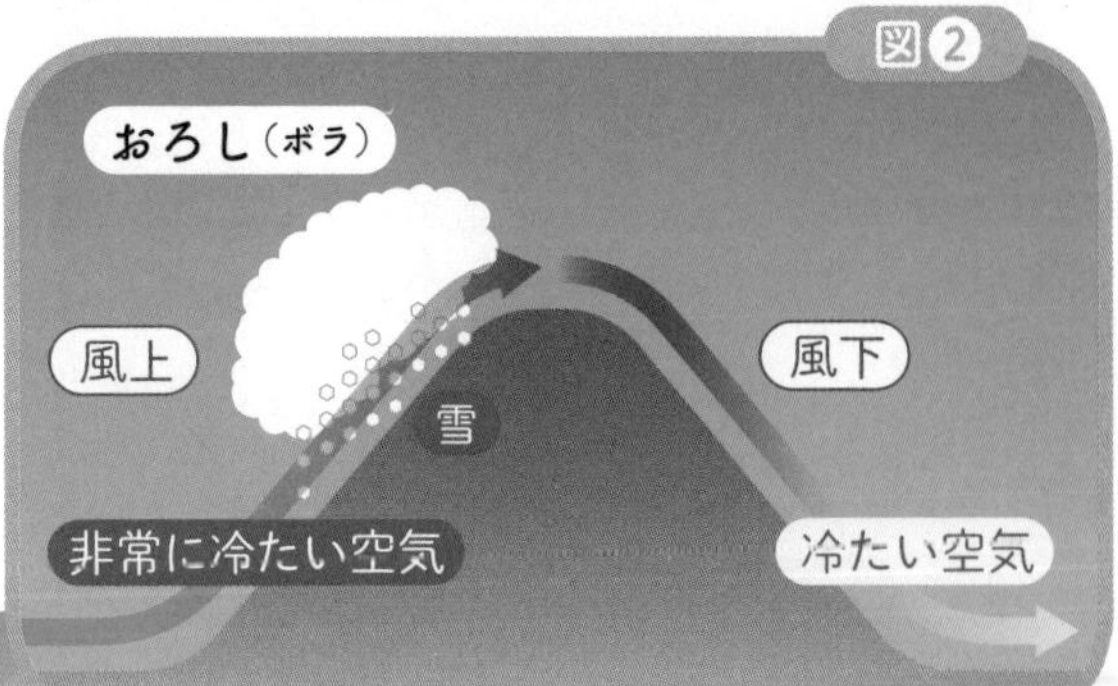

風上側に非常に冷たい空気があるときは、吹き下りる空気は風上より気温が高くなるが、冷たい。

猛暑になりやすい甲府盆地

山梨県中央部に位置する甲府盆地は東西に長い逆三角形の形をしている。中心部に県庁所在地の甲府市があり、甲州市や山梨市も含まれる。山越えの風が吹くことで山のふもとの気温が上がるため、猛暑になりやすい。

Keywords 最高気温 潜熱 フェーン現象 おろし ボラ

お天気3択クイズ vol.3

第1問

日本でいちばん雷が多い地域は？

❶ 那覇
❷ 宇都宮
❸ 金沢

第2問

霰、雹、霙、読み方の正しい組み合わせは？

❶ あられ　ひょう　みぞれ
❷ みぞれ　あられ　ひょう
❸ ひょう　あられ　みぞれ

第3問

日本では天気は何種類あるの？

❶ 5種類
❷ 10種類
❸ 15種類

正解・解説

第1問　正解は❸の石川県金沢市が、平年45.1日と最多。雷は日本海側では冬に多く、内陸部では夏に多い。那覇は20.4日、宇都宮は26.5日、東京は14.5日。

第2問　正解は❶。霰（あられ）と雹（ひょう）の違いは氷の粒の大きさ。直径5㎜以上が雹、5㎜未満があられ。霙（みぞれ）は、雨と雪が同時に降る現象を指す。

第3問　正解は❸。気象庁では、国内用として、快晴、晴れ、薄曇り、曇り、煙霧、砂じん嵐、地ふぶき、霧、霧雨、雨、みぞれ、雪、あられ、雹、雷の15種類。国際的には96種類ある。

Chapter 4

世界は大気でつながっている

地球の大気の流れは世界の気象に影響をあたえます。
ジェット気流や貿易風、海水温や低気圧、高気圧などを、
グローバルな視点で理解できるようになれば、
「世界の気象のしくみ」が見えるようになります。

Chapter4

33 雲ができるのはいちばん下の「対流圏」

地球をおおう大気は熱圏、中間圏、成層圏、対流圏に分けられます

図❶ 対流圏の厚さ

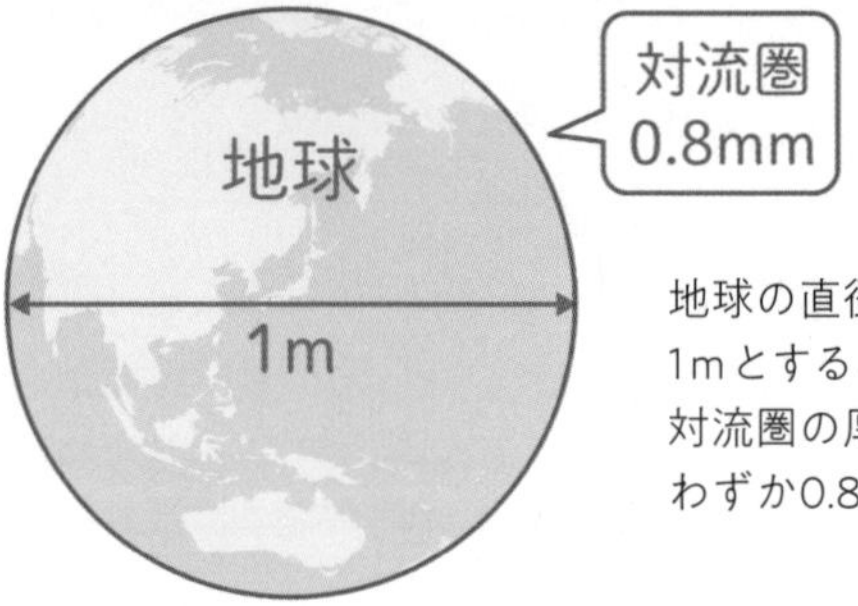

地球の直径を1mとすると、対流圏の厚さはわずか0.8㎜！

世界規模で気象を理解するために、まず地球を取り巻く空気の層について理解しましょう。

地球の表面は空気の厚い層でおおわれています。これが「大気圏」です。そして、**この大気圏は、4つの層（熱圏、中間圏、成層圏、対流圏）に分類**（図❷）されます。

それぞれの層は性質が異なりますが、**天候に最も関係があるのは、地表に接している最下層の「対流圏」**です。

この対流圏の厚さは平均10㎞くらいですが、場所によって厚さはまち

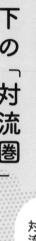

図2 大気の層構造

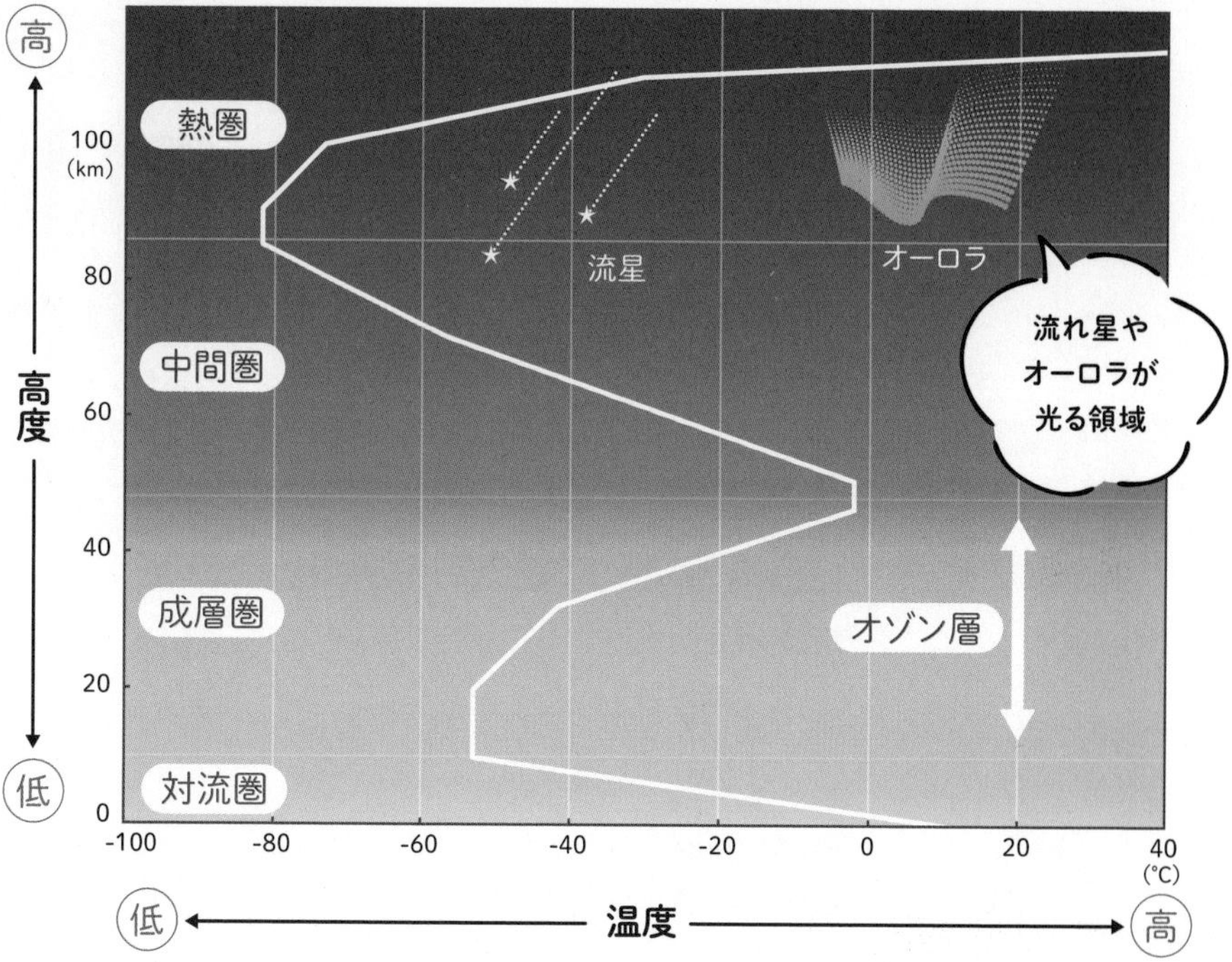

大気は各層によって気温の上がり方、下がり方が異なる。高度が高くなるほど「気温が低くなる」のは、対流圏と中間圏である。逆に高度が高くなるほど「気温が高くなる」のは、成層圏と熱圏である。

まちです。赤道付近では16kmまでが対流圏ですが、北極や南極では8km程度の厚みしかありません。

地球を「直径1mのボール」と考えた場合、対流圏の厚さ10kmはわずか0・8㎜。シャープペンシルの芯程度の厚みしかありません。この薄い層のなかで雲がつくられ、雨を降らしたり雪を降らしたりしているわけです。

豆知識

オゾン層とは？

オゾン（酸素の一種）が集まってできた層を「オゾン層」といいます。大気中の90％は成層圏と呼ばれる高度10～50kmに存在し、地球をベールのようにおおっています。人間や生物にとって有害な紫外線を吸収するほか、大気を暖める役割もあります。

Keywords 大気圏 熱圏 中間圏 成層圏 対流圏 オゾン層

34 地球のまわりにある大気は循環している

地球の緯度によってハドレー循環、フェレル循環、極循環に分けられます

地球をとりまく大気の循環について解説します。

地球の対流圏（高さ約10kmまでの層）には、熱帯収束帯と亜熱帯高圧帯があります。

熱帯収束帯は、南北から赤道付近に吹く風（貿易風）が集まる帯状の領域です。この貿易風は北半球では北東から南西へ、南半球では南東から北西へ向かって吹いています。

熱帯収束帯は暖かいため、集まった貿易風は上昇気流になり、この一帯は低気圧になります。

そして、この上昇気流が活発な対

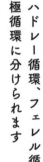

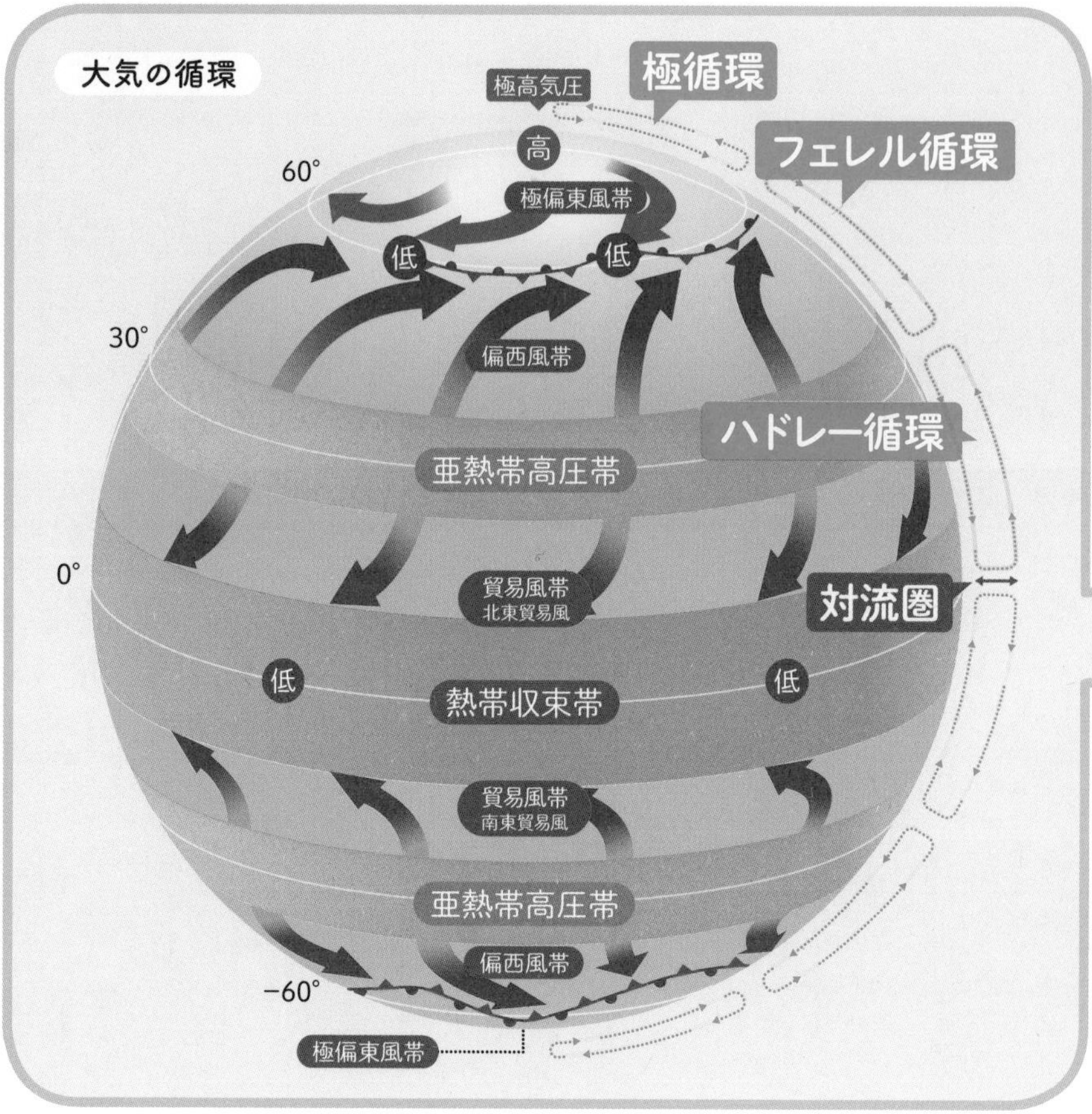

流活動を生み、大気が循環します。熱帯収束帯で上昇した大気が亜熱帯高圧帯の部分で下降するのです。

これが**「ハドレー循環」**と呼ばれるものです。緯度20～30度付近にある亜熱帯高圧帯には、ハドレー循環の下降気流により、熱く乾燥した空気を持つ高気圧ができます。

また、北極や南極の周辺は気温が低いため、風（極偏東風）が吹いています（図の青い矢印）。そこに、亜熱帯高圧帯から流れ込んできた風が集まり、上昇気流が発生して低気圧が発達します。

そして、風がぶつかる前線の極地側にできる循環が**「極循環」**です。

さらに、ハドレー循環と極循環の間に発生するのが**「フェレル循環」**。緯30度付近から60度付近にかけて発生する大気の流れです。

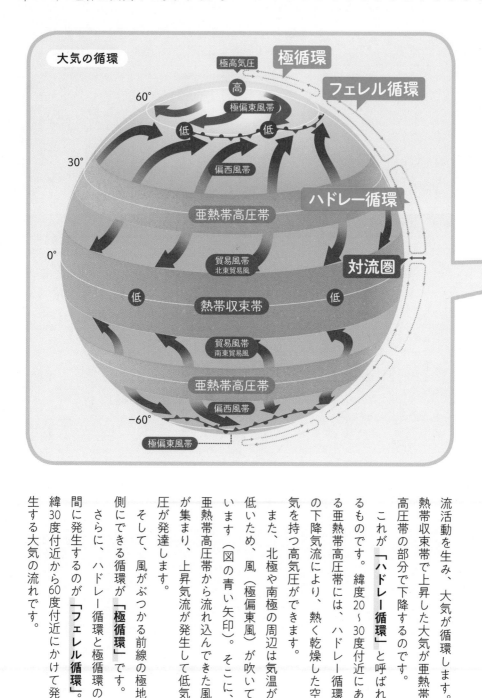

35

ジェット気流とは非常に強い偏西風のこと

日本にかかわりがあるのは、亜熱帯ジェット気流と寒帯前線ジェット気流です

お天気のニュースでもよく耳にする「偏西風」とは、平均的に30度から65度の緯度で見られる西から東に向かって流れる気流のことです。この偏西風のなかで**上空10kmくらいの狭い範囲に吹く強い風（秒速30m以上）のことを「ジェット気流」といいます。**

秒速30mは時速108kmに相当し、大陸間の飛行機のフライト時間にも影響を与えるほど猛烈な風です。

このジェット気流には**「亜熱帯ジェット気流」と「寒帯前線ジェット気流」があります**（図❶）。

図❶ 2つのジェット気流

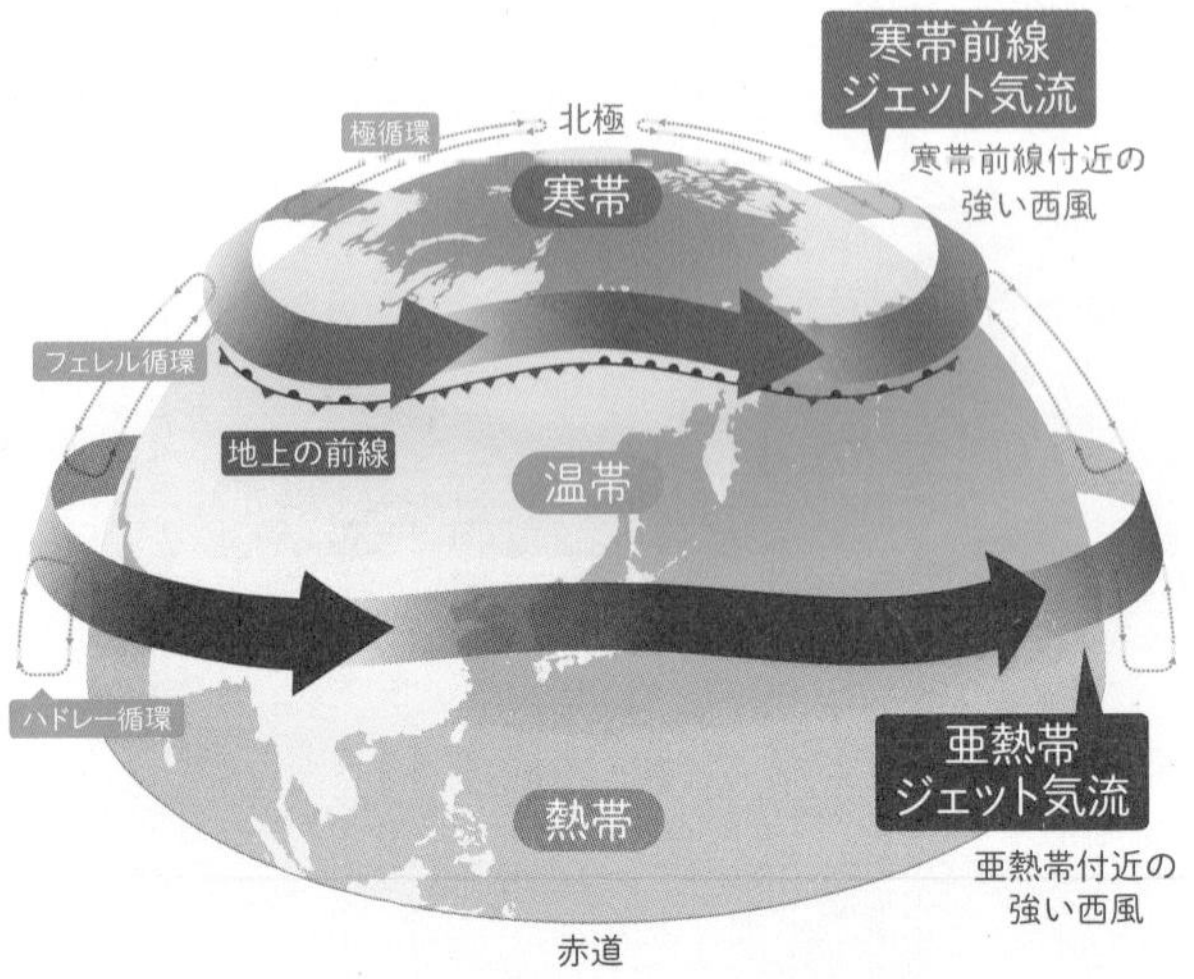

寒帯前線ジェット気流と亜熱帯ジェット気流の間に、「中間系ジェット」と呼ばれる第3の気流が発生することもある。

図❷ ジェット気流は季節により位置が変わる

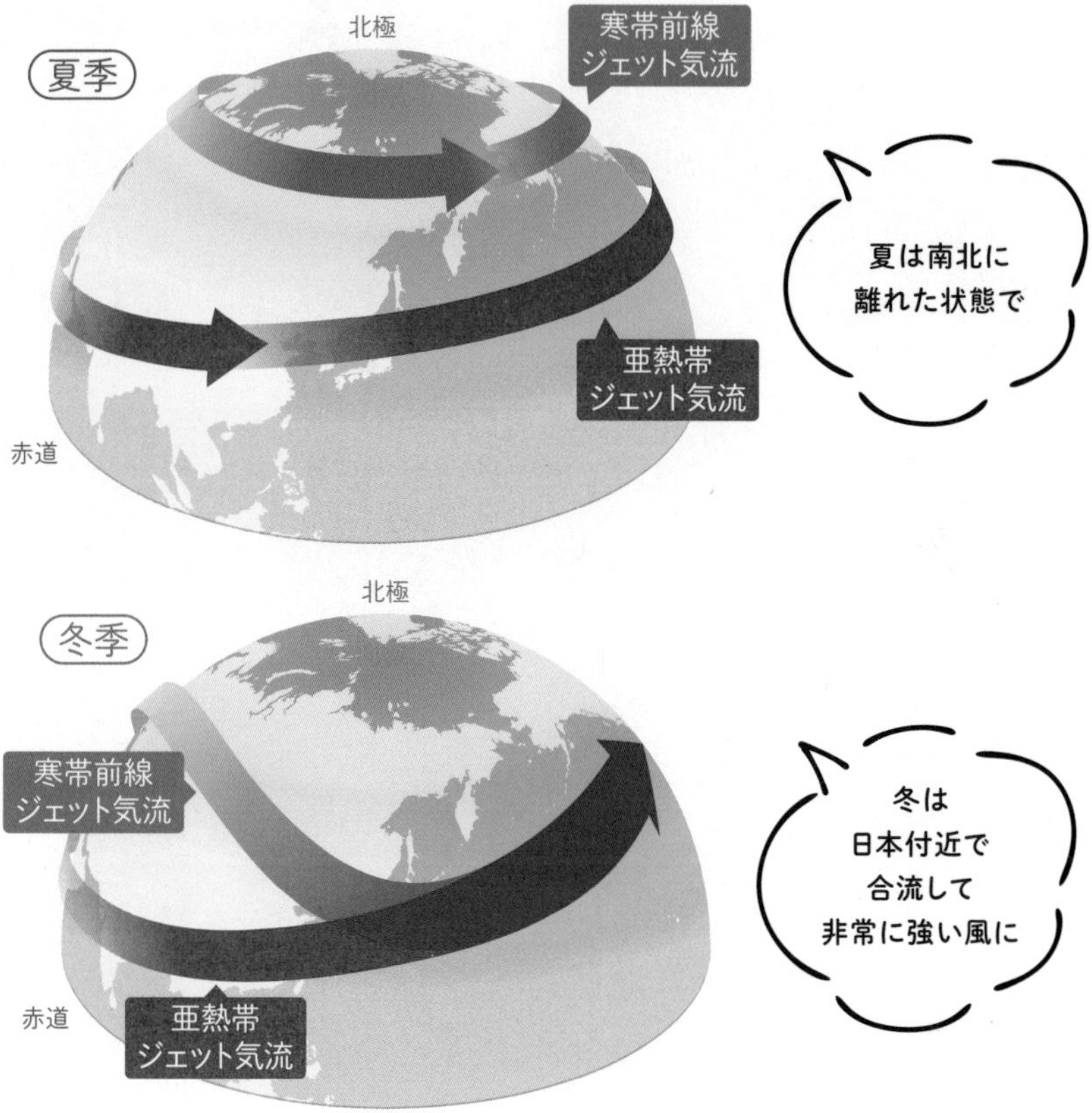

亜熱帯ジェット気流は大気の循環（82ページ）におけるハドレー循環とフェレル循環の境目を進む強い風で、夏に北緯45度付近まで北上して弱まります。一方、冬に南下するときは、北緯35度付近にとどまり、より強い西風になります。

寒帯前線ジェット気流は南北の気温差が大きいところに吹く強風です。高緯度の寒気と中緯度の暖気の間にできる寒帯前線付近に吹くため、こう呼ばれます。

寒帯前線ジェット気流は日々の変化が大きく、季節によっても変化します（図❷）。夏は高緯度に流れ、亜熱帯ジェット気流とは離れていますが、冬には日本付近で合流し、強い気流になることがあります。このジェット気流が大きく蛇行すると、異常気象が発生しやすくなります。

Keywords 偏西風 ジェット気流 亜熱帯ジェット気流 寒帯前線ジェット気流

36 西に動く気圧の波を偏西風がストップ

偏西風によって
ロスビー波の動きが止まり
異常気象が発生します

図1 ロスビー波

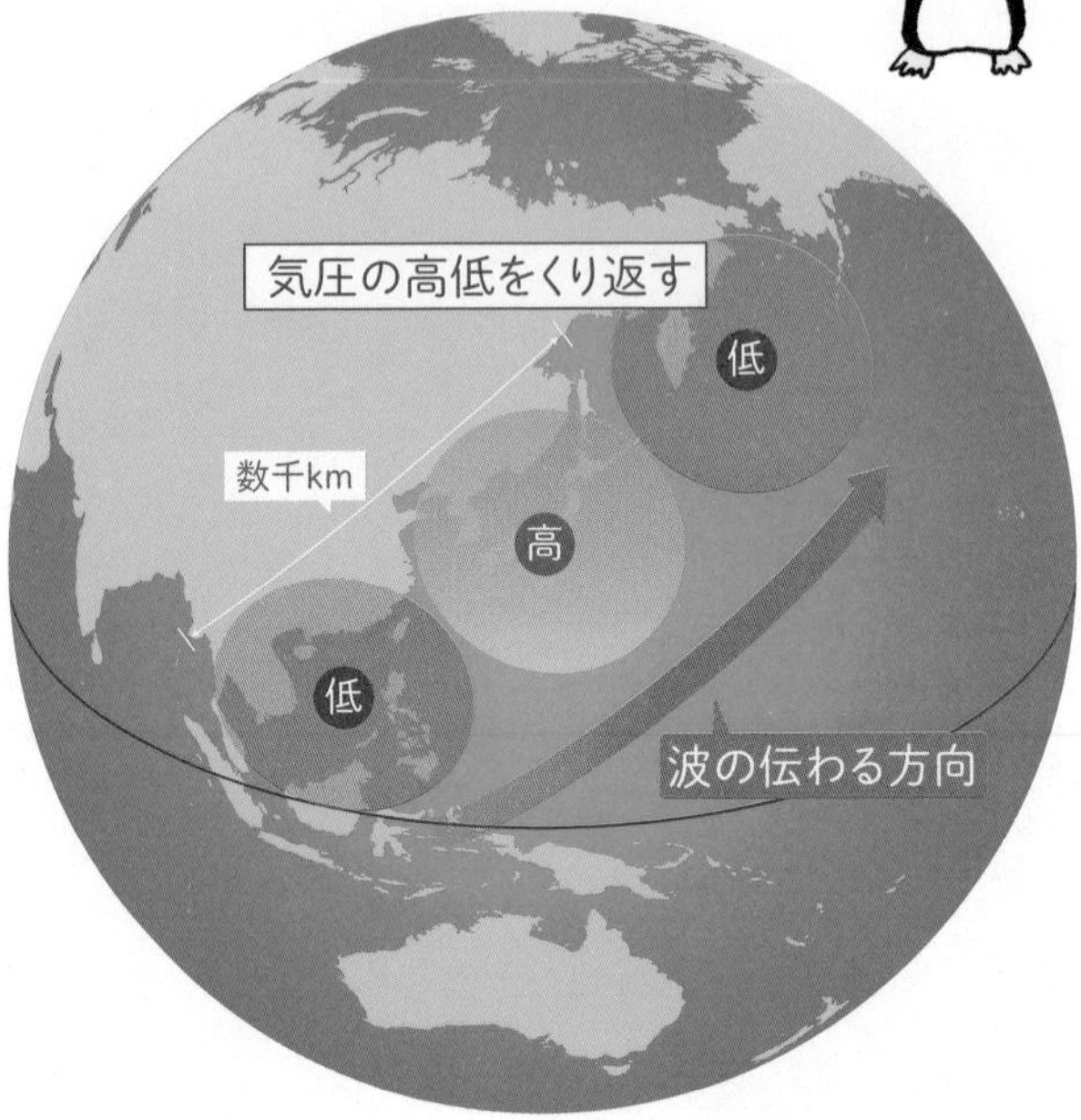

大気が数千kmという長い間隔で気圧の高低をくり返し、遠くまで伝わる波がロスビー波である。遠くまで影響を伝える力はロスビー波によるもの。

日本を含む中緯度の異常気象は、ほとんどの場合、上空を流れる偏西風（ジェット気流）の蛇行が原因になります。

この偏西風と異常気象の関係を考える場合、**「ロスビー波」**の存在は無視できません。

ロスビー波とは、高気圧と低気圧を交互に配置する波のようなものです。これは、数千km間隔で気圧の高低をくり返す地球規模の大気中の波で、地球が自転することで起こる現象。この波が偏西風の蛇行をもたらします。

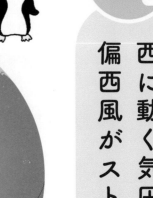

図2

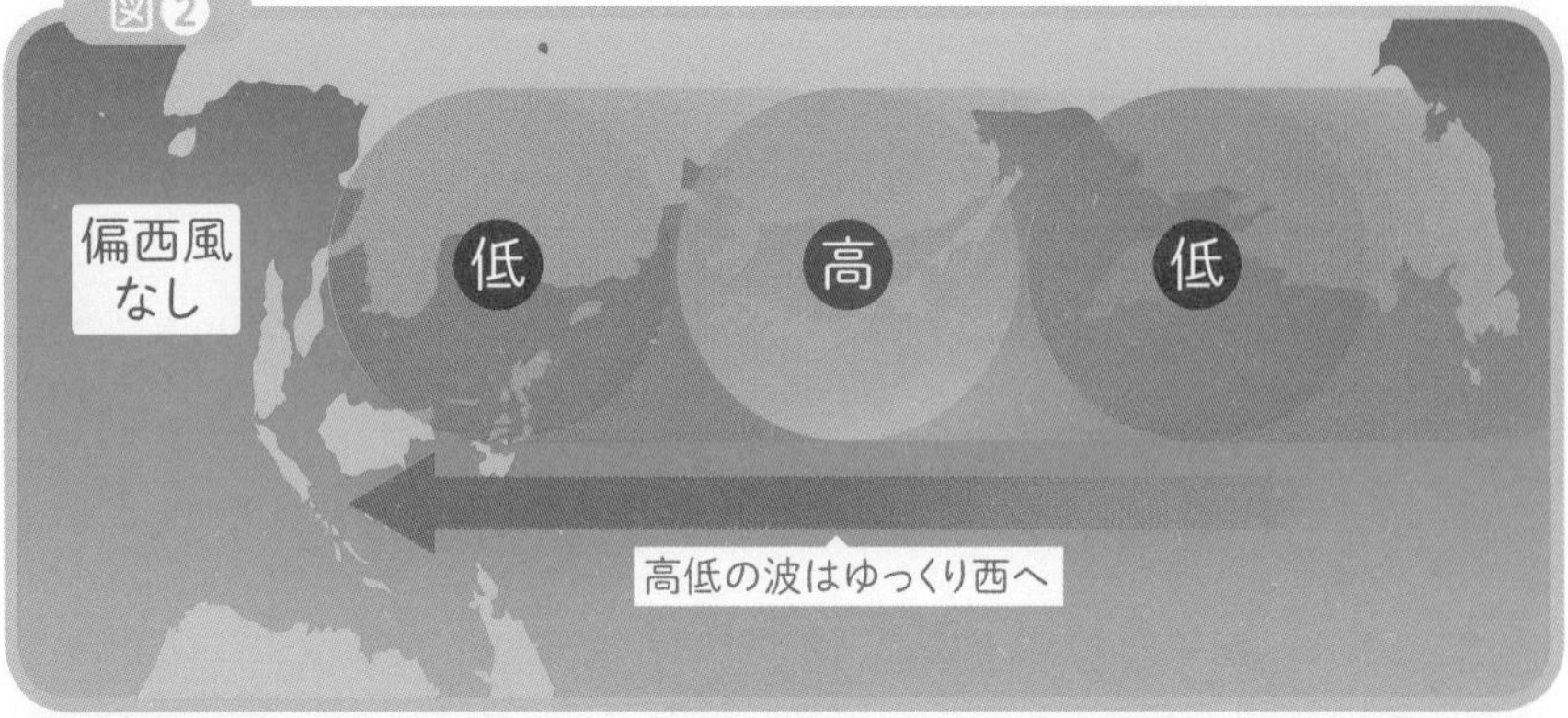

図3

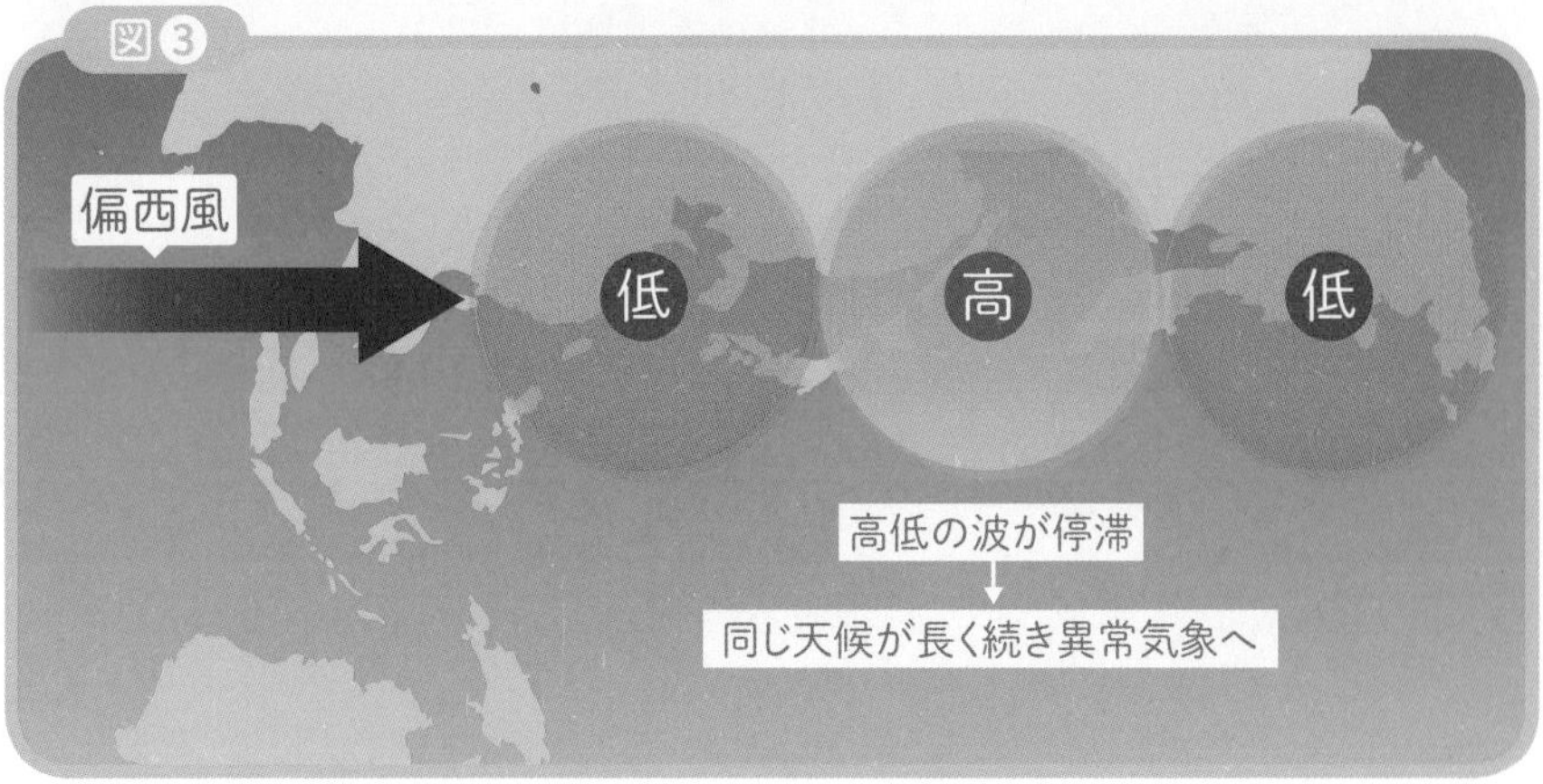

ロスビー波は、対流の変化、気圧配置の変化、陸地の乾燥・湿潤化などがきっかけで発生します。

また、偏西風が吹いていない場合、北半球をゆっくりと西に進む性質をもっています。

そして、**西から東に吹く偏西風がロスビー波とぶつかると、西に動く動きが抑えられるため、低気圧や高気圧が停滞します。**

低気圧や高気圧が停滞すると同じ天候が長く続きます。

日本の上空に低気圧が停滞して長雨が降れば、大雨による洪水や水害が発生します。高気圧が停滞すれば猛暑日が続き、干ばつなどにつながる恐れがあります。

このように、グローバルな視点で考えると、偏西風とロスビー波は密接な関係があるといえるのです。

Keywords 偏西風 異常気象 ロスビー波

Chapter4

37

異常気象の原因はブロッキング型の蛇行

偏西風の蛇行パターンはブロッキング型、南北流型、東西流型の3つです

日本に異常気象をもたらす偏西風の蛇行について、もう少し詳しく説明します。

偏西風（ジェット気流）は中緯度を流れる強い気流です。

この蛇行には3つのパターンがあります。**最も大きく蛇行するのは「ブロッキング型」と呼ばれるパターンです。**南北に大きく蛇行させることで、図❶のように大雪や、厳しい寒さをもたらす異常低温域や、猛暑の原因となる異常高温域が配置される形になります。

この型のポイントになるのは「ブ

図❶ ブロッキング型

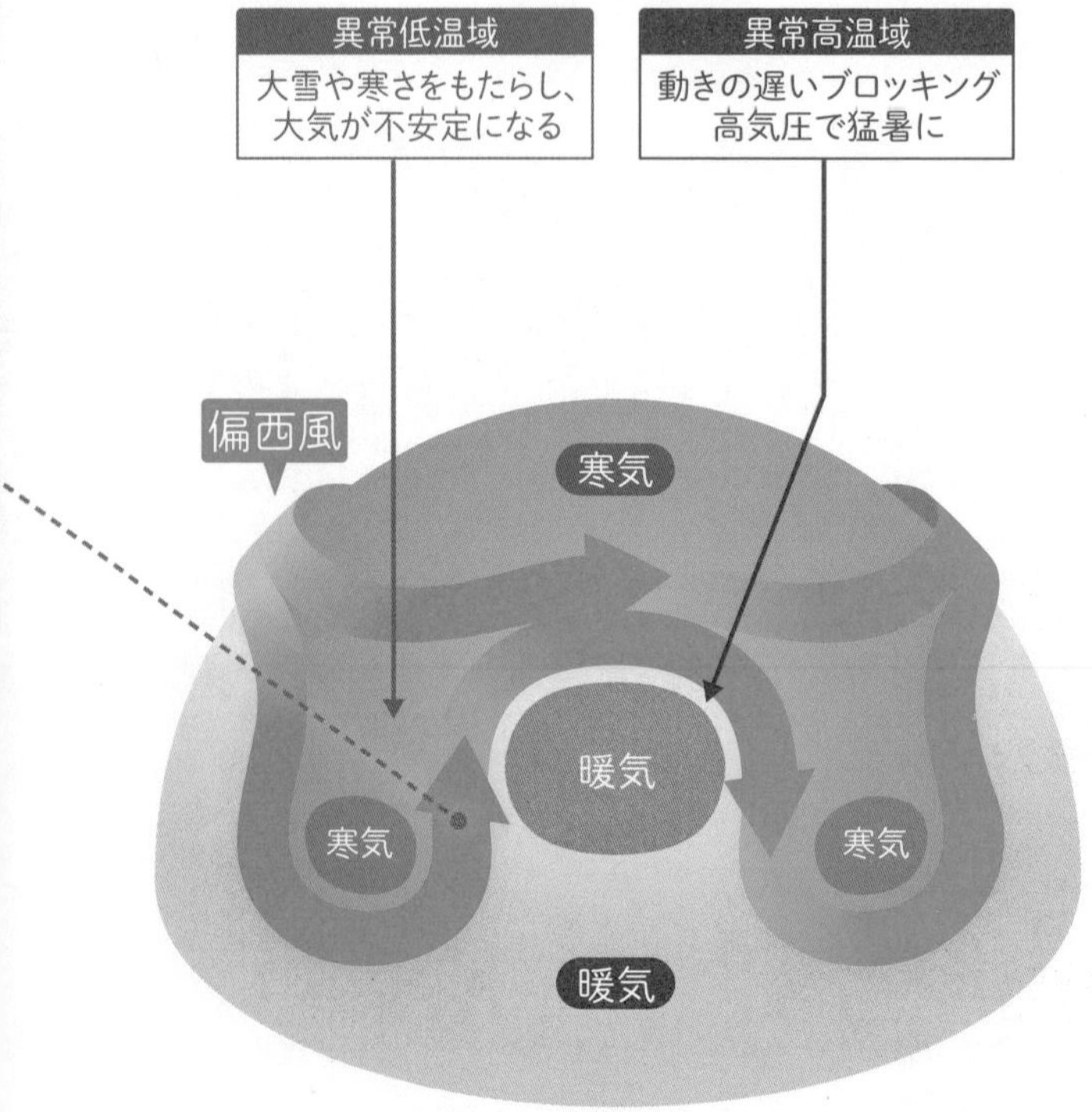

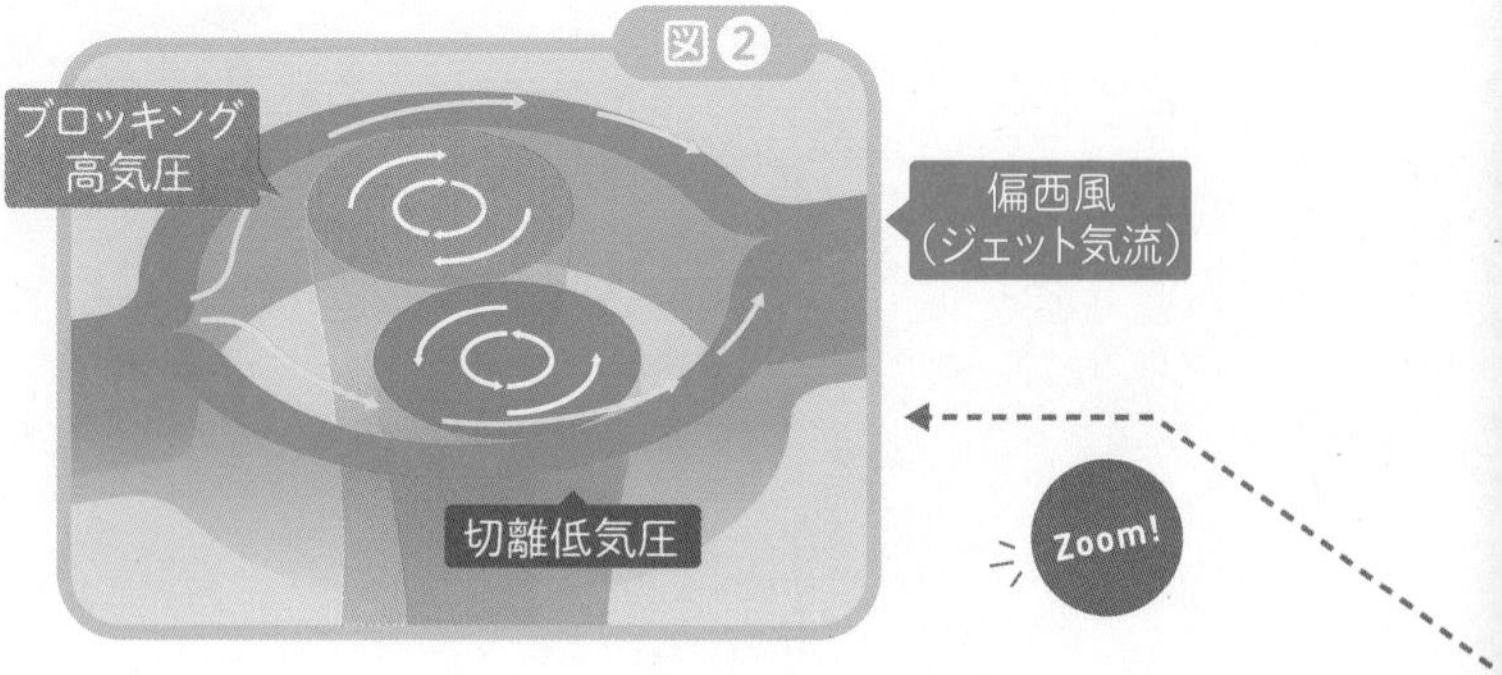

図❸ 偏西風パターンの変化

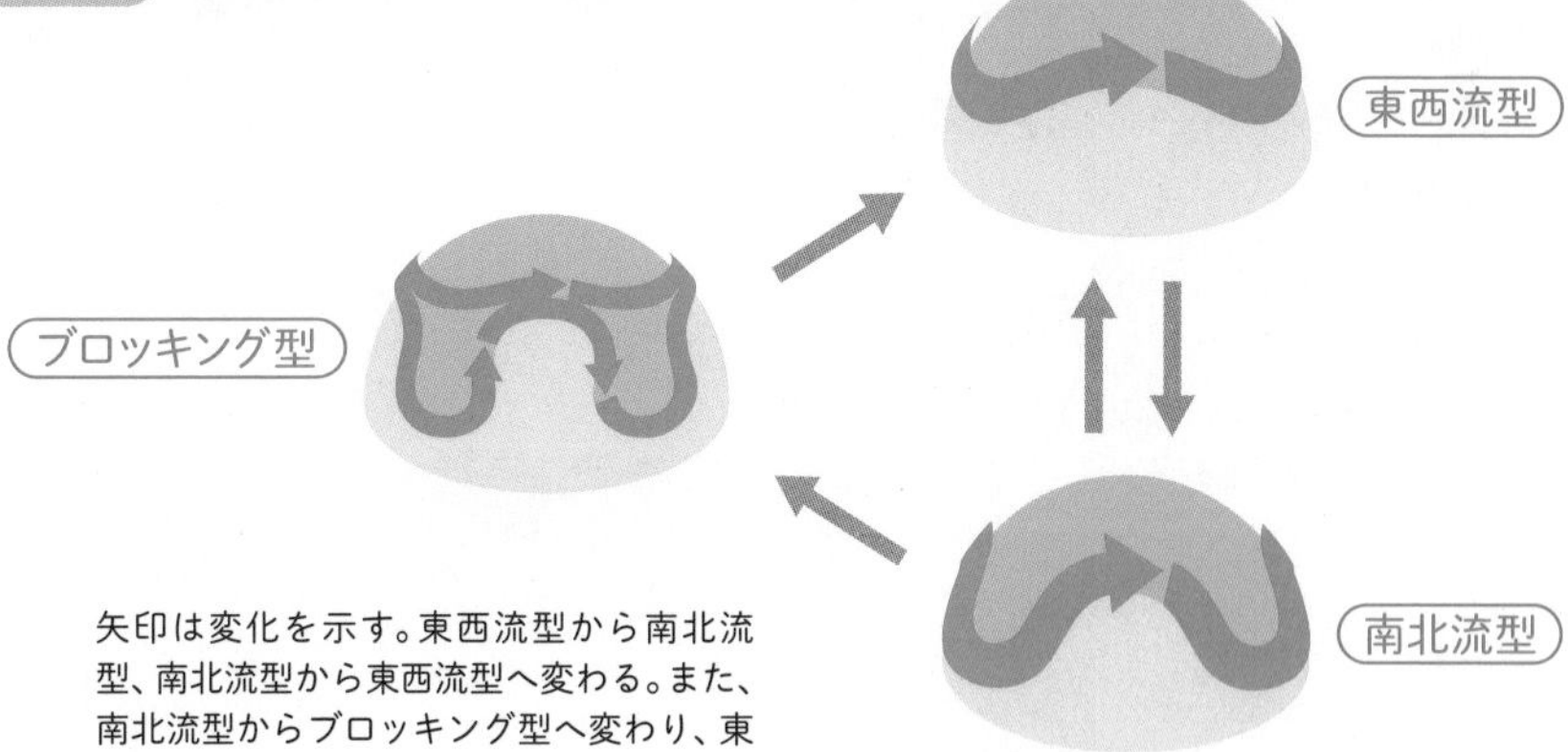

矢印は変化を示す。東西流型から南北流型、南北流型から東西流型へ変わる。また、南北流型からブロッキング型へ変わり、東西流型に変わることもある。

ロッキング高気圧」と呼ばれる高気圧です。これは偏西風が蛇行した北側にできる動きが遅い高気圧で、通常、西から東へ流れる高気圧・低気圧の動きをブロックすることから「ブロッキング」と呼ばれています。高気圧の南側にできた低気圧が**「切《せつ》離《り》低気圧」**です。

図❷のように北側がブロッキング高気圧、南側が切離低気圧という構造になります。

残り2つの蛇行のパターンは、最も蛇行の幅が小さい「東西流型」とその中間の「南北流型」です。

東西流型、南北流型、ブロッキング型は独立したパターンではなく、図❸のように変化します。東西流型の蛇行が大きくなり、南北流型に変化したあと、蛇行が激しくなるとブロック型になるのです。

 Keywords 偏西風の蛇行　ブロッキング型　ブロッキング高気圧　切離低気圧

Chapter4

38

「テレコネクション」で世界はつながっている

エルニーニョやインド洋の高温が日本に影響をおよぼす

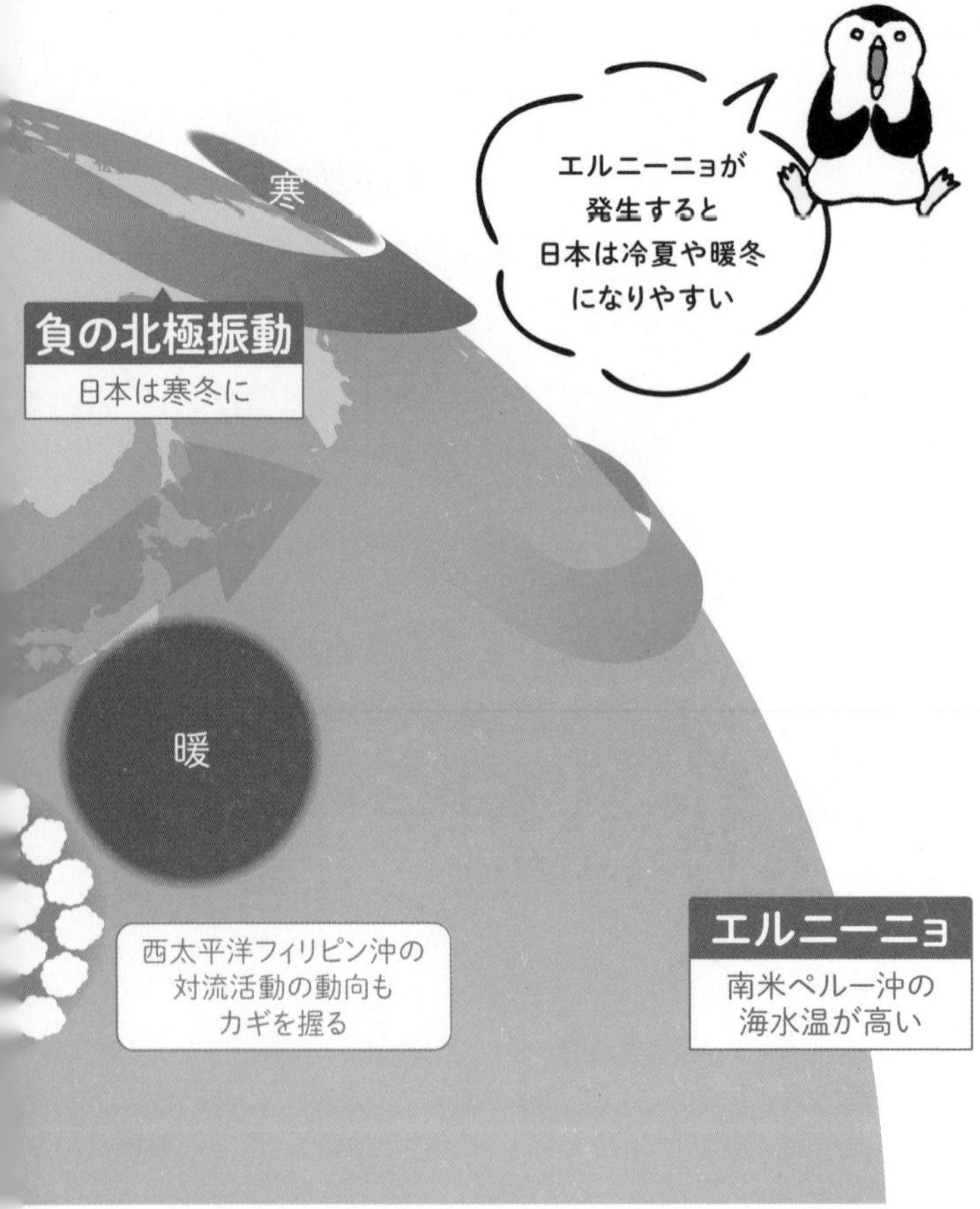

世界は大気でつながっています。**地球のどこかで何らかの気象の変化があれば、遠く離れた土地の気象に影響を与えます。**

このように、地球上の遠く離れた土地同士がお互いに影響をおよぼし合っていることを、気象用語で**「テレコネクション」**といいます。異常気象を予測するためには、数千㎞離れた地域の気象の変化も観察する必要があるのです。

日本は中緯度にあるため、さまざまな遠隔地の影響を受けます。とくに異常気象を考える場合は、①

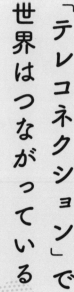

図 日本に異常気象をもたらす4つのテレコネクション

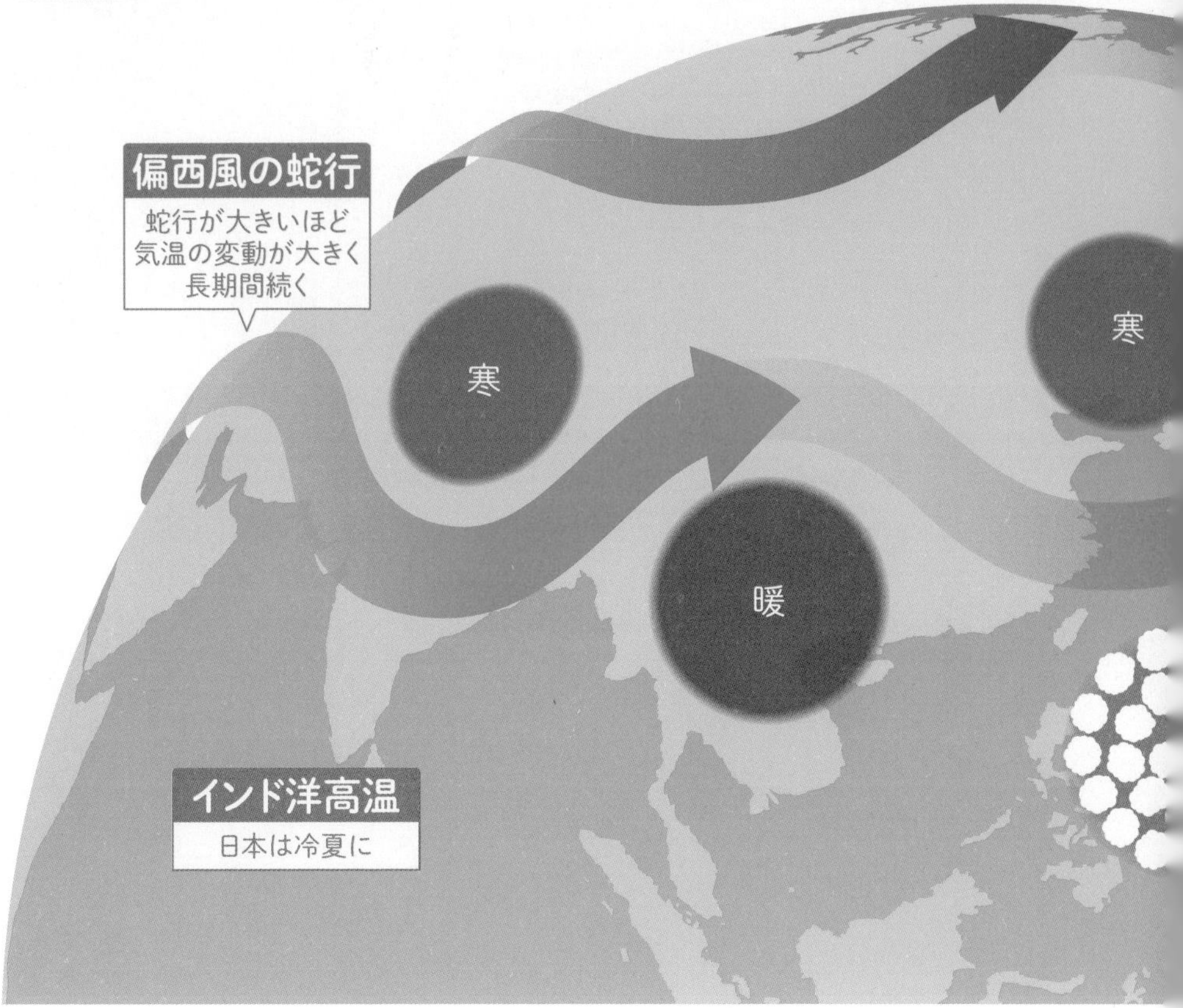

北極振動（92ページ）、**②偏西風の蛇行**（94ページ）、**③エルニーニョ**（96、98ページ）、**④インド洋の高温**（102ページ）の4つに注意をはらう必要があります。

①北極振動とは、北極付近と中緯度（日本）の気圧がシーソーのように交代で変化する現象です。②偏西風の蛇行とは、「偏西風」と呼ばれる上空の風が大きく蛇行することで、気温の大きな変動をもたらします。③エルニーニョは南米ペルー沖の海水温が高くなる現象で、日本では、この現象の影響で冷夏や暖冬になりやすくなります。

そして、④インド洋の高温は、インド洋の海水温が高くなることが影響することで、日本の冷夏の原因になります。詳しいしくみはそれぞれのページで確認してください。

Keywords 北極振動 偏西風の蛇行 エルニーニョ インド洋の海水温

39

「北極振動」でシーソーのように気圧が変わる

北極に低気圧があれば日本は暖冬になり、高気圧があれば寒冬に！

図1

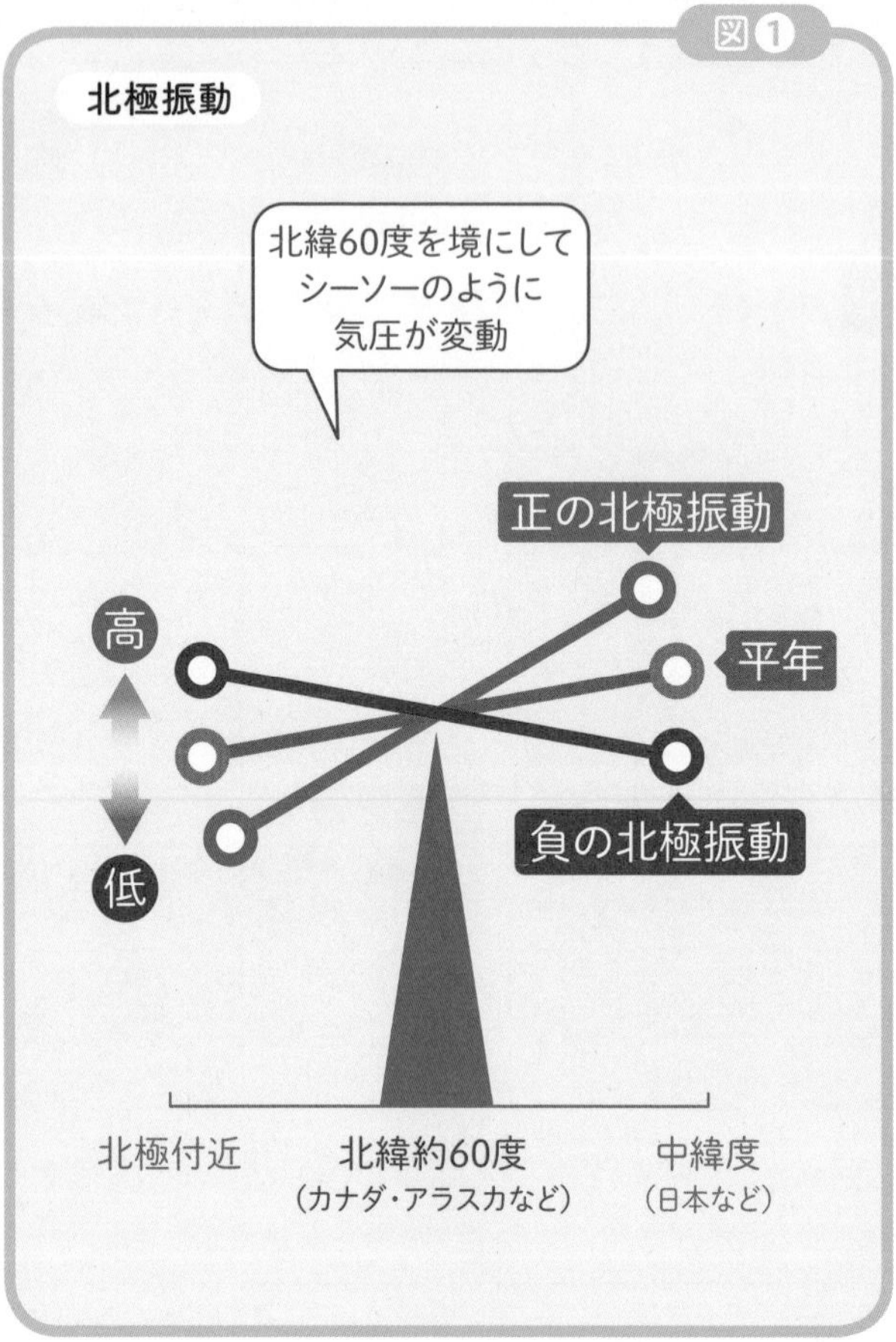

北極と北半球の中緯度地域（日本を含む）の**気圧がシーソーのように交代で変化する現象を「北極振動」といいます。**

北緯約60度を境にして、北極の気圧が低いときは中緯度の気圧が高くなり、北極の気圧が高いときは中緯度の気圧が低くなります。

北が低気圧で南が高気圧になる現象を「正の北極振動」、北が高気圧で南が低気圧になる現象を「負の北極振動」と呼びます。

日本の場合、正の北極振動が起こると、北から寒気が流れ込みにく

図2

正の北極振動

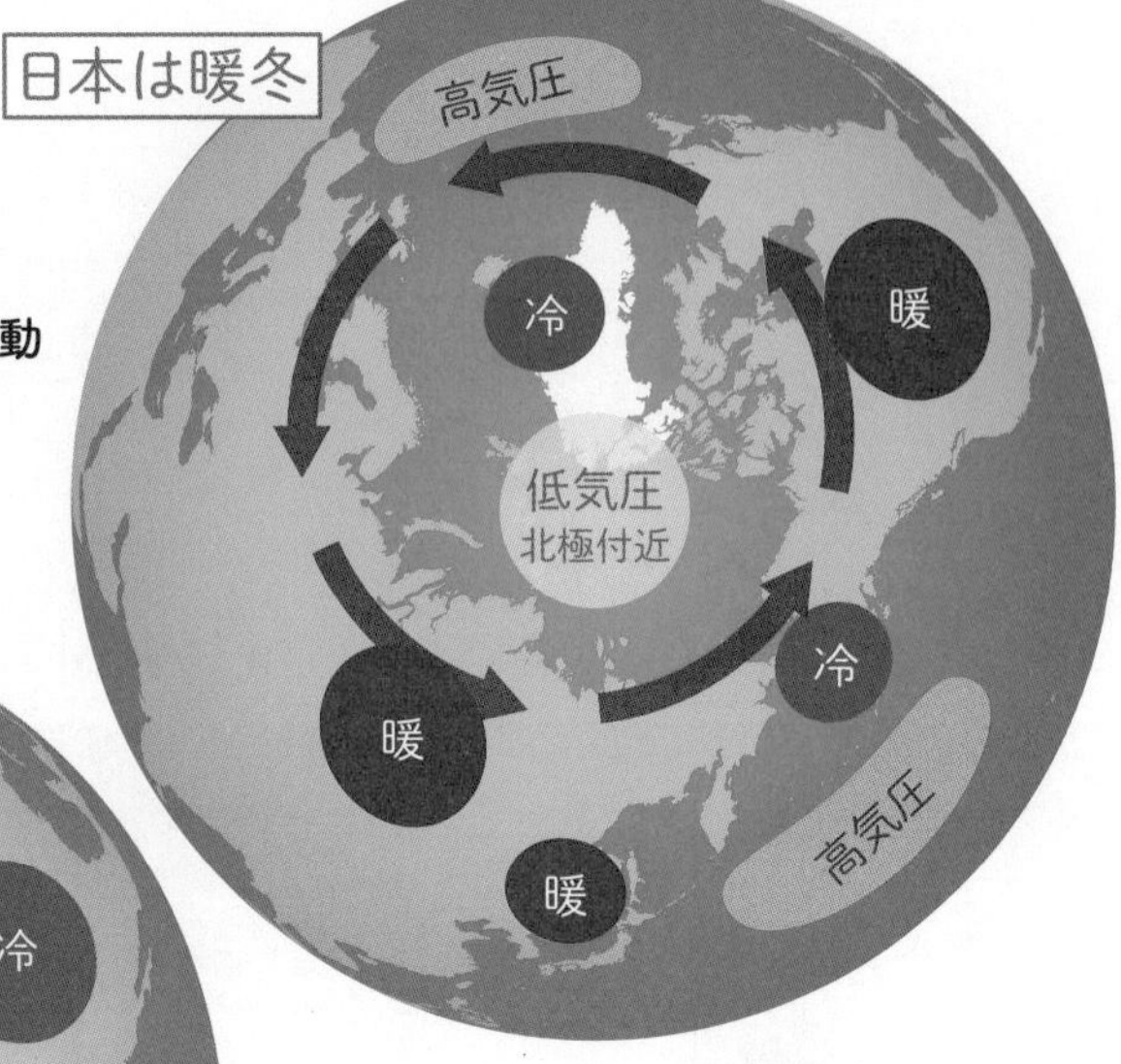

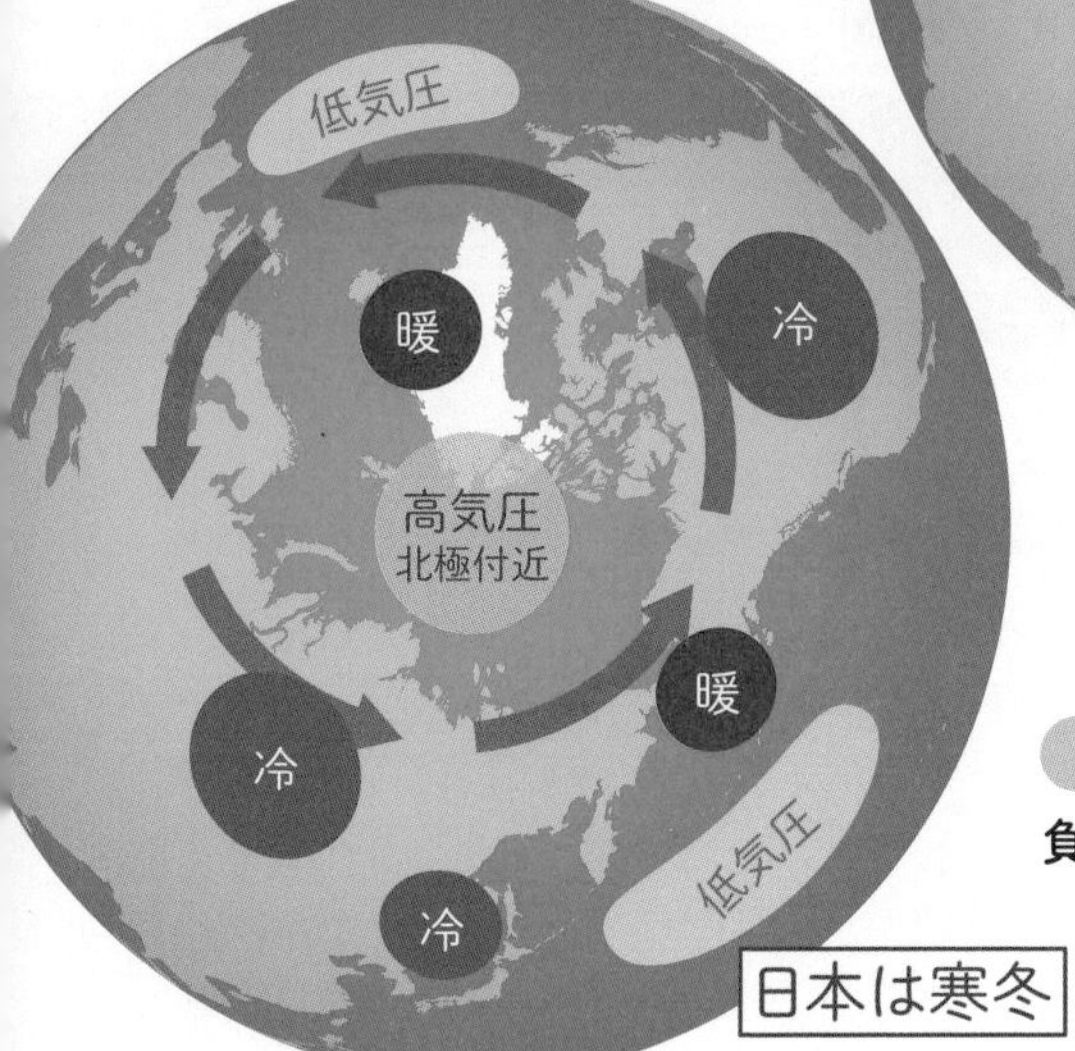

図3

負の北極振動

く、その年は暖冬になります。逆に負の北極振動が起こると、北から寒気が流れ込みやすく、寒冬になります。

北極振動が発生する原因のひとつに、ブロッキング型（88ページ）と呼ばれる偏西風の蛇行があります。また、成層圏の大気の温度が上昇し、対流圏に影響を与えることがきっかけとも指摘されています。

豆知識

北極振動は世界的な現象

北極振動は世界中の国に影響を与えます。たとえば冬に負の北極振動によってカナダやグリーンランドが高温になる一方で、中緯度のヨーロッパ、ロシア、東アジア、北アメリカなどには寒波をもたらします。世界規模でとらえる必要がある現象です。

Keywords　北極振動　正の北極振動　負の北極振動

40 偏西風と季節風が大雪を降らせる

偏西風が蛇行すると
上空に強い寒気が流れ込み、
平野部でも大雪の恐れ！

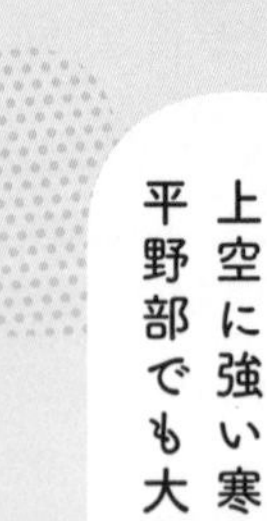

図① 偏西風の蛇行が大雪に

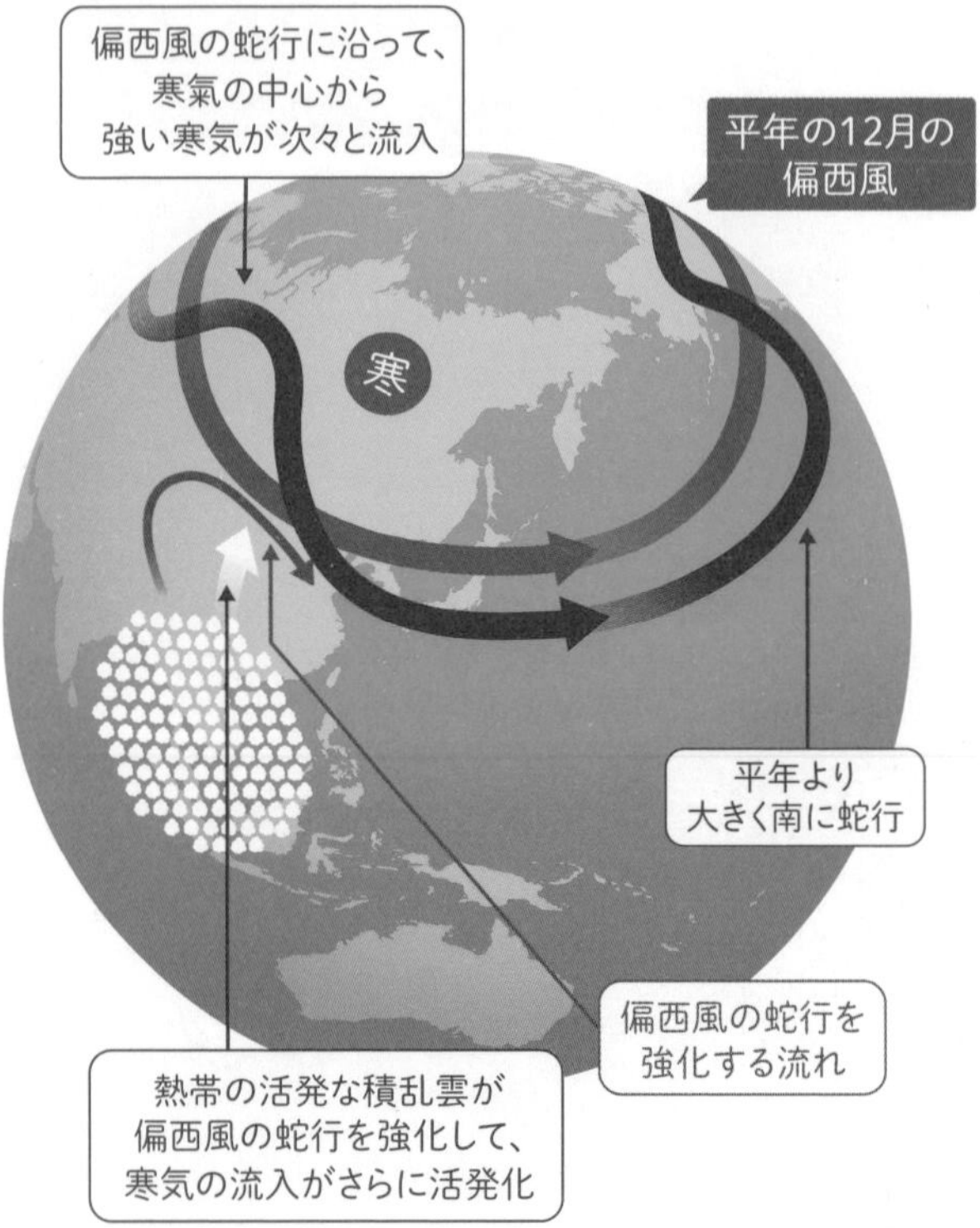

偏西風の蛇行に沿って、寒氣の中心から強い寒気が次々と流入
平年の12月の偏西風
寒
平年より大きく南に蛇行
偏西風の蛇行を強化する流れ
熱帯の活発な積乱雲が偏西風の蛇行を強化して、寒気の流入がさらに活発化

熱帯の活発な積乱雲などの影響で偏西風が大蛇行し、この影響で次々に北から強い寒気が流れ込み、大雪をもたらす。

偏西風が大きく蛇行すると、北から強い寒気が日本に流れ込み、ときおり記録的な大雪（豪雪）をもたらすことがあります。

偏西風とは中緯度の上空を西から東に向けて吹く風のことでした。**熱帯の活発な積乱雲などの影響で偏西風が大きく蛇行すると、強い寒気が日本に流れ込み、大量の雪が降るのです。**

大雪の原因は偏西風だけではありません。季節によって向きを変える季節風も大雪の原因になります。

日本の場合、**この季節風がもたら**

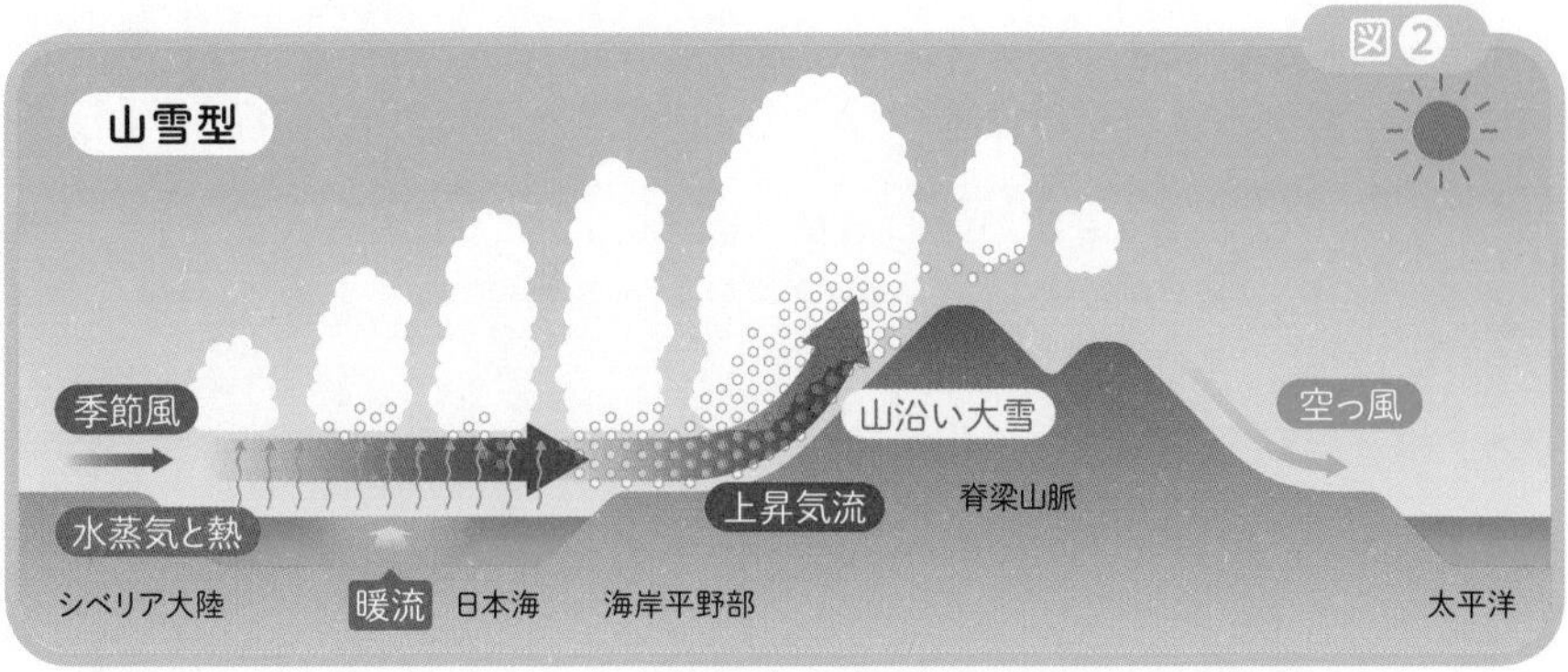

日本海で発生した雪雲は、山沿いでは上昇気流によってさらに発達するため、大雪になりやすい。

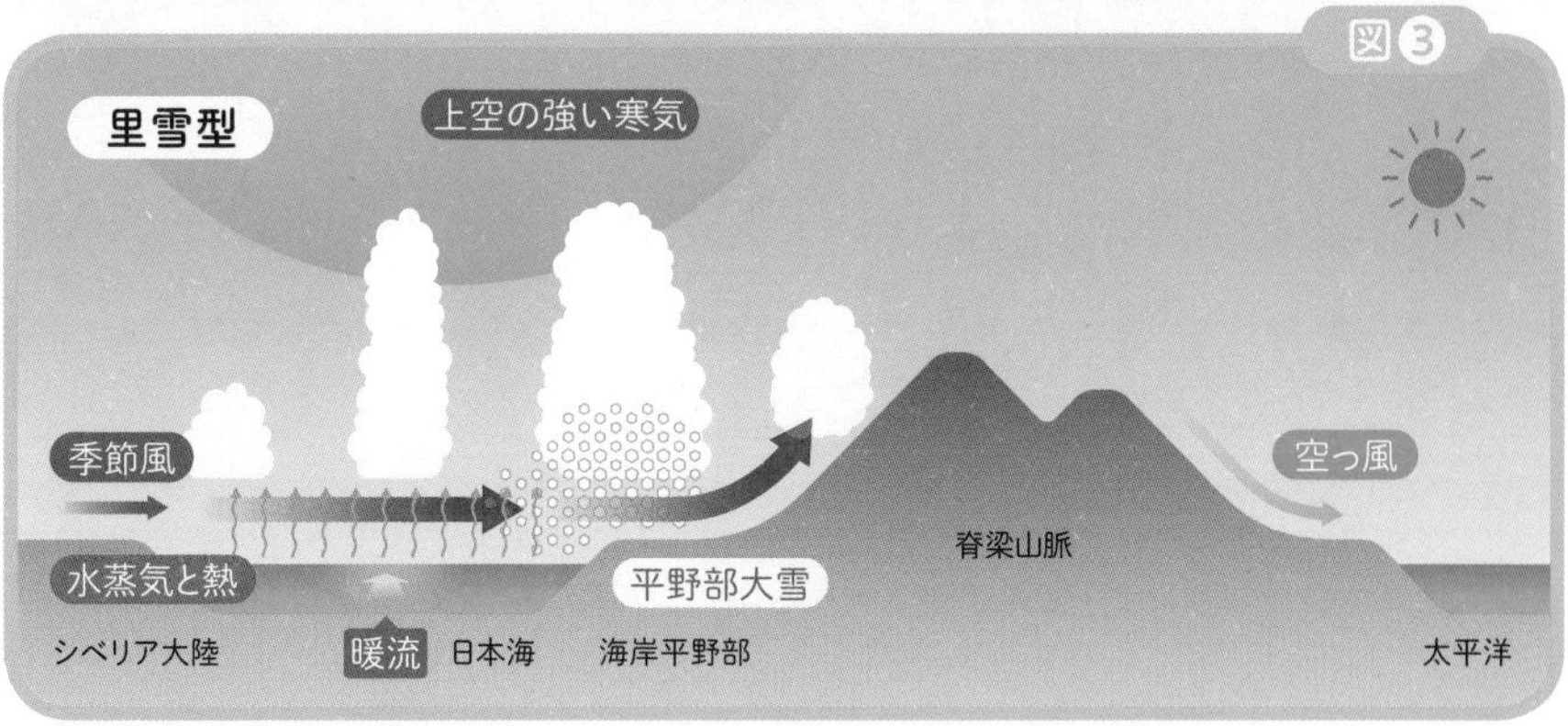

日本海上空に強い寒気が流れ込むと、日本海で雪雲が発達し、その雪雲が季節風に流されて平野部に大雪を降らせる。

す大雪は「山雪型」と「里雪型」に分類されます。

山雪型とは山沿いに大雪を降らせる現象です。冬に北西のシベリア大陸から日本海に季節風が吹きこむと、大量の水蒸気を蓄えた積雲になります。この積雲が山に近づくと、新たな上昇気流によってさらに発達するため、山沿いで大雪になります。

一方、里雪型の場合は平野部に大雪が降ります。山雪型との違いは上空に強い寒気があること。偏西風の蛇行などで日本海上空に強い寒気が流れ込むと、大気の状態が非常に不安定（強い上昇気流が発生しやすい状態）になります。

そのため、日本海の海上で積乱雲が発達します。この積乱雲が季節風に流されて上陸すると、平野部に大雪が降るのです。

Keywords 偏西風の蛇行 季節風 山雪型 里雪型

41 エルニーニョは海面水温が上がる現象

南米で発生するエルニーニョにより、日本は暖冬になります

図1 エルニーニョ、ラニーニャ発生時の海面水温の平年偏差

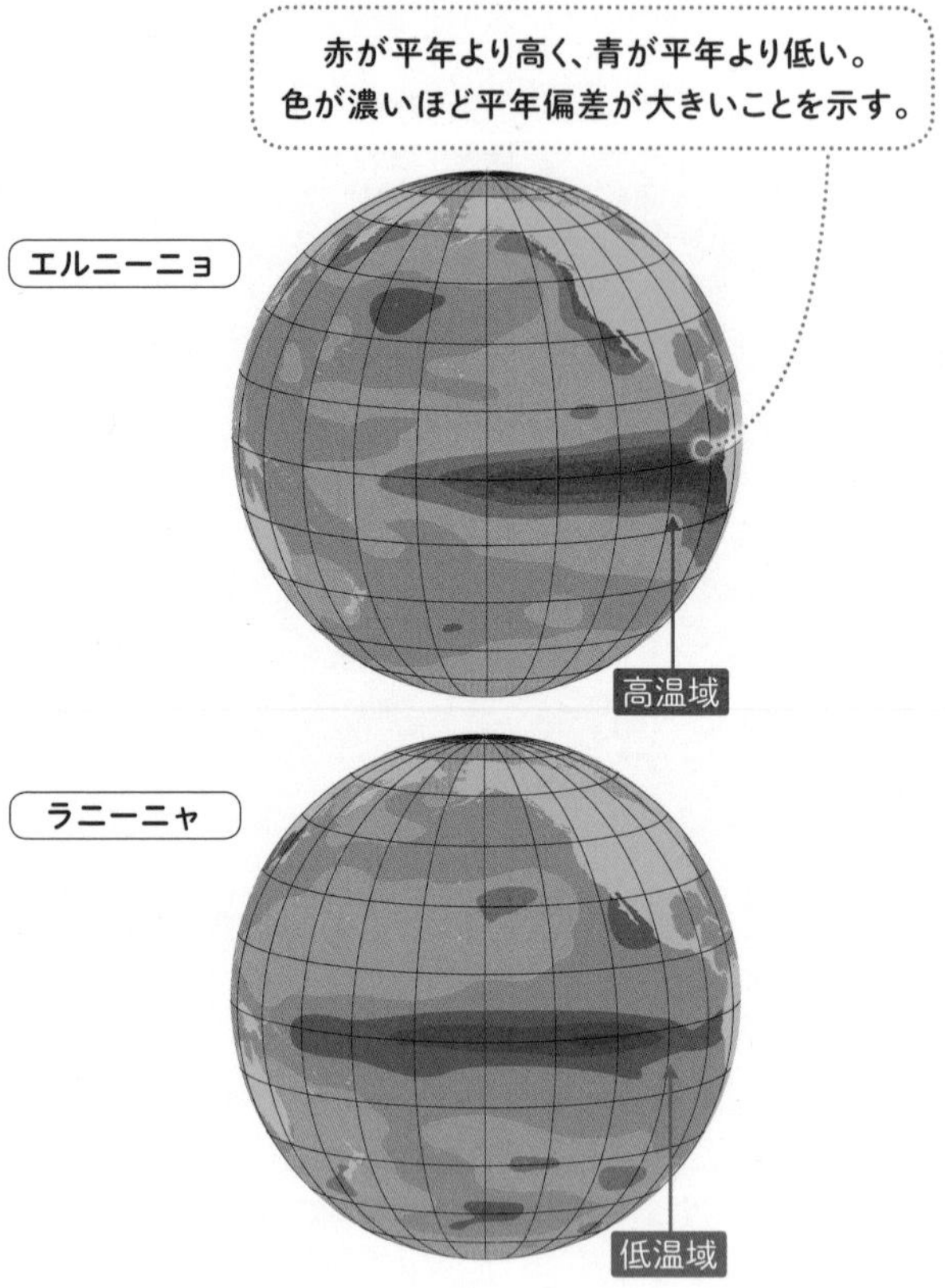
赤が平年より高く、青が平年より低い。
色が濃いほど平年偏差が大きいことを示す。
エルニーニョ
高温域
ラニーニャ
低温域

「エルニーニョ」とは、太平洋赤道域の日付変更線付近から南米沿岸にかけて海水温が高くなり、その状態が1年ほど続く現象です。

スペイン語で「エル」は定冠詞、「ニーニョ」は「男の子」。この男の子はキリストのことで、南米ペルーの漁民がクリスマスのころに沿岸の海水温が上がることを「エルニーニョ」と呼んだことに由来します。

一方、**同じ海域で海水温が平年より低くなることを「ラニーニャ」といいます。**

エルニーニョもラニーニャも数年

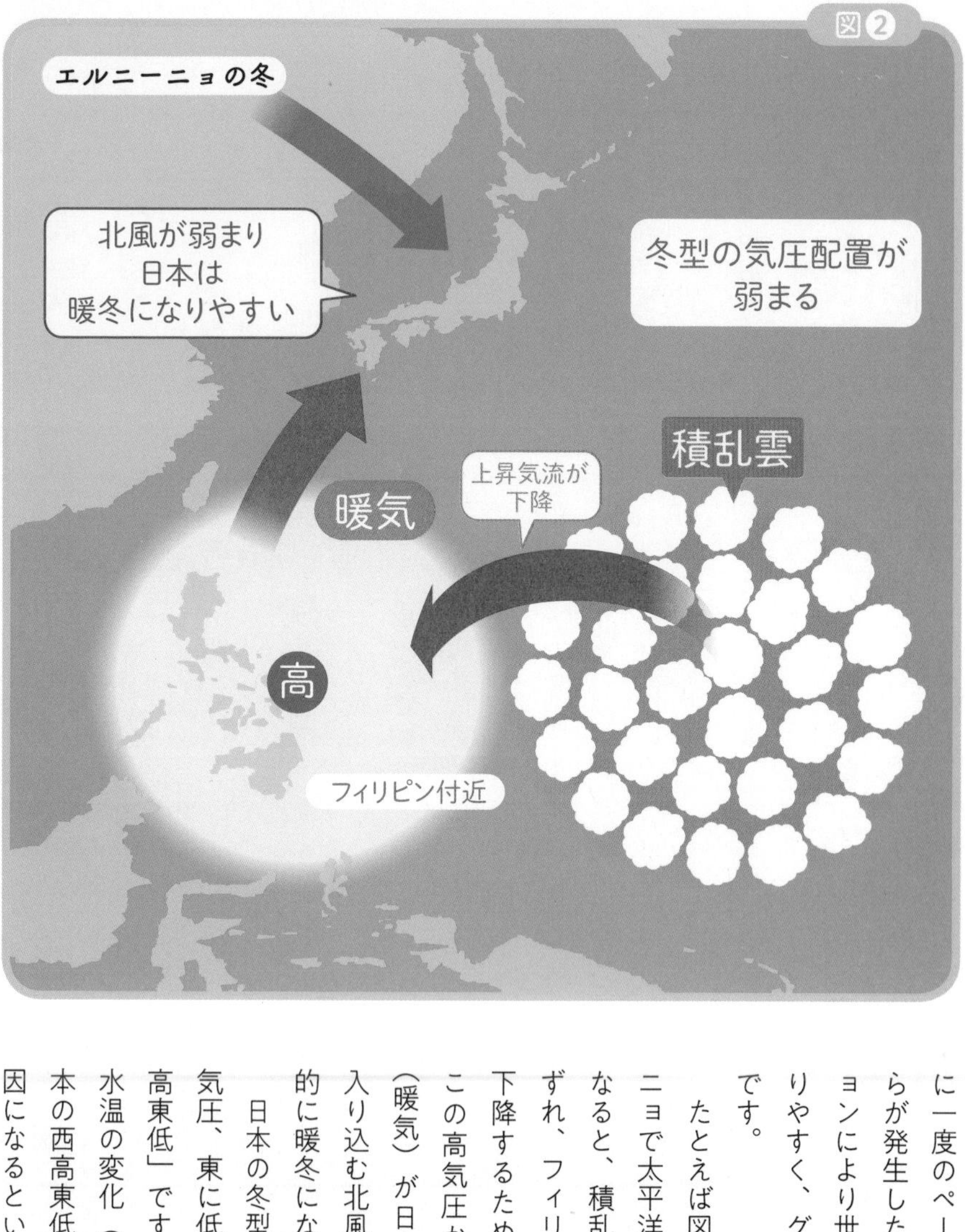

に一度のペースで発生します。これらが発生したときは、テレコネクションにより世界中で異常な天候になりやすく、グローバルな視点が必要です。

たとえば図❷のように、エルニーニョで太平洋の東側で海水温が高くなると、積乱雲の発生場所が東側にずれ、フィリピン付近に上昇気流が下降するため、高気圧になります。この高気圧から吹き出す暖かい風（暖気）が日本に届けば、北西から入り込む北風を緩和するため、結果的に暖冬になります。

日本の冬型の気圧配置は、西に高気圧、東に低気圧が配置された「西高東低」です。遠く離れた南米の海水温の変化（エルニーニョ）が、日本の西高東低の気圧配置をくずす原因になるというわけです。

 Keywords エルニーニョ ラニーニャ

42 貿易風でわかるエルニーニョのしくみ

貿易風の強弱で南米沖の海水温が上下し、日本の天候にも影響

テレコネクションの一例として、**貿易風とエルニーニョ、ラニーニャの関係**を紹介します。

図❶のように、熱帯地方にはつねに「貿易風」と呼ばれる東風が吹いています。この貿易風によって、海面の水温が28～29℃になる暖かい海水が西側に吹き寄せられます。

一方、東太平洋の南米沖では、吹き寄せられて少なくなった海水を補うため、深層から水が湧き上がる現象（湧昇《ゆうしょう》）が起き、海水温が低くなります。このとき、フィリピン沖の海上では上昇気流によって積乱雲が発生します。

この状態で貿易風が弱まると、図❷のように、西側に吹き寄せられていた暖かい海水が東側に戻ります。冷たい海水も湧き上がらなくなるため、**南米沖の海水の温度が上がり、エルニーニョが発生します。**このとき、フィリピン沖では積乱雲の発生地点が東側にずれます。

逆に貿易風が強くなると、図❸のように、暖かな海水が大量に西側に吹き寄せられます。そのぶんより多くの冷たい海水が湧き上がり、**結果的に南米沖の海水温が低くなり、ラニーニャが発生します。**このとき、フィリピン沖では数多くの積乱雲が発生します。

赤道付近の積乱雲や空気の流れの変化が、大気を通じて日本の天候にも影響をおよぼします。

図1 平常時の貿易風

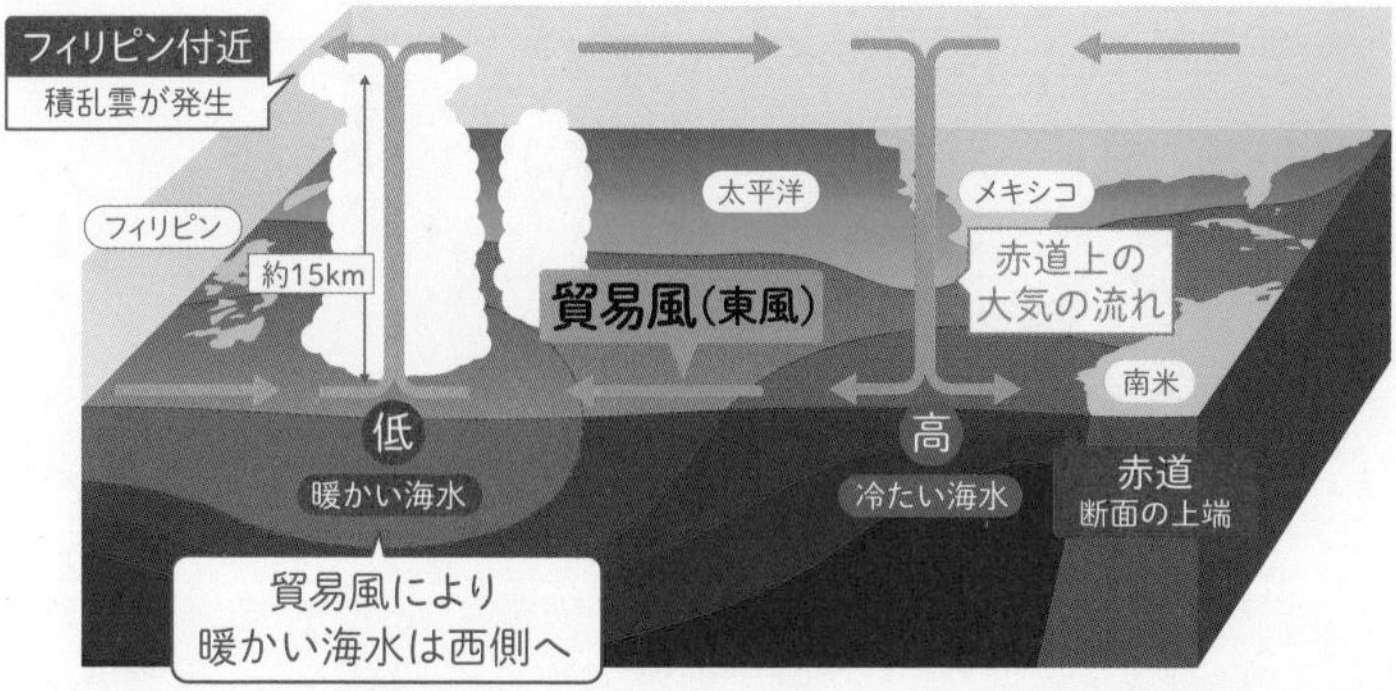

フィリピン付近で上昇した空気は対流圏の上層で東と西へ向かい、東へ向かった空気は東太平洋で下降し、貿易風となる。この東西鉛直循環のことを「ウォーカー循環」と呼ぶ。貿易風が海水温の変化をもたらし、対流活動に変化を与え、その変化がウォーカー循環を通して貿易風と海水温にも影響を与える。こうした大気と海洋の関係を「大気海洋相互作用」と呼ぶ。

図2 貿易風弱まる = エルニーニョ

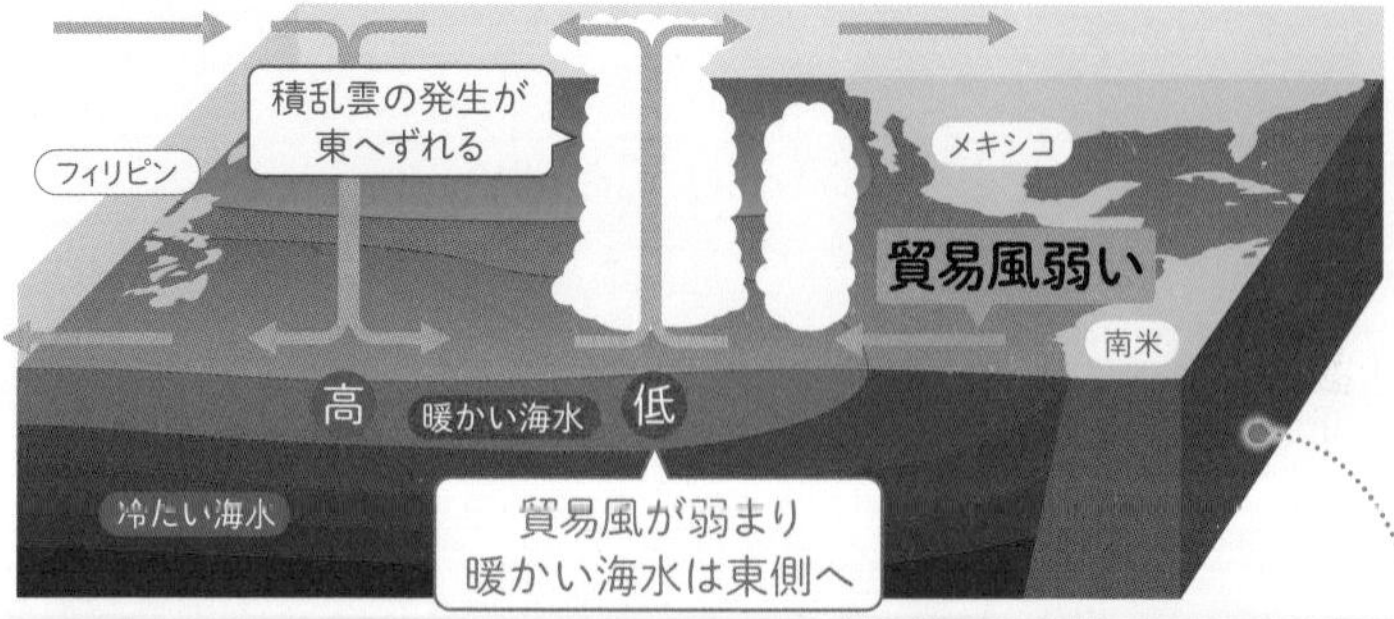

エルニーニョ、ラニーニャは、海水温によって判断されるが、貿易風の強さが異なり、赤道付近の影響は日本にまでおよぶ。

図3 貿易風強まる = ラニーニャ

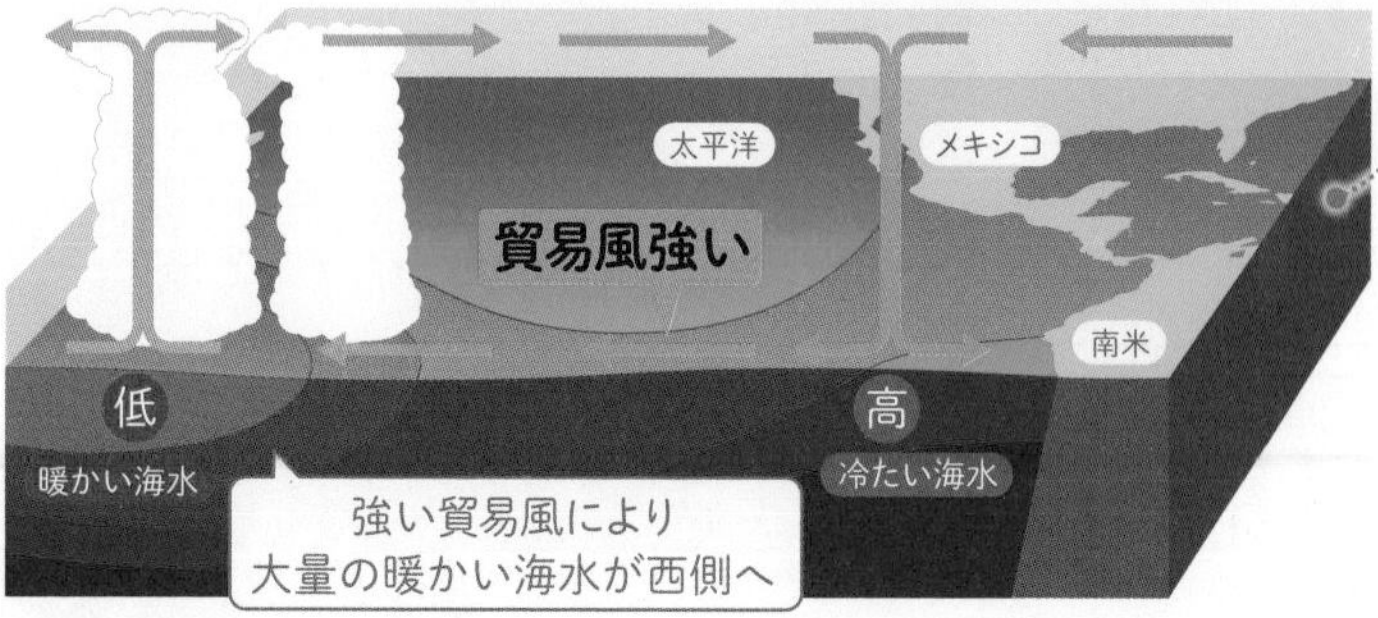

 Keywords 貿易風 湧昇 エルニーニョ ラニーニャ

Chapter4

43

南米沖の海水温が日本の夏を決める

フィリピン付近の積乱雲の数が猛暑・冷夏を決めます

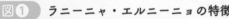

図1 ラニーニャ・エルニーニョの特徴

	フィリピン付近の積乱雲	日本付近の高気圧	夏
ラニーニャ	多い	強まる	猛暑
エルニーニョ	少ない	弱まる	冷夏

ここでは日本の夏を例に、世界の大気がつながっていること（テレコネクション）を確認します。

まず太平洋のフィリピン沖の海水温が高いときは、大量の水蒸気が発生して積乱雲が発達します。積乱雲から吹き出した上昇気流は、**日本付近で下降気流になり、高気圧が強まって日本の夏が猛暑になります。**ちなみに、この上昇気流と下降気流を「対流活動」といいます。

一方、フィリピン付近の海水温が低いときは、対流活動が弱まり、日本付近の高気圧の勢力が弱まりま

図2 日本とフィリピン沖の関係

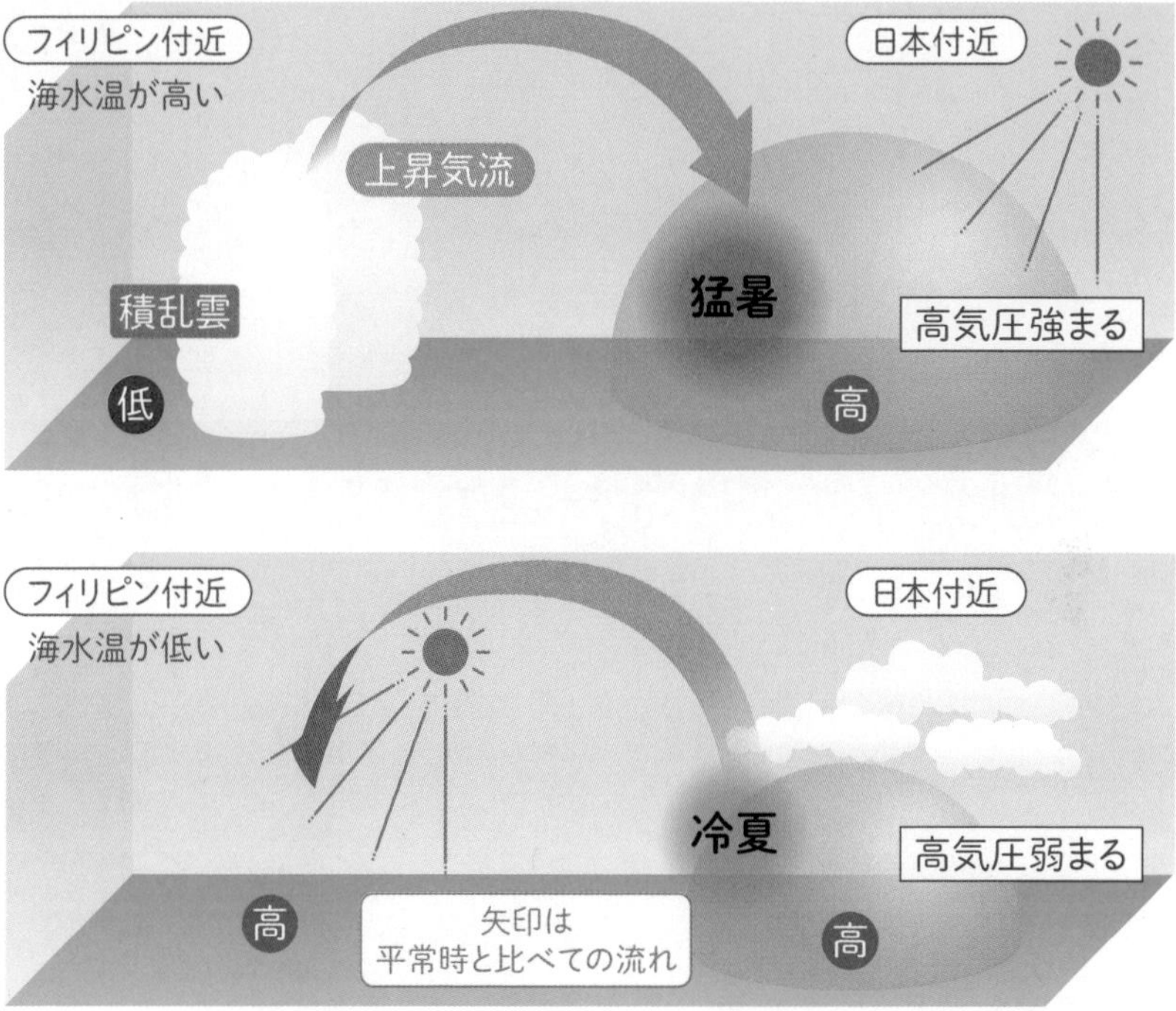

フィリピン付近の対流活動と日本の天候には深い関係がある。対流活動が活発なときは、日本では夏の高気圧の勢力が強まり猛暑になりやすい。逆に対流活動が弱まると、夏の高気圧の勢力が弱まり冷夏になりやすい。

す。**夏の高気圧が弱まると、晴天や気温の上昇が続かず、結果的に過ごしやすい冷夏になります。**

南米沖の海水温が下がるラニーニャの場合は、フィリピン付近の対流活動が強まるため、日本は猛暑になります。逆に南米沖の海水温が上がるエルニーニョの場合は、フィリピン付近の対流活動が弱まるため、日本は冷夏になります。

豆知識

冬の寒さも積乱雲の数で決まる

エルニーニョのときはフィリピン付近の積乱雲の数が少なく、結果的に暖冬になります。一方、ラニーニャで積乱雲が大量に発生すると、偏西風が南側に蛇行するため、日本付近に強い寒気が流れ込み、寒冬になります。

 Keywords ラニーニャ エルニーニョ 対流活動 冷夏 猛暑

44 インド洋の海水温が上がると日本が冷夏に

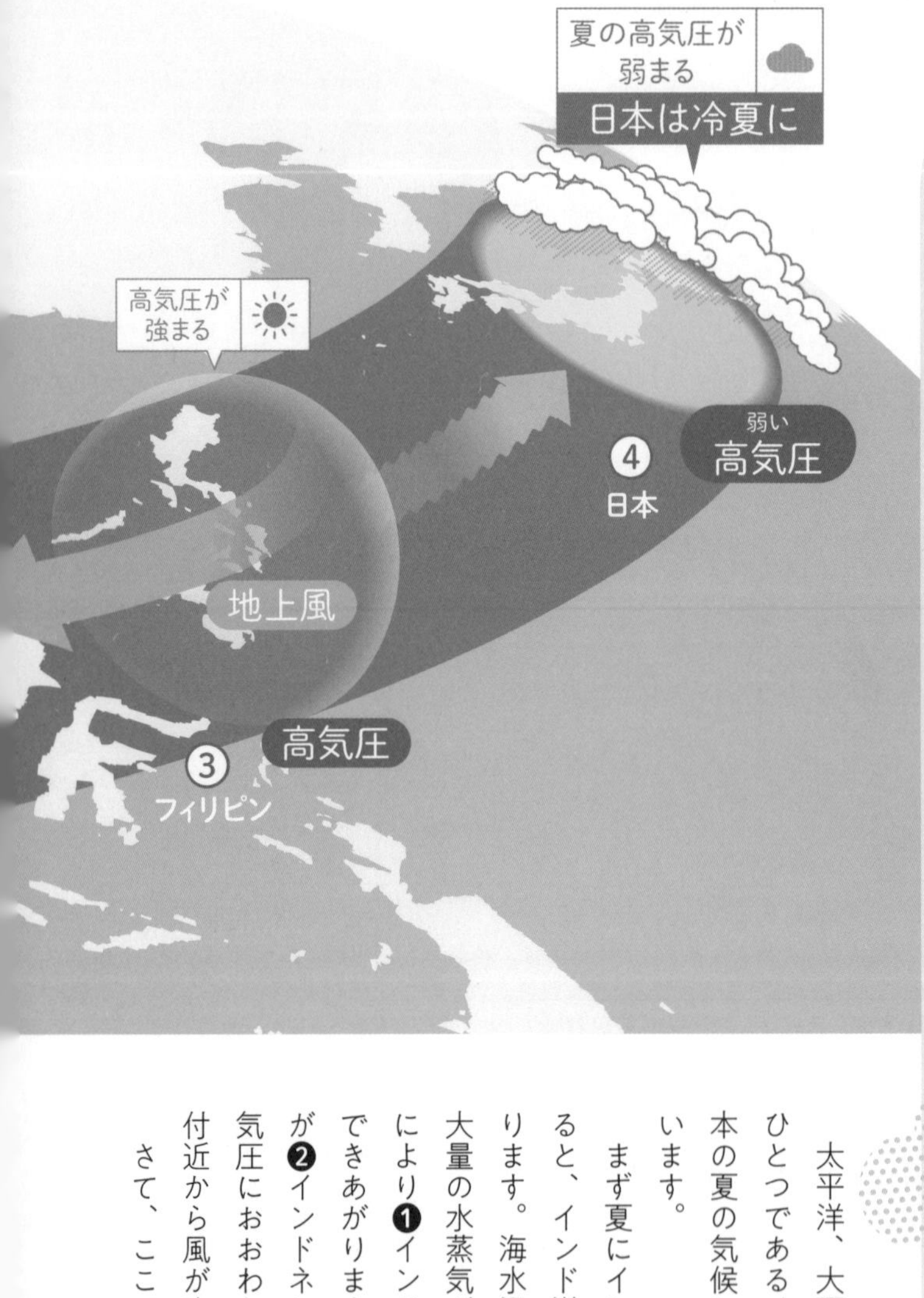

インド洋、インドネシア、フィリピン、日本の順に気圧が変化します

太平洋、大西洋に並ぶ、三大洋のひとつであるインド洋の海水温も日本の夏の気候に大きな影響を与えています。

まず夏にインド洋の海水温が上がると、インド洋全域の気圧が低くなります。海水温が上がると空気中に大量の水蒸気が発生し、その水蒸気により❶インド洋に大量の積乱雲ができあがります。次に、この低気圧が❷インドネシアまで広がると、高気圧におおわれている❸フィリピン付近から風が吹き込みます。

さて、ここでロスビー波（86ペー

図　インド洋の海水温と日本の気象の関係

インド洋上の海水温が、インドネシア、フィリピンを
経て日本の気象に影響を与えている。

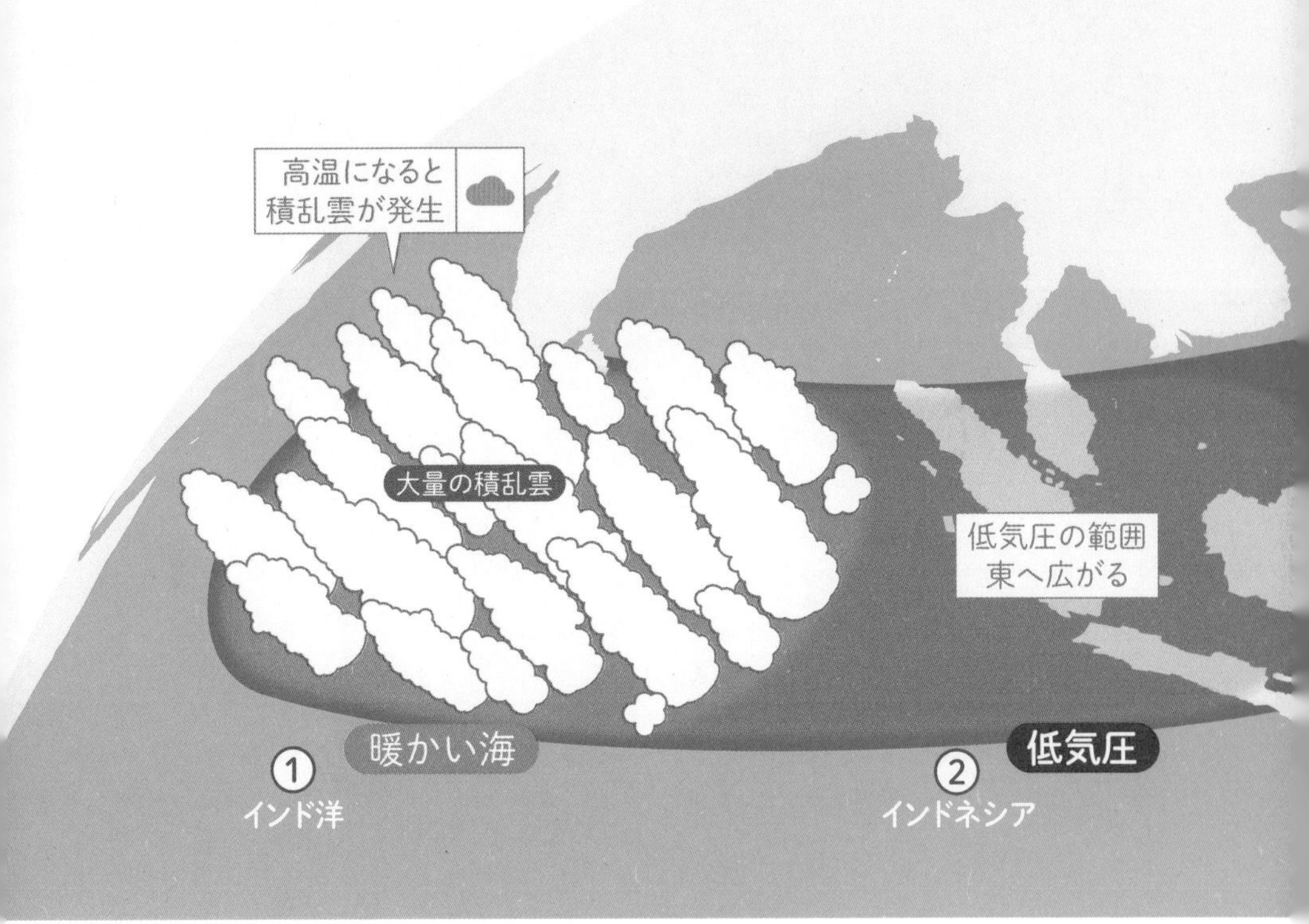

ジ）のことを思い出してください。**ロスビー波とは遠くまで伝わる大気の波のことでした。** このロスビー波により、フィリピンと日本はつながっているため、フィリピン付近が高気圧になると、日本の夏の高気圧が弱まります。**高気圧が弱まると安定した晴天が続かないため、日本は冷夏になります。**

逆のパターンも確認しておきましょう。インド洋の海水温が下がると積乱雲が発生しにくくなり、インドネシアが高気圧に。フィリピン付近が低気圧になります。フィリピン付近が低気圧になると、**日本の夏の高気圧の勢力が強まり、日本の夏が猛暑になります。**

インド洋の海水温が、はるか遠くにある日本の夏に確かな影響をおよぼしているのです。

Keywords　インド洋の海水温　ロスビー波　冷夏　猛暑

45

日本の夏を支配する3つの高気圧

太平洋高気圧とチベット高気圧で猛暑に、オホーツク海高気圧で冷夏に

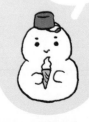

日本の夏の気候を理解するために、**ここでは3つの高気圧について説明します。**

ひとつ目は大きく温暖な「太平洋高気圧」です。東西に6，000㎞以上広がるこの巨大な高気圧の中心はハワイ諸島の北にあります。

この太平洋高気圧は、背の高い暖かい高気圧です。図❶のように、上空5㎞以上まで高気圧になっている状態になっており、上空で集まった空気が下降気流によって下に流れる高気圧で、「温暖高気圧」とも呼ばれています。

図❶ 太平洋高気圧

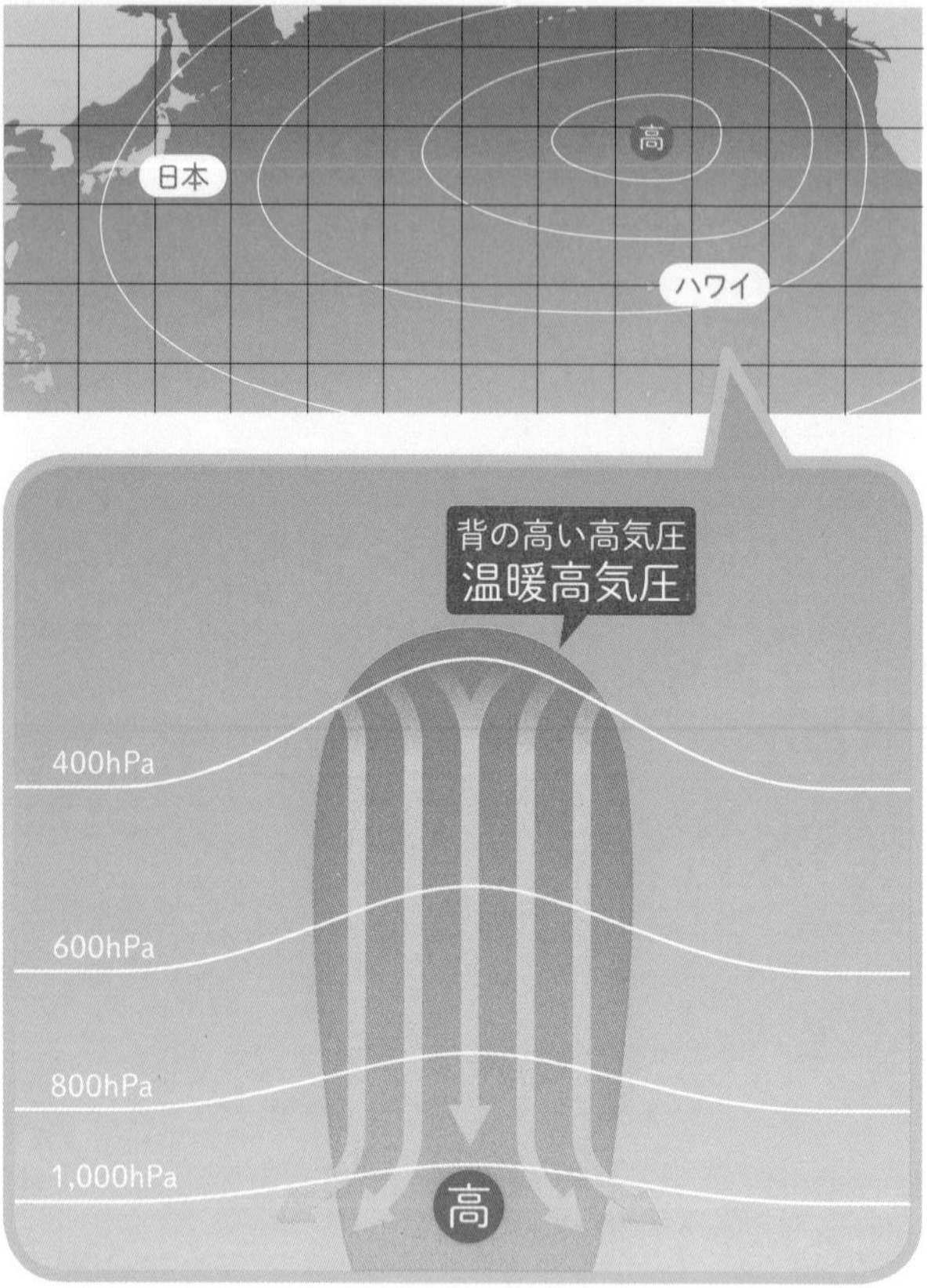

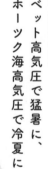

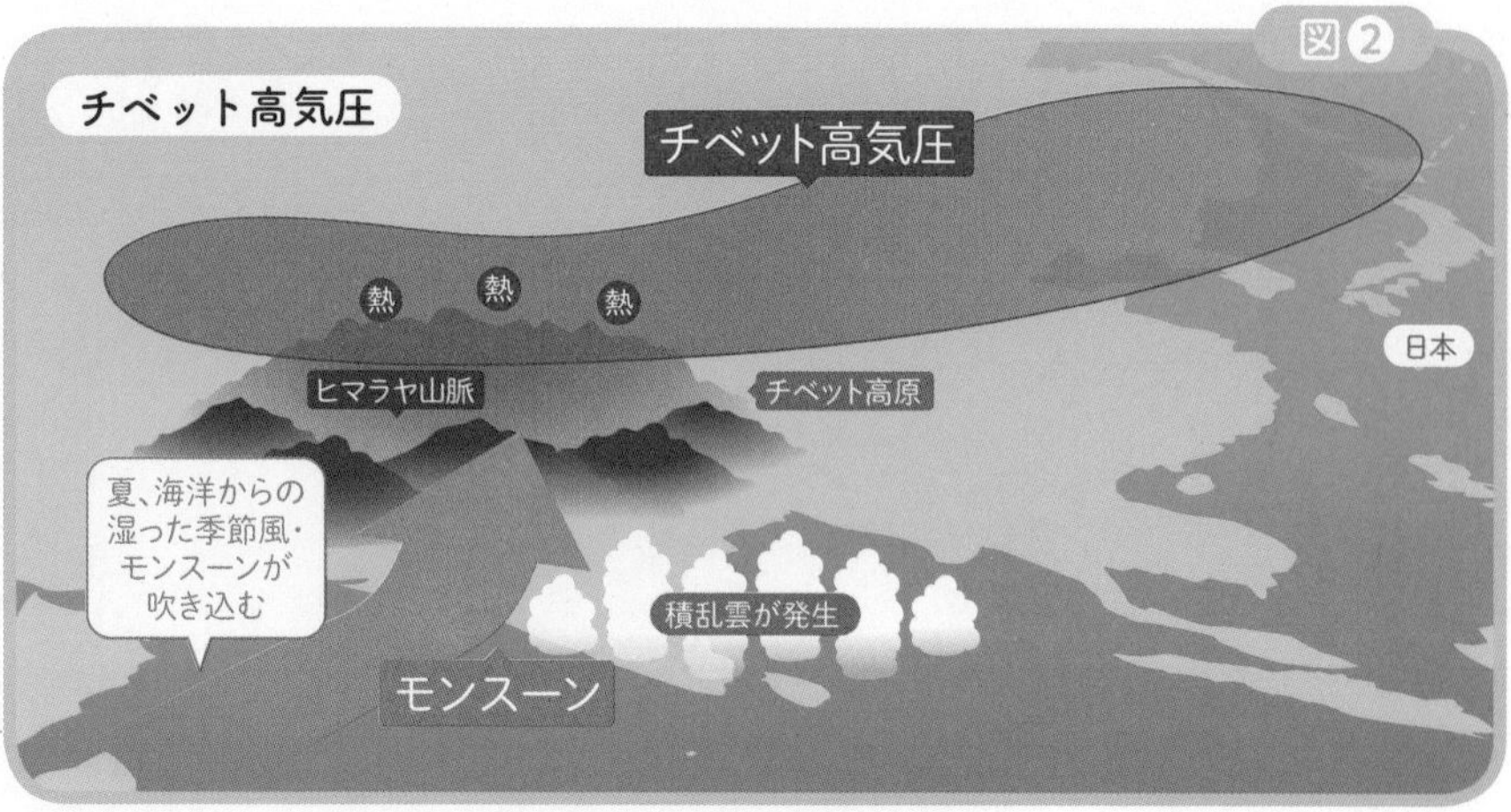

春から夏にかけて、アジアからアフリカの対流圏上層に現れる高気圧。

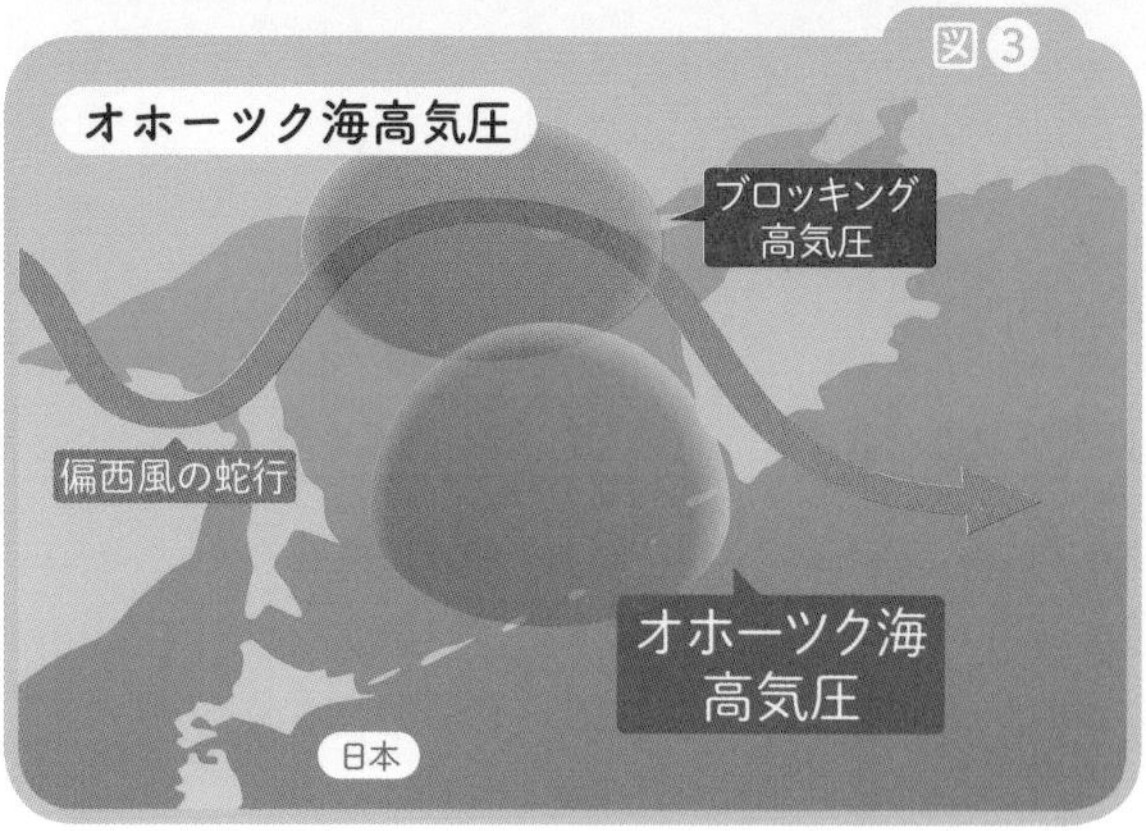

太平洋高気圧、チベット高気圧は日本を暑くする高気圧であるが、オホーツク海高気圧は日本を涼しくする高気圧。

2つ目は「チベット高気圧」です。夏場に海洋から吹き込んだ季節風がヒマラヤ山脈にぶつかると、上昇気流によって南側にたくさんの積乱雲が発生します。さらに、ヒマラヤ山脈の向こう側にあるチベット高原付近の上空が暖かくなることで、この高気圧が発生します。

そして3つ目は、「オホーツク海高気圧」です。梅雨の時期、オホーツク海周辺で偏西風が蛇行し、ブロッキング型（88ページ）でできた高気圧が北側を支配します。この高気圧がオホーツク海にとどまると、寒冷な高気圧（寒冷高気圧）に変化し、日本に冷たい風を送ります。

太平洋高気圧とチベット高気圧の影響が強ければ猛暑に、オホーツク海高気圧の影響が強ければ冷夏になるというわけです。

 Keywords 太平洋高気圧 チベット高気圧 オホーツク海高気圧

46 地球温暖化の原因は温室効果ガス

温室効果ガスの増加が地球の温暖化に大きく関係している

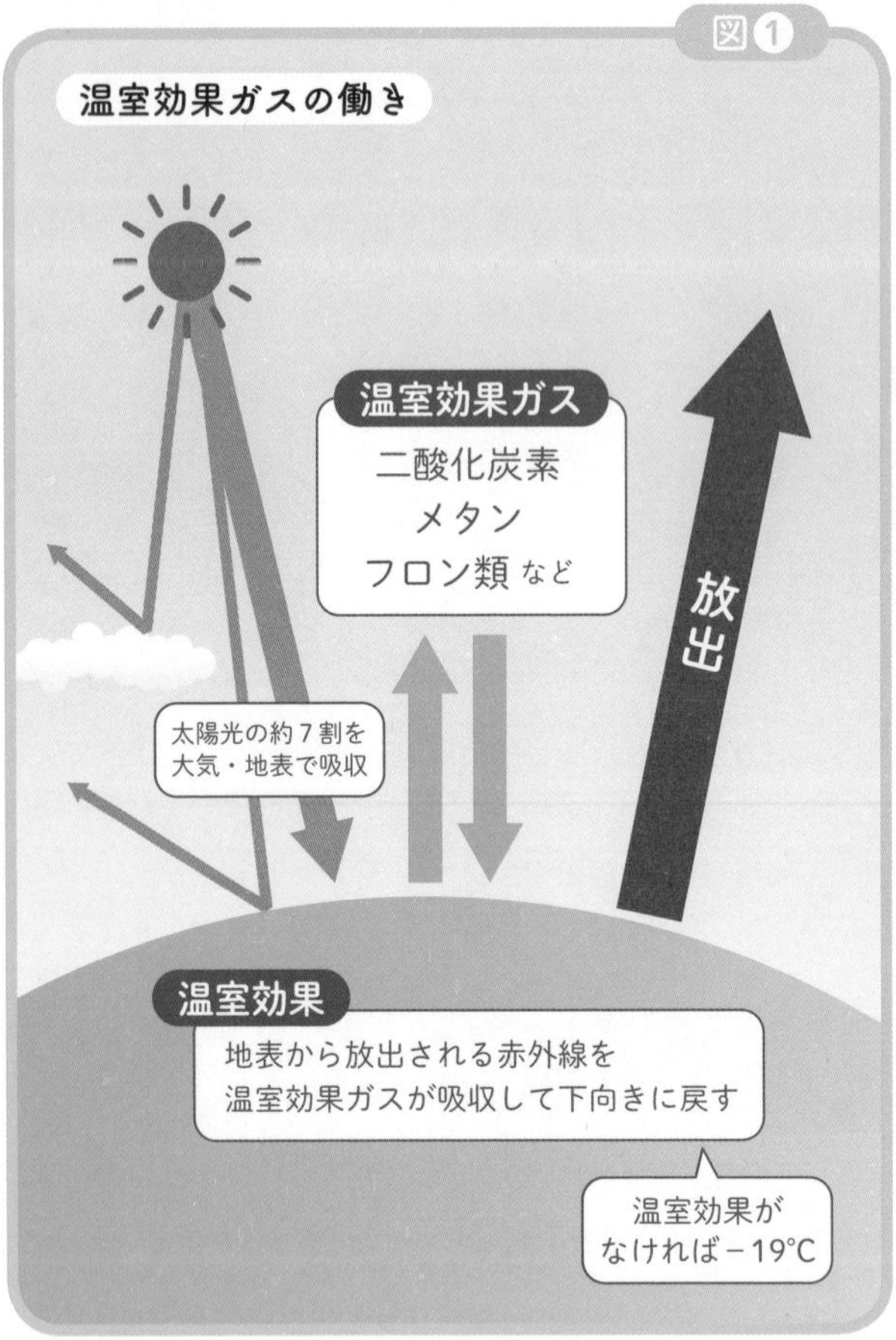

地球は、太陽からの熱によって暖められています。同時に、暖められた地表から熱が放出されています。このとき、**地表から熱が逃げないようにため込む働きをしているのが「温室効果ガス」です。**具体的には、大気中にある二酸化炭素やメタンなどのことを指します。

このガスは、本来、地球を暖かく保ち、生物が住みやすい環境をつくるために必要なものです。

ところが、現在は化石燃料の使用や森林の伐採などが原因で、ガスの濃度が上がり、地球温暖化をまねい

図2　1991～2020年の平均気温の数値を基準に
各年の平均気温との差を示したグラフ

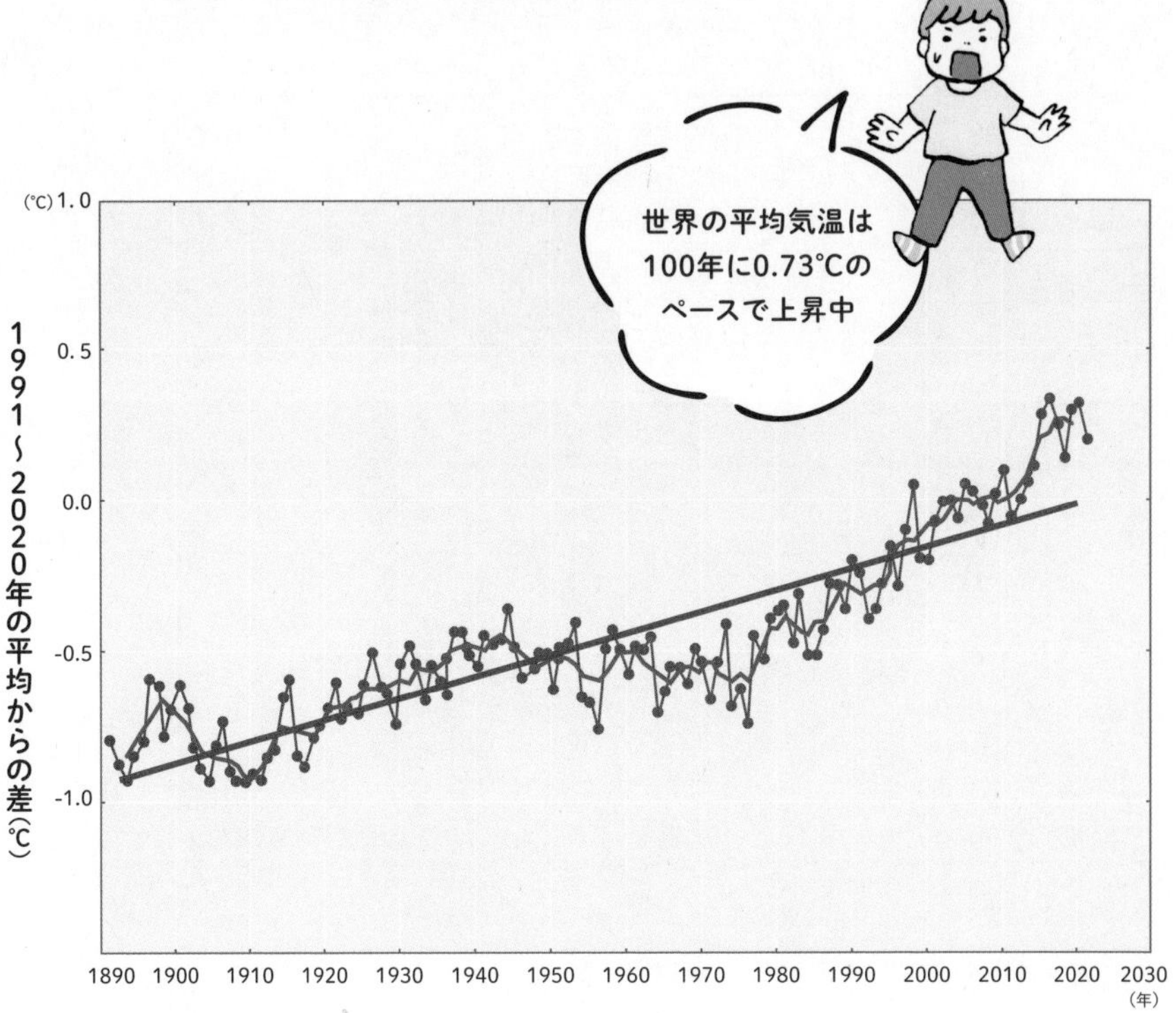

ていると指摘されています。

実際に現在の地球の気温は、観測史上もっとも暖かくなっています。グラフのように、世界の年平均気温は１００年に約０・７３℃のペースで確実に上昇を続けているのです。

気温が上昇すれば海水の温度も上がり、海水が膨張したり氷河が溶けて流れたりするため、海面の水位も上昇します。

地球温暖化は気温の上昇だけではなく、異常高温や大雨、干ばつの増加などにつながる恐れがあります。さらに、生物の活動や水資源の枯渇、農作物の不作につながるとされています。**将来、地球の気温はさらに上昇すると予想されており、このままでは、生態系、食糧、人間の健康などにより深刻な影響が生じる**と考えられています。

 Keywords　温室効果ガス　地球温暖化

47 ヒートアイランド現象が負のスパイラルを生む

建造物が多い都市部は熱がたまりやすい構造になっています

図1

ヒートアイランド現象のしくみ

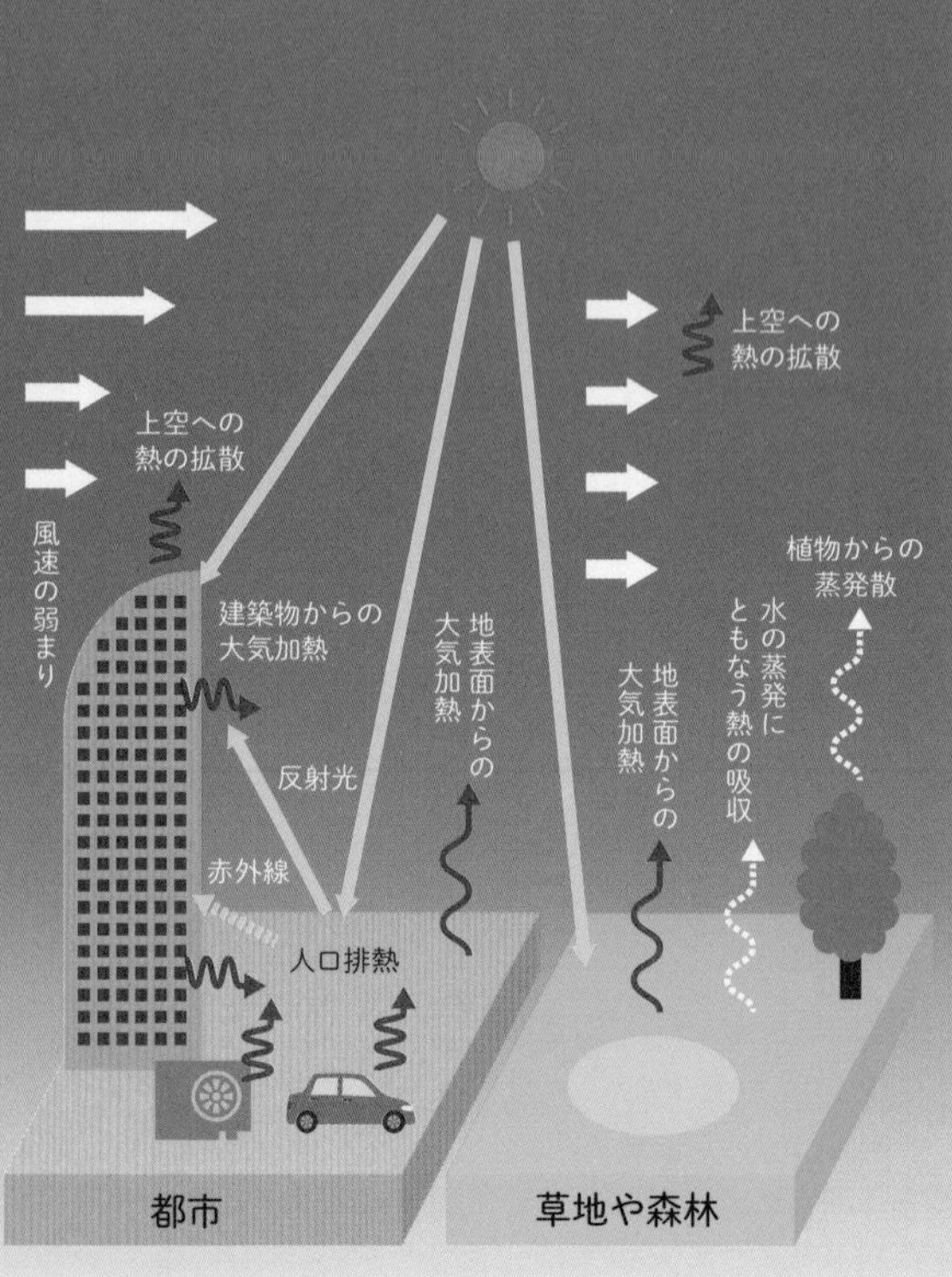

継続的な気温の上昇をもたらすのは地球温暖化だけではありません。都市部に限定されますが、「ヒートアイランド現象」も気温の上昇につながります。

ヒートアイランド現象は、都市部の気温が周りより高くなる現象です。日本でも熱中症などの健康被害や、感染症を媒介する蚊の越冬といった生態系への影響が心配されています。この現象のしくみは、都市部と草地や森林を比べることでよくわかります。

草地、森林など植物がたくさんあ

図2 東京の年平均気温の推移

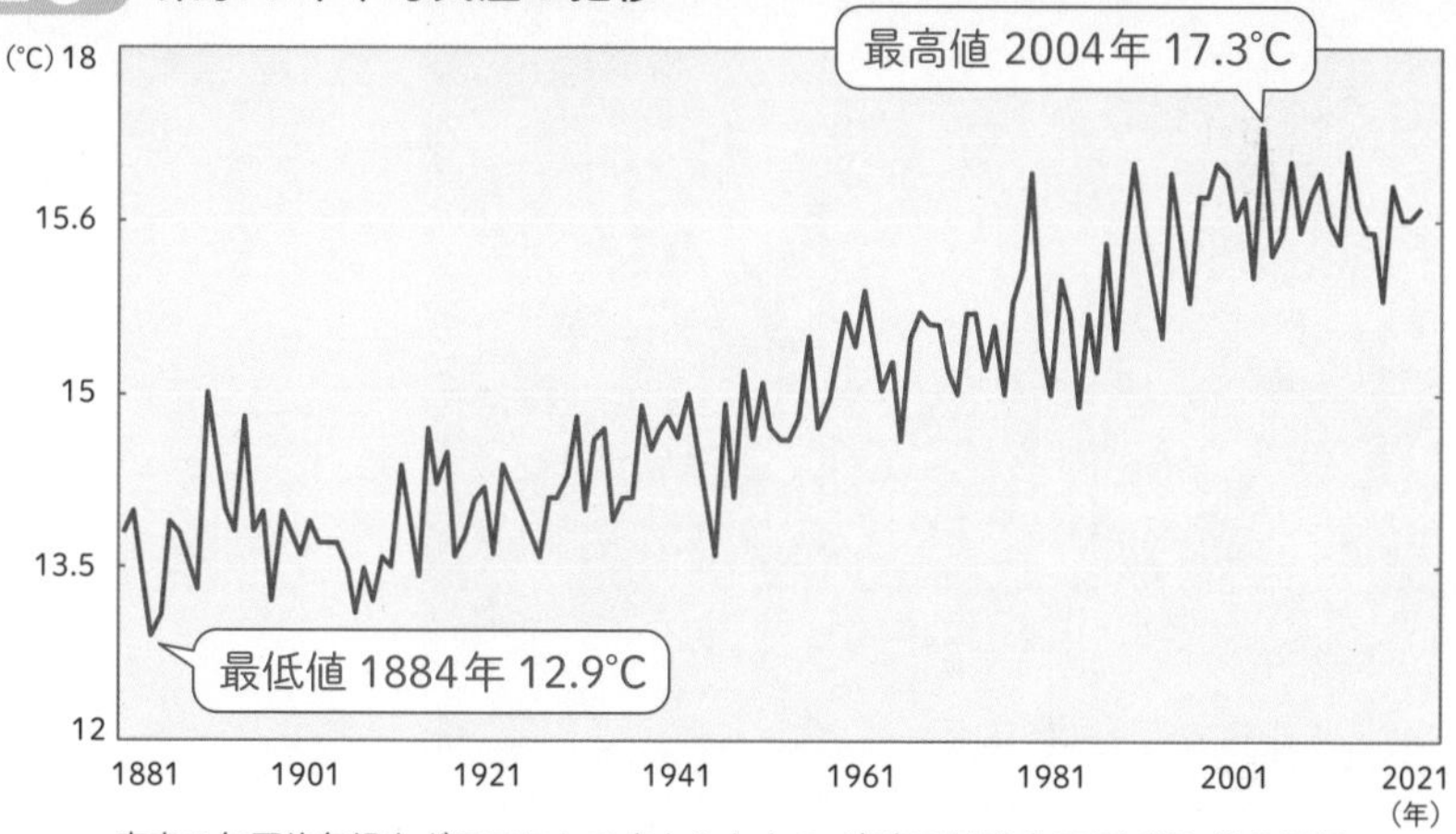

東京の年平均気温をグラフにしてまとめたもの。東京では過去100年間に約３℃気温が上昇。日本の気温上昇が約１℃であるのに比べて、かなり大きな上昇である

る場所では保水力が高く、その水が蒸発することで熱を吸収するため、日中の気温の上昇が抑えられます。

一方、人工的な構造物が多い都市部では日射しによる熱の蓄積が多く、日中に蓄積した熱が夜になっても残るため、なかなか気温が下がりません。また、建築物の密度が高まることで風通しが悪くなり、地表面に熱がこもりやすくなります。

ヒートアイランド現象は都市部の住民に不快感をもたらすだけではありません。熱中症の発生や死亡事故にもつながっています。

また、熱中症対策のために冷房を使用する頻度が高まるため、二酸化炭素の排出量が増え、結果的に地球の温暖化に拍車をかけるという**「負のスパイラル」が発生しています。**

 Keywords ヒートアイランド現象 地球温暖化

48

地球温暖化がまねく危険な未来

気温上昇と短時間強雨が災害の原因になります

気温の上昇とともに空気が乾燥すると、森林火災の危険が高まる。

ここでは、地球温暖化によって世界の気象が今後どのように変化するかを見ていきましょう。

地球温暖化を評価する世界的な組織・IPCCの第6次報告書では、「人間の影響が大気、海洋及び陸域を温暖化させてきたことには疑う余地がない」と断言しています。

また、同報告書は、**「将来の気温上昇は避けられない状況にあり、熱波、大雨、干ばつ、熱帯低気圧などの極端現象が増加する可能性がある」**と分析しています。

現在と同じペースで温室効果ガス

図　降水の将来予測／日降水量50mm以上の1地点あたりの発生回数の変化

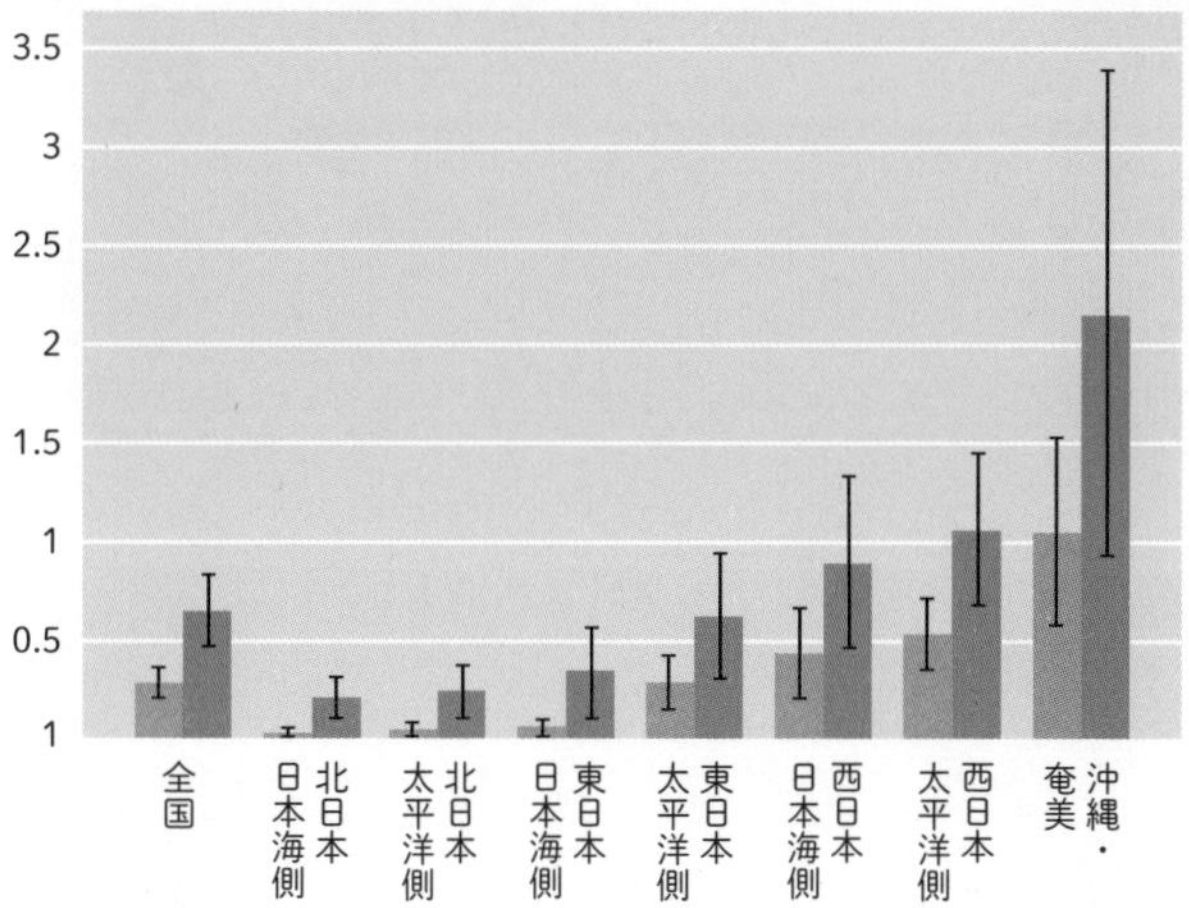

細い線 … 年々変動の幅
ピンク … 現在気候
ブルー … 将来気候

洪水災害は河川の流量が異常に増加することによって発生。堤防の浸食や決壊したり、橋が流出したりする。

を排出し続けた場合、地域にもよりますが、日本では、21世紀末に20世紀末よりも3・3〜4・9℃も気温が高くなることが予測されています。

　では、この現象が生活にどのような影響を与えるのでしょうか。

　たとえば、気温が上昇すれば、不動産、鉄道、道路などのインフラの劣化をうながします。農作物が不作になり、森林火災の危険が高まります。大雨が増えれば洪水の被害が拡大し、農作物の廃棄につながります。

　日本も無縁ではいられません。21世紀末に、短時間強雨（1時間の降水量が50㎜以上の雨）の年平均発生回数が現在の2倍以上に増加することが予想されています。

　2076年以降の未来は、図のように発生回数が2倍以上になるかもしれないのです。

雑談のネタに使えるかも

お天気3択クイズ vol.4

第1問

世界最高気温56.7℃が、観測された国はどこ？

❶ アメリカ
❷ インド
❸ ブラジル

第2問

世界最低気温の記録は何度？

❶ -59.2
❷ -69.2
❸ -89.2

第3問

フランス革命のきっかけのひとつとなった自然現象は？

❶ 地震
❷ 火山噴火
❸ 津波

正解・解説

第1問　正解は❶。1913年7月10日にアメリカのカリフォルニア州にあるデスバレーで56.7℃を観測。日本で最も高い記録は41.1℃で、2020年8月17日静岡県浜松市と、2018年7月23日埼玉県熊谷市で観測された。

第2問　正解は❸。1983年7月21日に南極で−89.2℃を観測。日本で最も低い記録は、北海道旭川市で、1902年1月25日に−41.0℃を観測。

第3問　正解は❷。大量の火山灰などが空をおおうことで気候が悪化し、深刻な「パン不足」が起こった。

Chapter 5

天気予報がもっと身近になる

テレビや新聞、スマホで確認できる天気予報には、
さまざまな最新データが活用されています。
天気記号や天気図、気象衛星、地上の観測、レーダーなど、
天気予報を支えるルールやテクノロジーについて解説します。

Chapter5

49 天気図を読めば天気を予測できる

天気図には気圧配置、気温、天気、風の情報が表示されています

図❶ 天気図の記号（日本式）

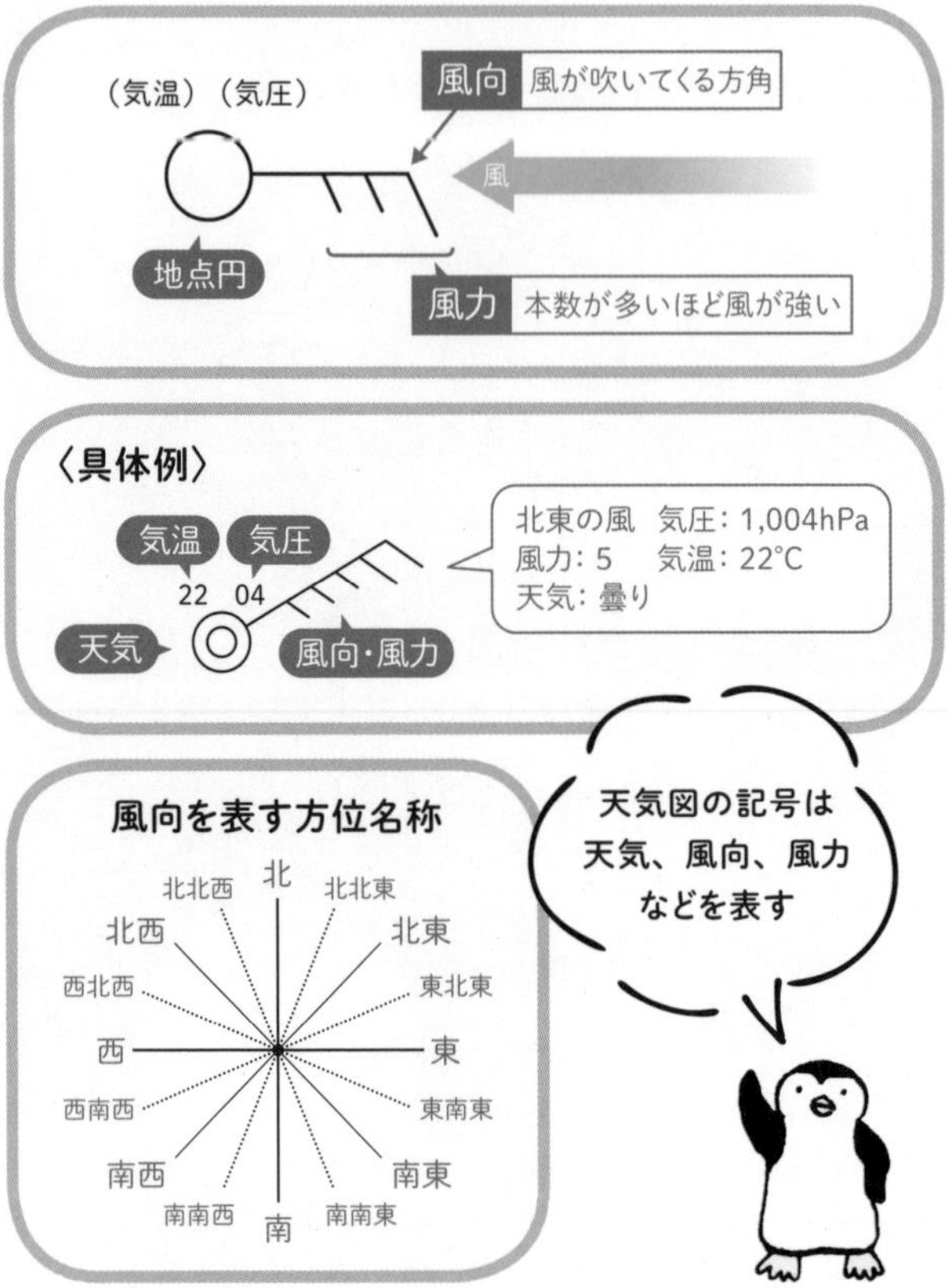

テレビや新聞の天気予報には天気図が使われています。ここにはさまざまな情報が集約されているため、天気図を読めると、自分なりの予測ができるようになります。

まず図❷を見てください。天気図を見るとき**高気圧の「高」、低気圧の「低」、前線の3つに注目しましょう。**

高気圧が表示されている場所は晴れやすく、低気圧や前線が表示されている場所は雨や雪が降りやすいといえます。

次に注目するのは「等圧線」です。

図2 天気図（日本式）

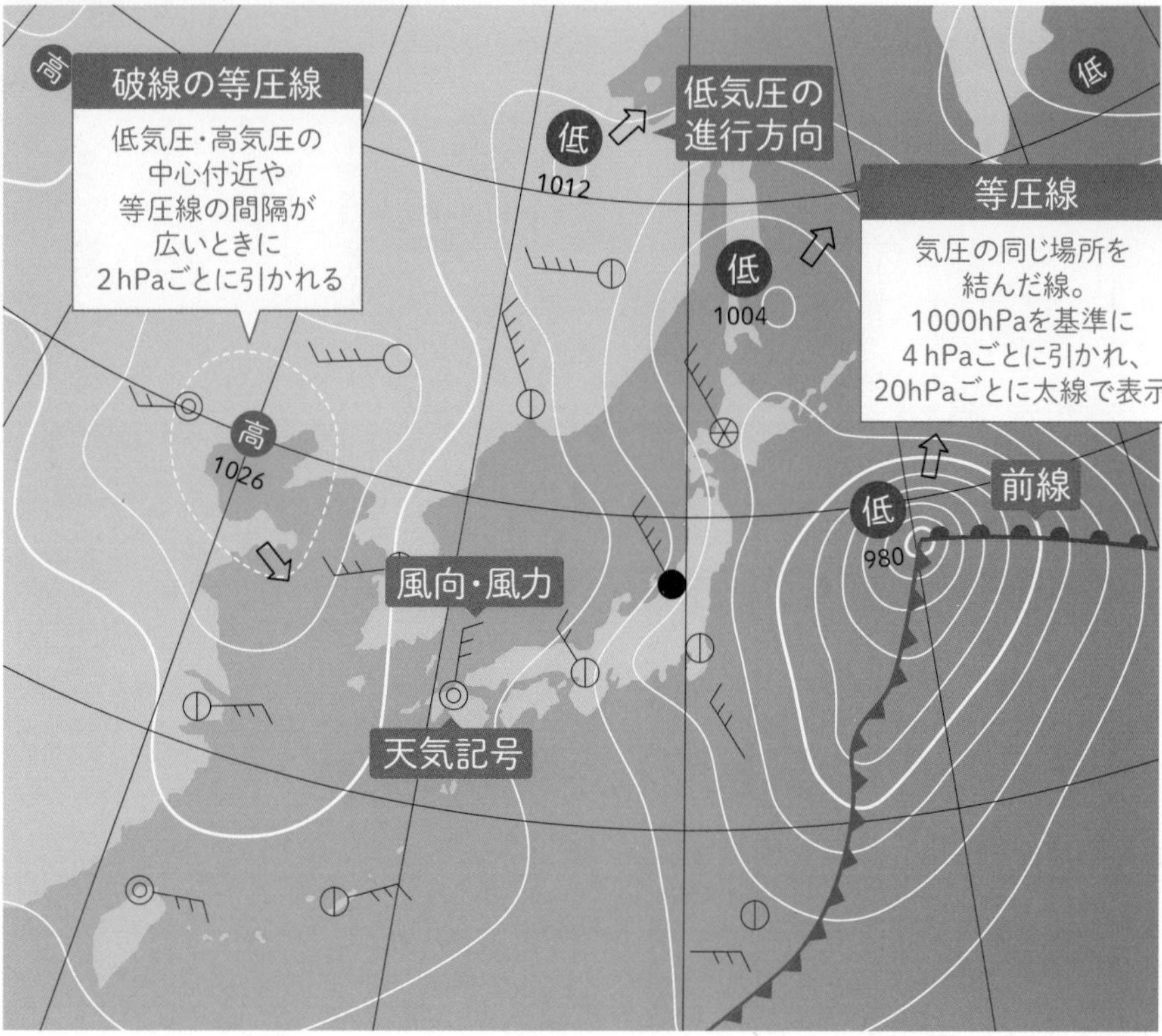

天気図には多くの情報が入っている。この天気図の場合、天気は札幌が雪、新潟は雨で、東京と大阪は晴れである。気圧配置は西高東低の冬型で、日本海側で雪や雨が降り、太平洋側は晴れていることがわかる。

等圧線とは同じ気圧の場所を結んだ曲線です。

次に図❶を見てください。**風は、天気記号といっしょに表示される「風向」「風力」を見ます。**風向は風が吹いてくる方位、風力は風の強さで、0（無風）から12（32・7m/s以上）の13段階で表示されています。

また、天気記号の左上の小さい数値がその地点の気温（℃）、右上の小さい数値が気圧（hPa＝ヘクトパスカル）です。気圧は下2桁のみで示され、「20」は1，020hPa、「80」は980hPaになります。

天気図の気圧や前線の位置、等圧線、天気記号などから、さまざまな情報が読みとれるのです。

「晴」「曇」など、天気記号の種類については、詳しく次ページで説明しています。

Chapter5

50 日本式天気記号はぜんぶで21種

晴れ、曇りは空に占める雲の割合によって決まる

図1 日本式天気記号

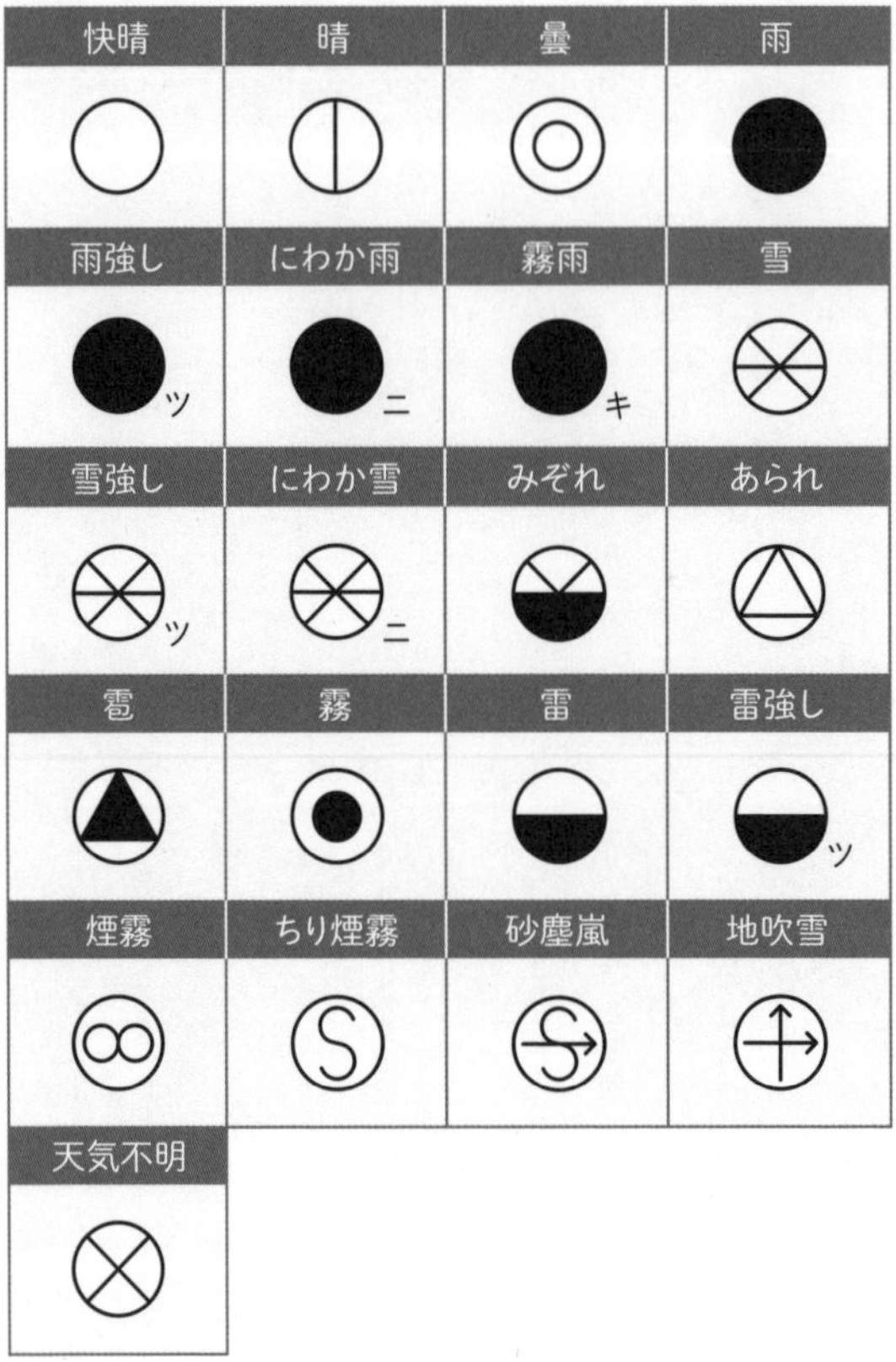

「天気記号」とは、天気図の各地点に、観測した天気を記入するための記号です。国際式と日本式がありますが、ここでは日本式を中心に紹介します。

日本式天気記号は21種類ありますが、まずは「快晴」「晴」「曇」「雨」「雪」「霧」の6種類を覚えておくだけでも大丈夫です。

雨、雷、雪には、それぞれ右下に「ツ（強し）」「ニ（にわか）」「キ（霧雨のキ）」のカタカナで表します。

みぞれは、雨と雪が同時に降る現象なので、上半分が雪、下半分が雨

図❷ 国際式天気図は情報がぎっしり

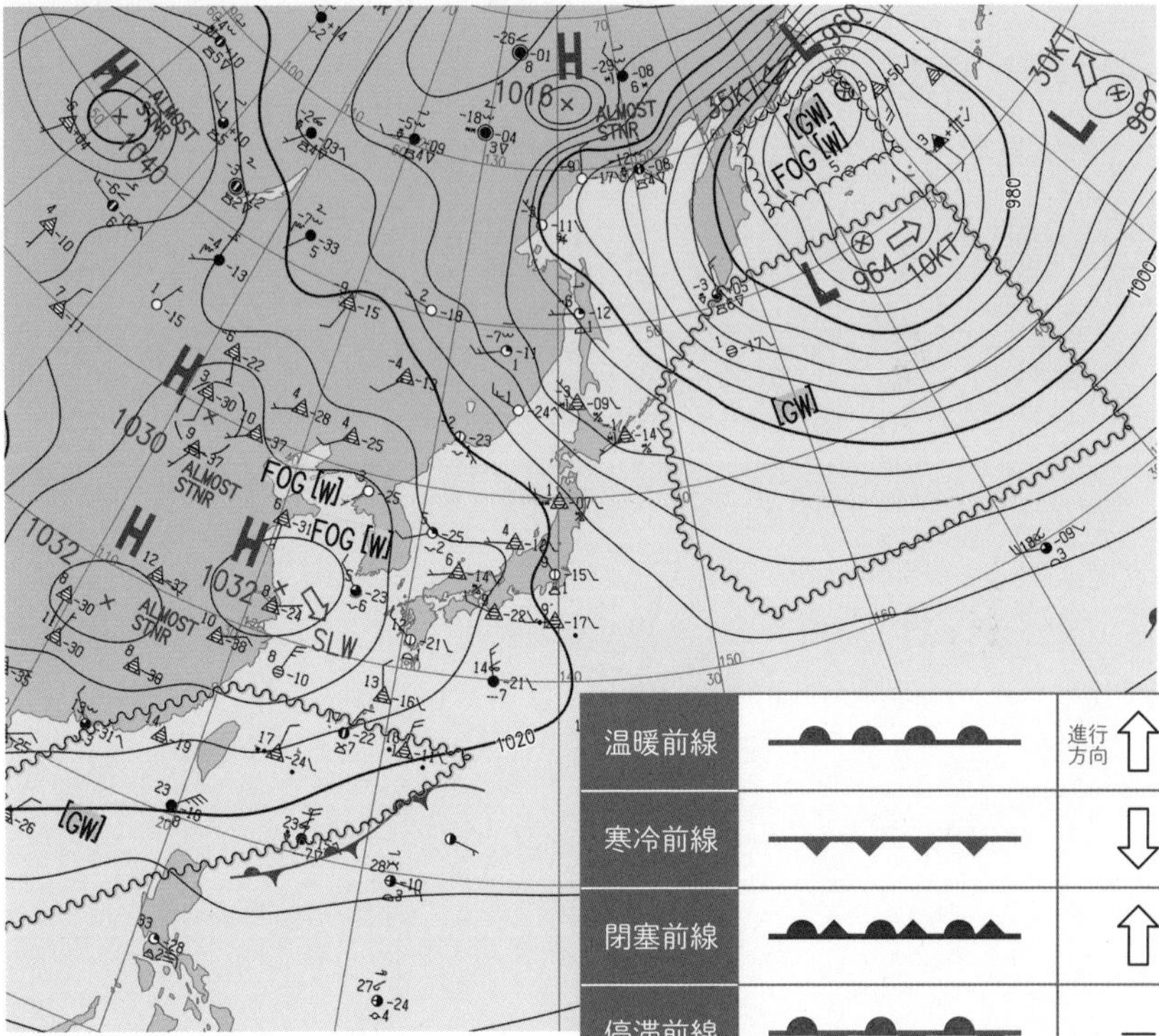

国際式天気図にはたくさんの情報が詰められている。

		進行方向
温暖前線		⇧
寒冷前線		⇩
閉塞前線		⇧
停滞前線		—

前線の記号は4種類ある。前線は三角または半円が出ている方向へ進むが、停滞前線はその場にとどまる。

の記号の組み合わせです。

ところで、晴れと曇りの境界線を知っていますか？ 気象庁では、空全体をおおう雲の割合（雲量）で決めています。

快晴とは、雲量（雲がないときを0、空がすべて雲におおわれているときを10）が、1以下の状態のとき。雲量が9以上のときは曇り。晴れの範囲は広く、空が8割雲におおわれていても晴れになります。

豆知識

国際式天気図には情報が満載

国際式天気図には日本式よりも複雑です。「○」のなかには天気記号の代わりに全10段階の雲量が示され、図❷のように気温、気圧、風向、風速、下層・中層・高層の雲形まで記入されます。高気圧は「H」、低気圧は「L」です。

51 高層天気図で立体的に天気を見る

気圧の谷、ジェット気流、前線の位置は高層天気図で確認します

大気はあらゆる方向に動いています。空気が上昇すれば雲ができやすくなり、下降すれば消えやすくなります。そのため、**天気を予測するときは、立体的に大気の様子を考える必要があります。**

テレビやインターネットに出ている天気図は標高0mの天気図ですが、天気図はこれだけではありません。

上空の天気を知りたいときは、850hPa（上空約1,500m）、500hPa（上空約5,500m）、300hPa（上空約9,000m）などの高層天気図を参照します。

もっとも標準的な高層天気図は500hPaで、ここでまず気圧の谷（等圧線が気圧の低い領域にはり出しているところ）を確認します。**気圧の谷の周辺では上昇気流により雲が発生するため、「天気がくずれやすい状態」といえます。**周囲が高気圧におおわれていても、上空を気圧の谷が通過することで、一時的に（または局地的に）天気がくずれることがあるのです。

次に300hPaの高層天気図でジェット気流の動きをチェックします。そして最後に850hPaの高層天気図で暖気と寒気のぶつかり合いを見て前線の位置を確認します。

気象庁のホームページでは、過去24時間に作成した高層天気図をつねに公開しています。

高層天気図の代表格は500hPa

図1 さまざまな高さの高層天気図

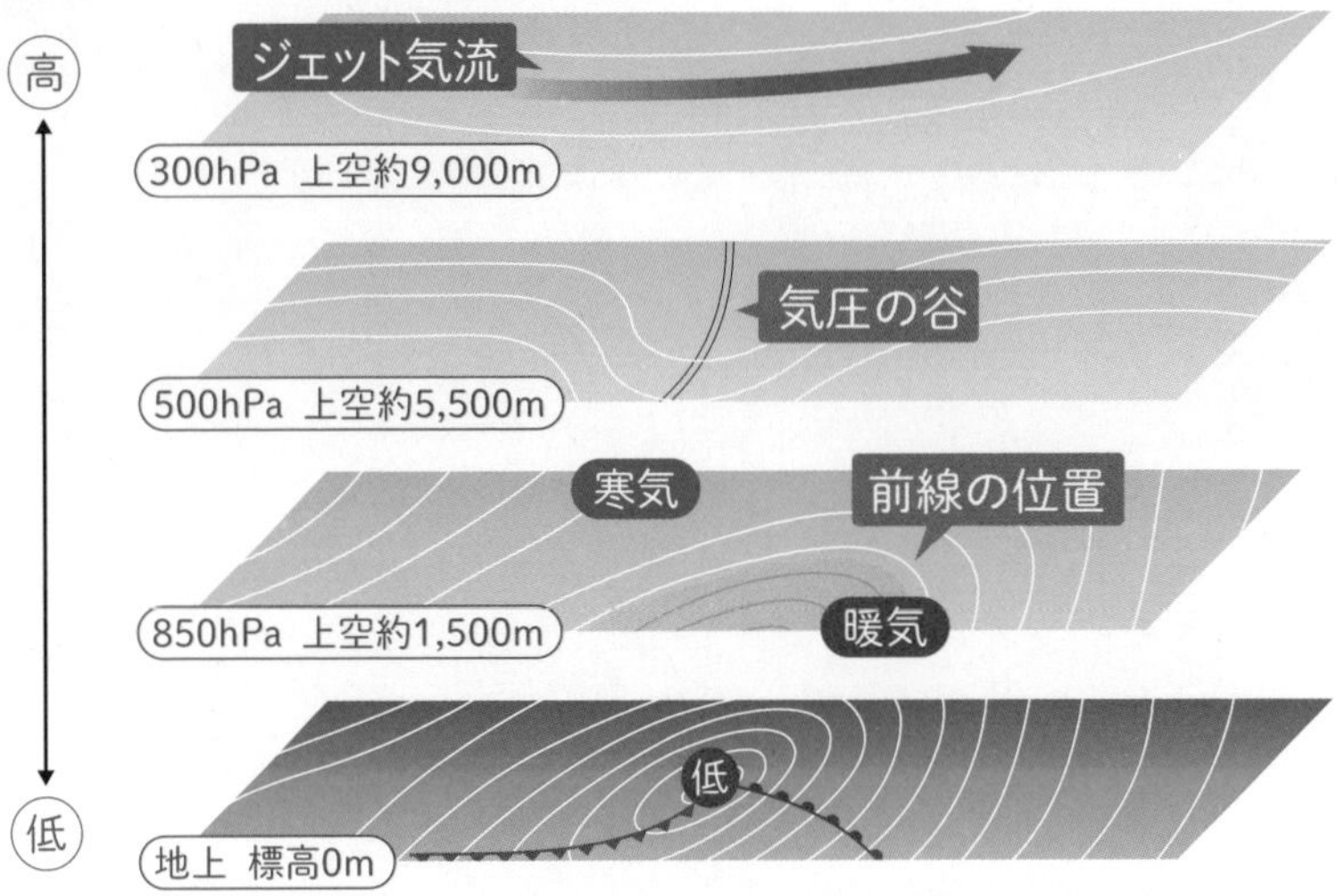

さまざまな高さの天気図を組み合わせて、大気の流れを立体的に見ていくことが大切である。それぞれの高さではポイントとなる要素が変わり、300hPaではジェット気流、500hPaでは気圧の谷、850hPaでは前線になる。

図2 500hPaの高層天気図

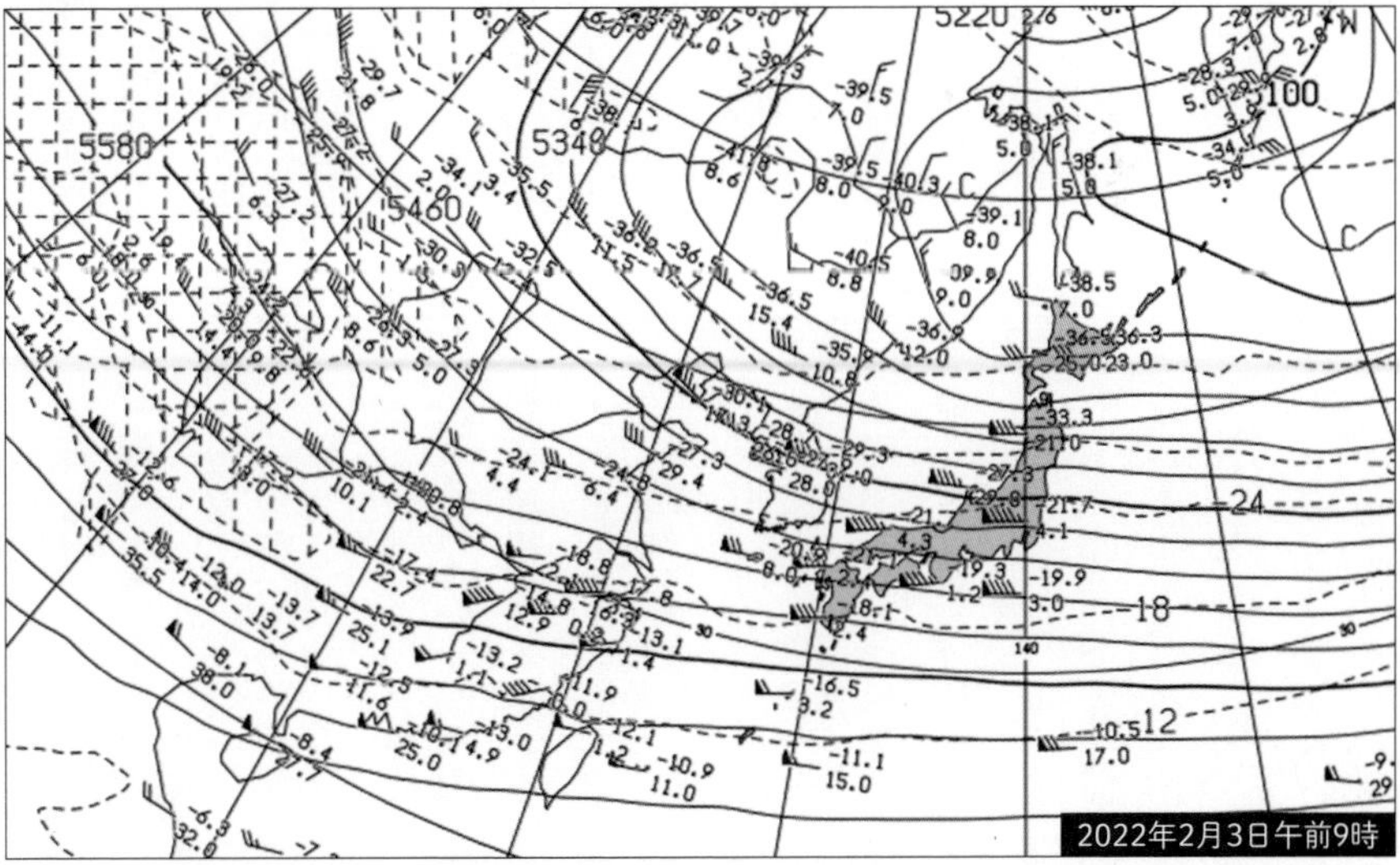

気象庁の500hPaの高層天気図。等温線(同じ気温のところを結んだ線)を破線で描き、線上にその値(単位:℃)を整数で表示。等高度線(同じ高度のところを結んだ線)を実線で描き、線上にその値(単位:m)を示している。

 Keywords 高層天気図 気圧の谷

Chapter5

52 天気予報のしくみ

観測データを
コンピュータで処理して
予報官・予報士が発表します

図1 天気予報のできるまで

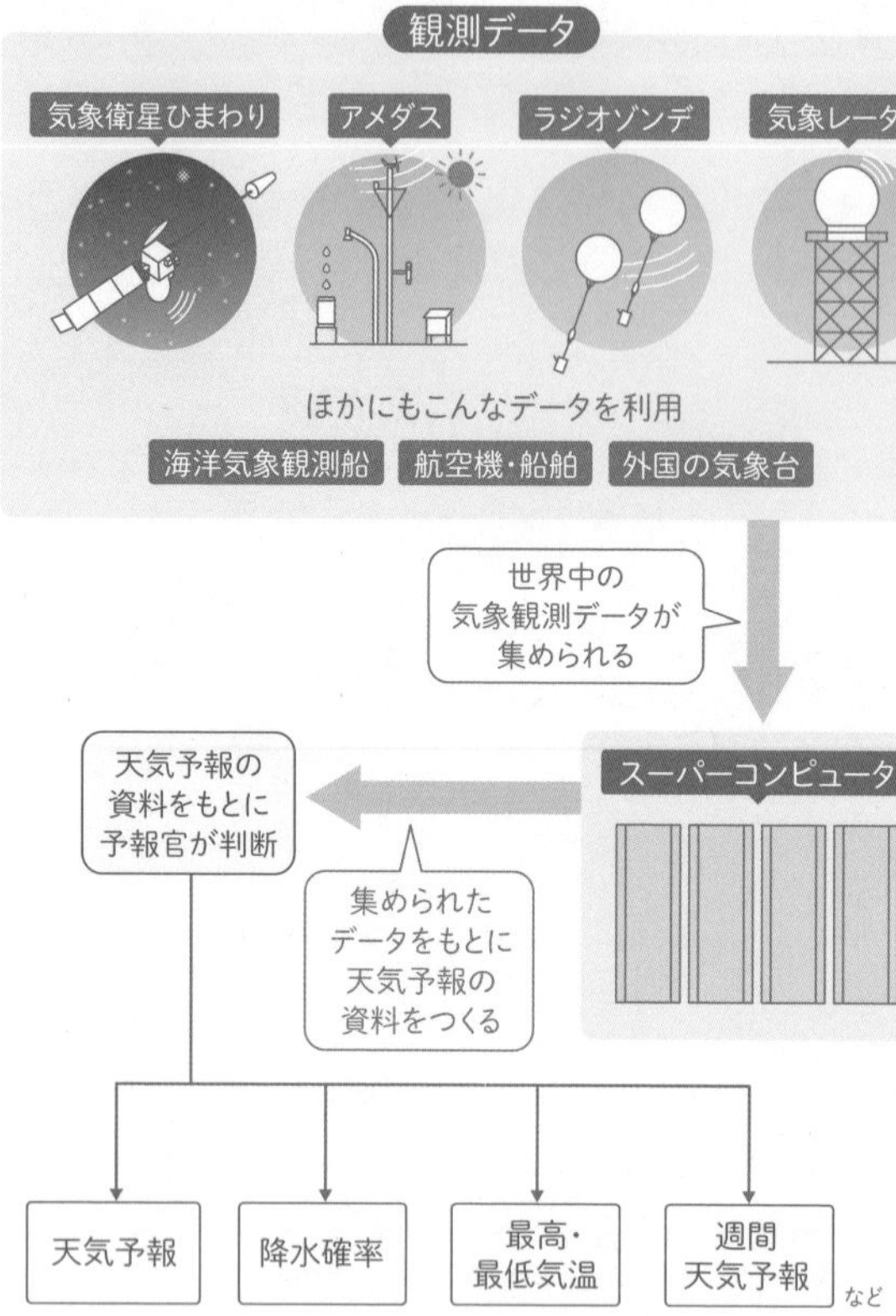

天気予報のベースになるのは、さまざまな観測データです。

気象衛星ひまわり、アメダス（地域気象観測システム）、ラジオゾンデ（気温、湿度、風向、風速などを観測するゴム気球）、気象レーダーの観測データのほかに、海洋気象観測船などのデータが広く活用されています。

これらの観測データを処理するのはスーパーコンピュータです。

スーパーコンピュータは物理学の方程式を使って計算し、将来の大気の状態を数値で算出します。これを

図2 気象庁のおもな数値予報モデル

数値予報システム（略称）	モデルを用いて発表する予報	予報領域と格子間隔	予報期間	実行回数
メソモデル（MSM）	・防災気象情報 ・降水短時間予報 ・航空気象情報 ・分布予報 ・時系列予報 ・府県天気予報	日本周辺 5km	39時間	1日6回
			51時間	1日2回
全球モデル（GSM）	・分布予報 ・時系列予報 ・府県天気予報 ・台風予報 ・週間天気予報 ・航空気象情報	地球全体 約20km	5.5日間	1日2回
			11日間	1日2回
全球アンサンブル予報システム（GEPS）	・台風予報 ・週間天気予報 ・早期天候情報 ・２週間気温予報 ・１か月予報	地球全体 18日先まで 約40km 18〜34日先まで 約55km	5.5日間	1日2回
			11日間	1日2回
			18日間	1日1回
			34日間	週2回
季節アンサンブル予報システム（季節EPS）	・３か月予報 ・暖候期予報 ・寒候期予報 ・エルニーニョ監視速報	地球全体 大気 約55km 海洋 約25km	7か月	1日1回

数値予報は、大気を細かい格子に分割して、それぞれの格子の気温・風などの気象要素を予測している。この格子の大きさが大きくなればなるほど、予報期間が長くなる。

「数値予報モデル」と呼びます。

現在、気象庁では、おもに4つの数値予報モデルを利用して、防災気象情報、台風予報、週間天気予報などの予報に役立てています。

そして、**コンピュータが算出した資料を分析するのが、気象庁の予報官や一般の気象予報士です。**

予報官や気象予報士はこの資料をもとに、天気予報、降水確率、最高・最低気温、週間天気予報などを発表しています。

テレビやインターネットなどの天気予報は膨大な量のデータと最新技術が支えています。予報官や気象予報士には気象に関する専門知識が求められますが、その専門知識を活用して正確な予報を出すためにも、コンピュータの処理能力（数値シミュレーション）が欠かせません。

Keywords 観測データ 数値予報モデル 予報官 気象予報士

53 気象衛星と「アメダス」でデータ収集

宇宙の気象衛星は2種類。
上空はラジオゾンデ、
地上はアメダス！

天気予報は気象観測データをもとに解析し、天気を予測します。正確な天気を予報するには、さまざまなデータが必要です。ここでは、気象衛星と地上観測、高層気象観測について説明します。

まずは宇宙を飛行する気象衛星です。**気象衛星は「静止衛星」と「極軌道衛星」に分けられます。**

静止衛星は、赤道上を地球の自転周期と同じ速度で回るため、同じ場所にとどまっているように見えます。一方、極軌道衛星は、低い高度で南北の極付近を通り赤道を大きな角度で横切る衛星です。

世界各国が飛ばすこの2種類の気象衛星で地球上のすべての地域をカバーしており、世界気象機関（WMO）を通じて共有されています。

一方、日本の地上には、**世界でも有数のきめ細かい観測を行う「アメダス」があります。**アメダスは国内約1，300か所の気象観測施設で構成される地域気象観測システムで、このうち約840か所では、降水量以外に風向、風速、気温、湿度を観測しています。

また、世界ではセンサーを搭載した**気象観測器をゴム気球に吊るして飛ばす「ラジオゾンデ」**も活用されています。地上から高度30kmまでの大気の状態を観測するラジオゾンデは、日本では全国16か所のほか、南極の昭和基地にも飛んでいます。

図1 世界の気象衛星

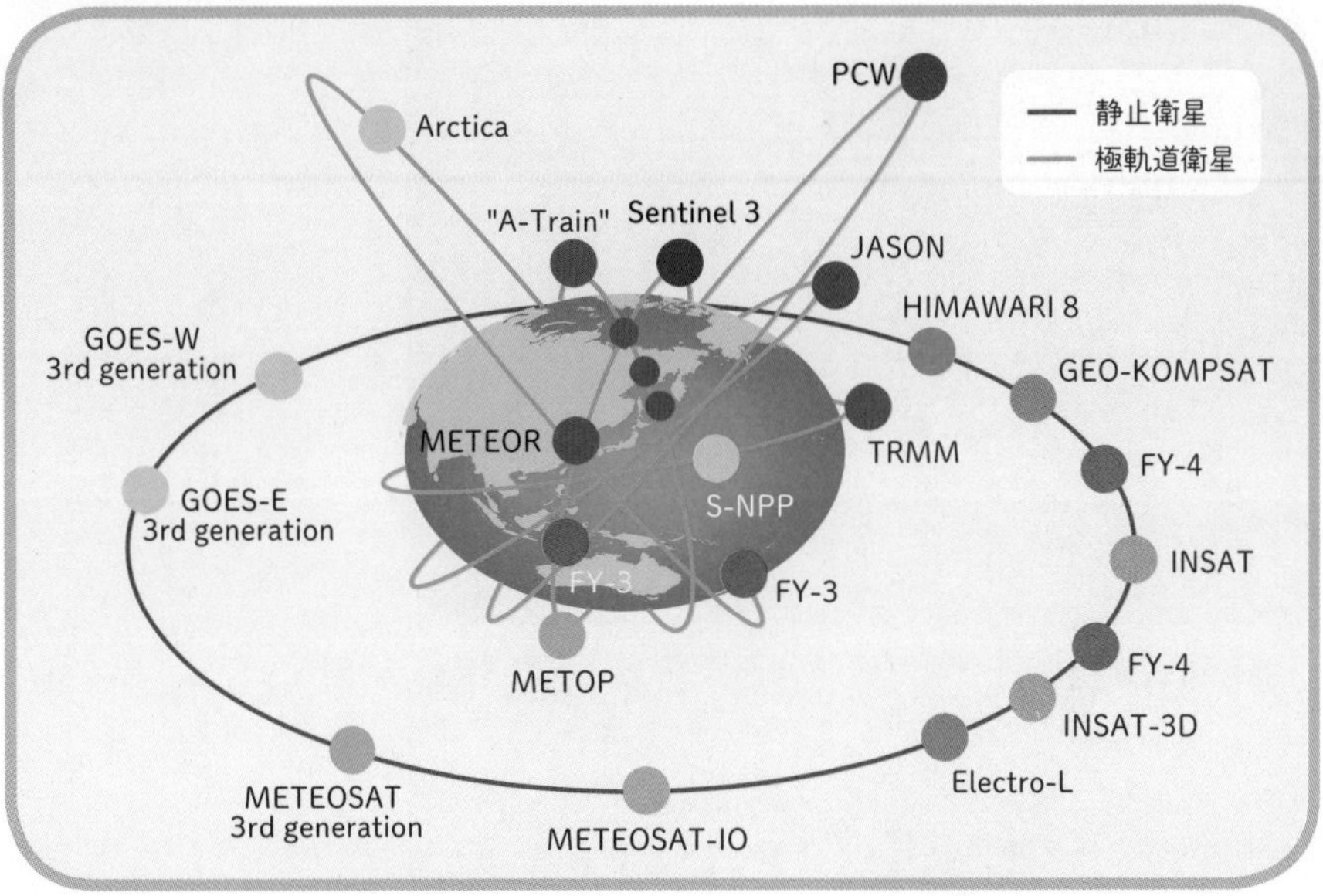

図2 アメダス観測網（2022年2月3日現在）

■	気象官署	155か所	特別地域 気象観測所を含む
○	四要素観測所 （雨・気温・風・湿度）	687か所	湿度観測所は 157か所
○	三要素観測所 （雨・気温・風）	74か所	臨時観測所 1か所含む
○	雨量観測所	370か所	臨時観測所 1か所含む
＋	積雪深観測所	331か所	―

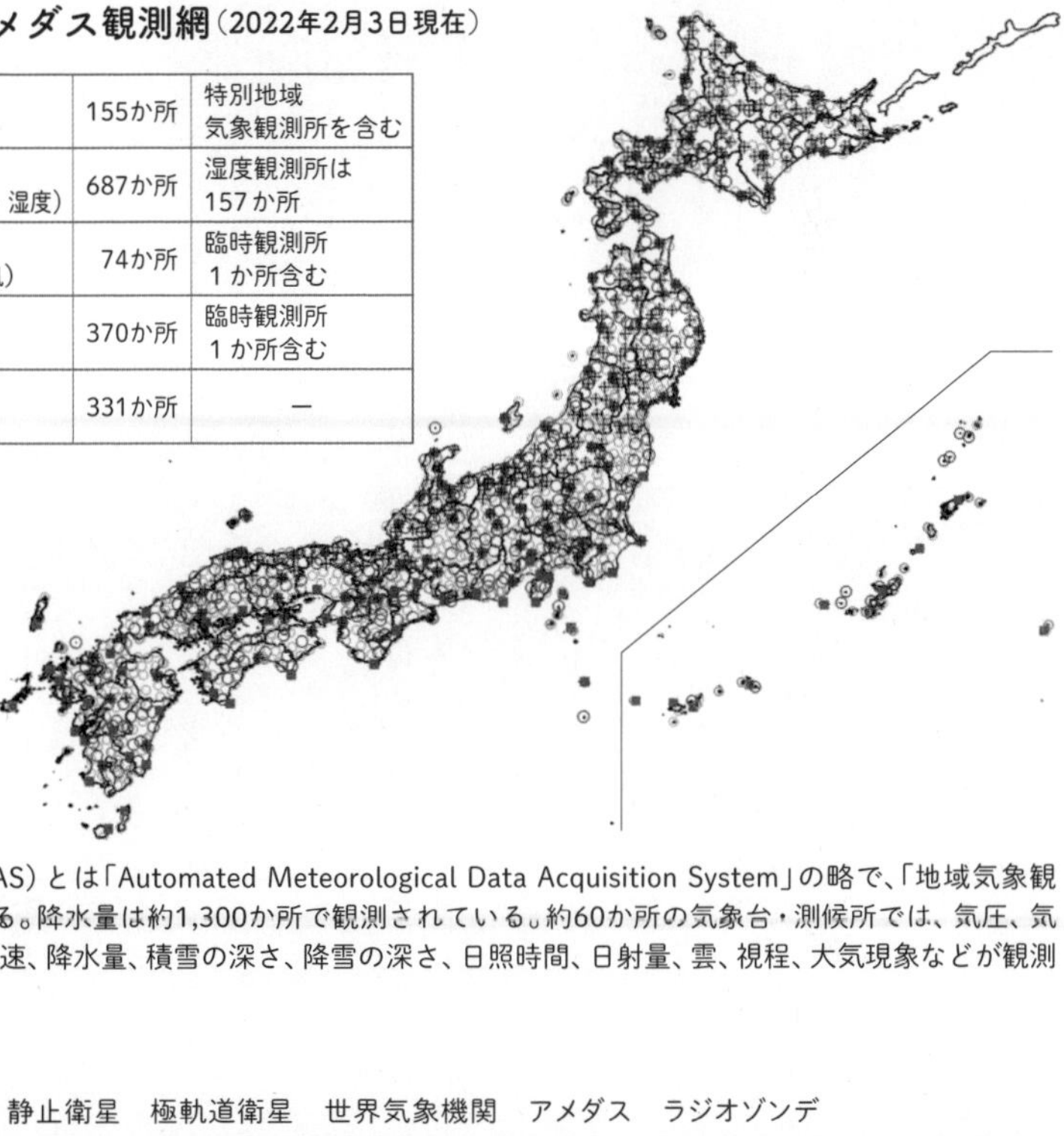

アメダス（AMeDAS）とは「Automated Meteorological Data Acquisition System」の略で、「地域気象観測システム」である。降水量は約1,300か所で観測されている。約60か所の気象台・測候所では、気圧、気温、湿度、風向、風速、降水量、積雪の深さ、降雪の深さ、日照時間、日射量、雲、視程、大気現象などが観測されている。

 Keywords 静止衛星 極軌道衛星 世界気象機関 アメダス ラジオゾンデ

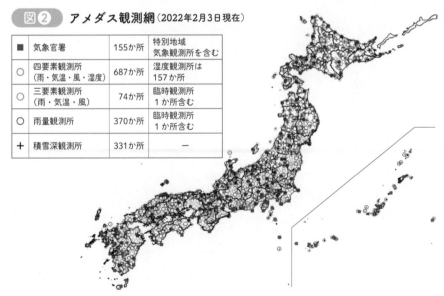

54 衛星画像の雲は白く映る

図1 衛星画像（可視画像／赤外画像）

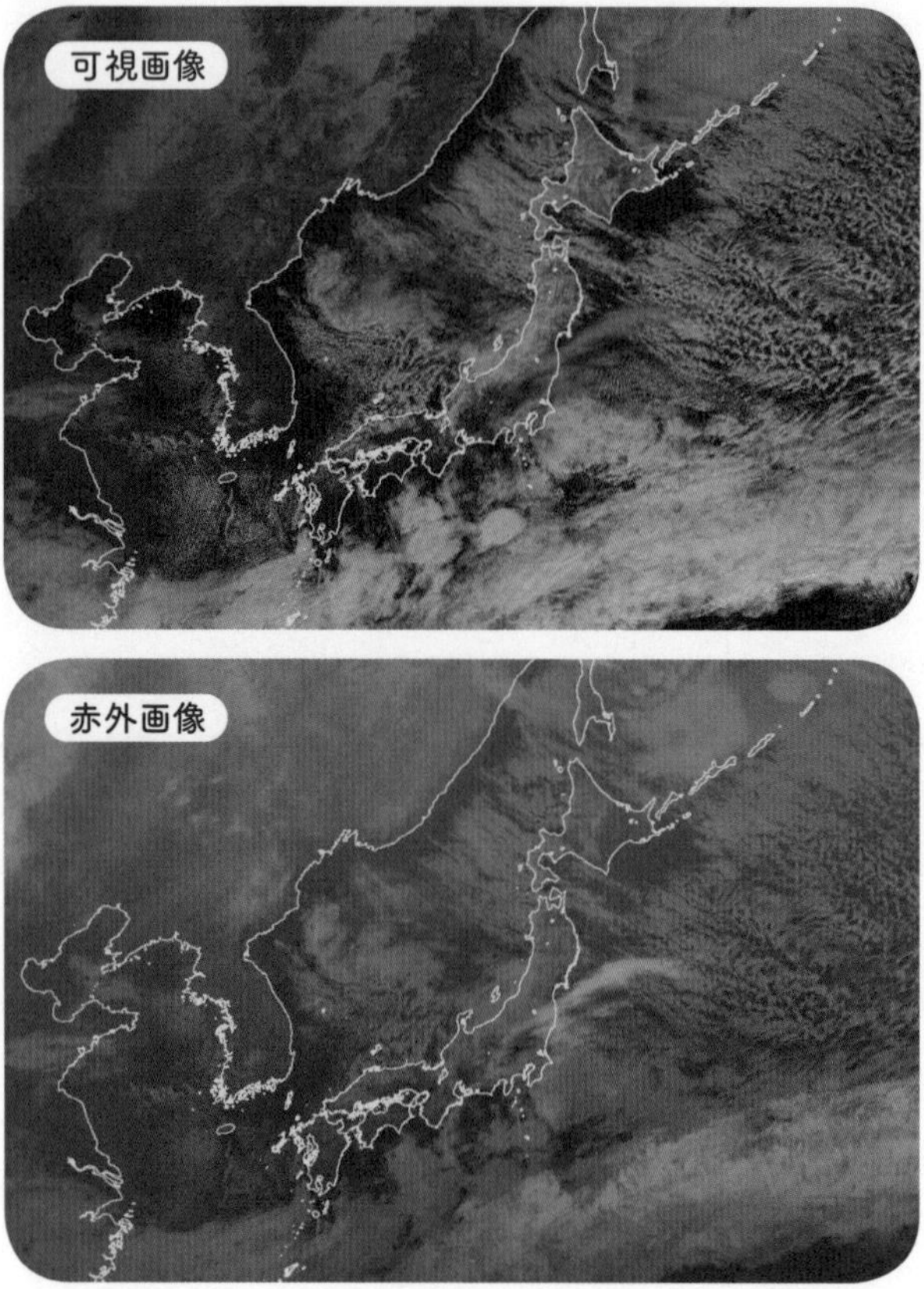
可視画像
赤外画像

衛星画像は3つあり、可視画像、赤外画像、水蒸気画像です

気象庁は現在、静止気象衛星「ひまわり8号・9号」を利用して衛星画像（雲画像）を撮影しています。**衛星画像は「可視画像」「赤外画像」「水蒸気画像」の3種があります。**

可視画像は雲や地表面に反射した太陽光をとらえた画像です。雲の厚みがある部分はより太陽光を強く反射するため、より白く映ります。

赤外画像は雲から放射される赤外線をとらえた画像です。赤外線は温度が低いため白くなります。また、もうひとつの水蒸気画像は赤外画像の一種で、水蒸気と雲の赤外放射を

図② 可視画像と赤外画像の違い

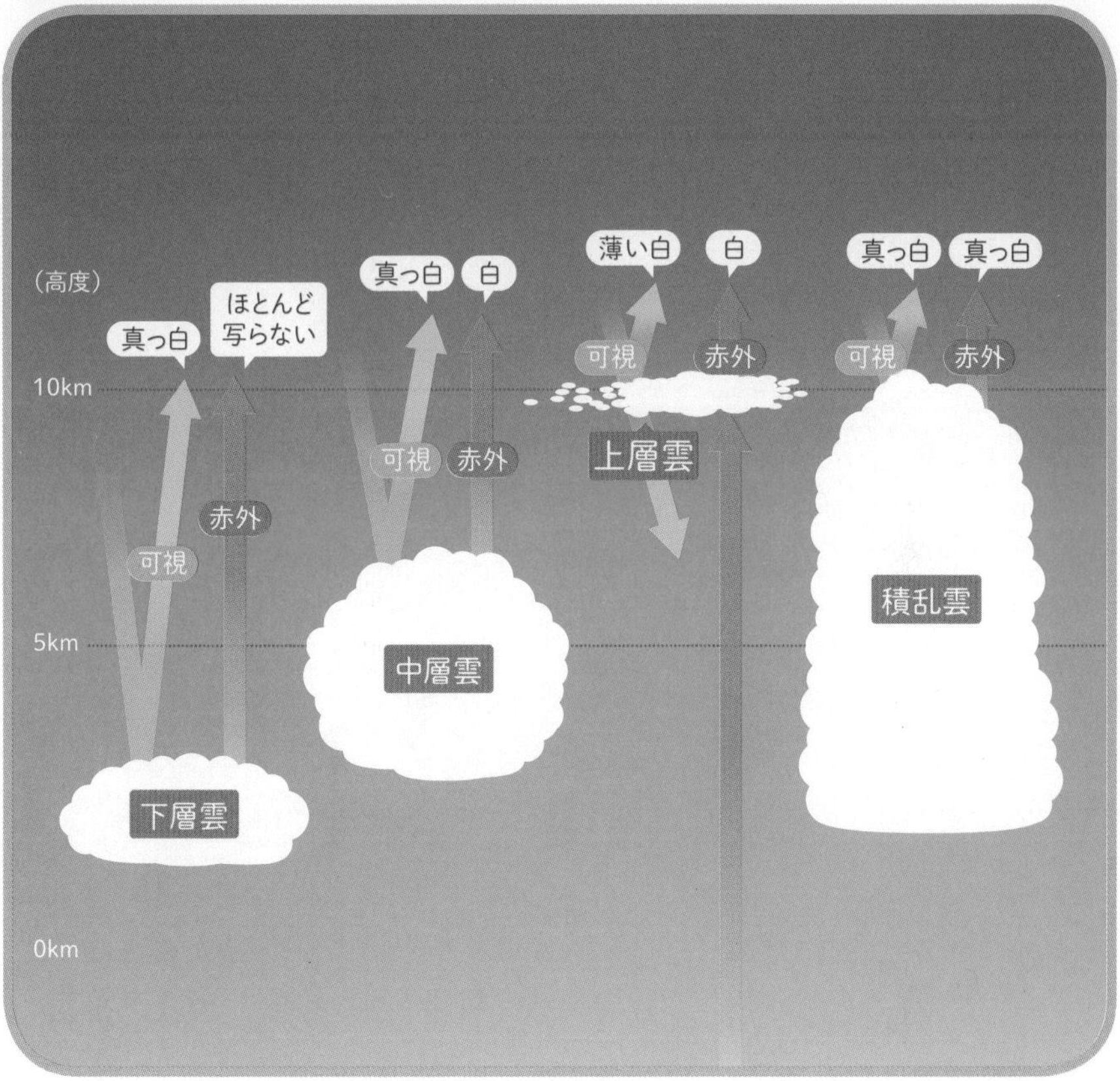

映した画像です。

ではここで、可視画像と赤外画像を例に、どのように雲が映るかを見てみましょう。上空を下層、中層、上層に分けて考えます。**下層にある雲は赤外画像にほとんど映らないため、可視画像で判断します。**中層にある雲は厚みがあることが多いため、可視画像でも赤外画像でも確認できます。

そして、上層の雲はあまり太陽光が反射せずに可視画像では薄い白になります。赤外画像は温度が低く地面の赤外線もひろうため、白くなります。ちなみに積乱雲などの背の高い雲は、可視画像でも赤外画像でも真っ白く映ります。

このように**静止衛星からの画像は、雲の状態を観測するために利用されているのです。**

Keywords 衛星画像（雲画像） 可視画像 赤外画像 水蒸気画像

Chapter5

55

雨や雪の状況は2種類のレーダーで見る

最も精度が高い、高解像度降水ナウキャストで分析します

図1 気象庁のレーダー配置図

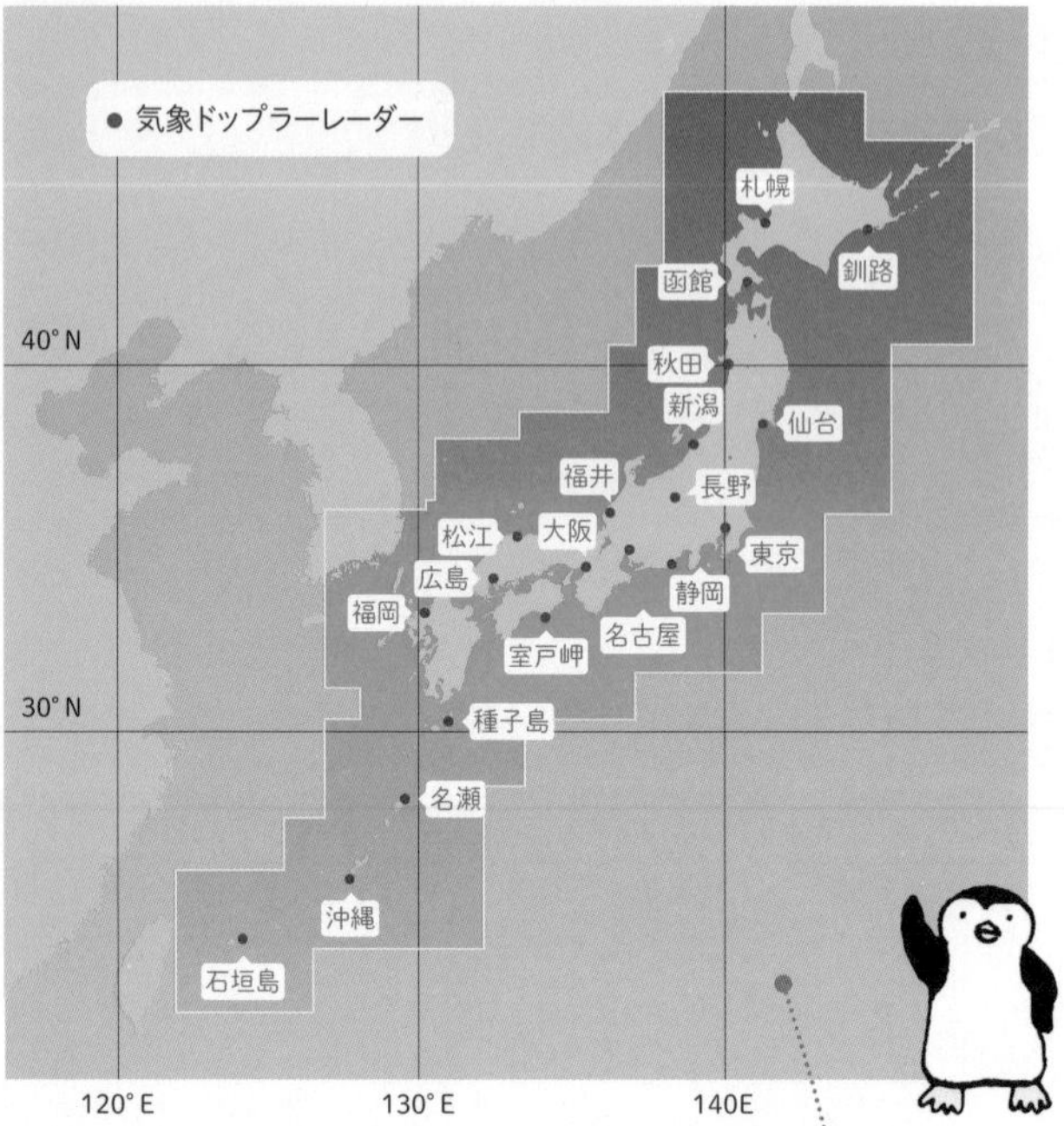

気象ドップラーレーダーは、雨や雪の強さだけではなく、戻ってくる電波の周波数のずれを利用して、雨や雪の動きを観測できる。

全国20か所がすべてドップラーレーダーに

地上に設置された気象レーダーは、アンテナを回転させながら電波（マイクロ波）を発射し、半径数百㎞の範囲内に存在する雨や雪を観測するための装置です。

レーダーの電波は空中を直進するので、進路上に障害物があるとその裏側には届きません。そのため、日本全域をカバーするには複数配置する必要があります。２０２２年１月現在、**気象庁では全国20か所に気象レーダーを配置しています。**

また、レーダーで雨や雪を確認する場合は**国土交通省の「ＸＲＡＩ**

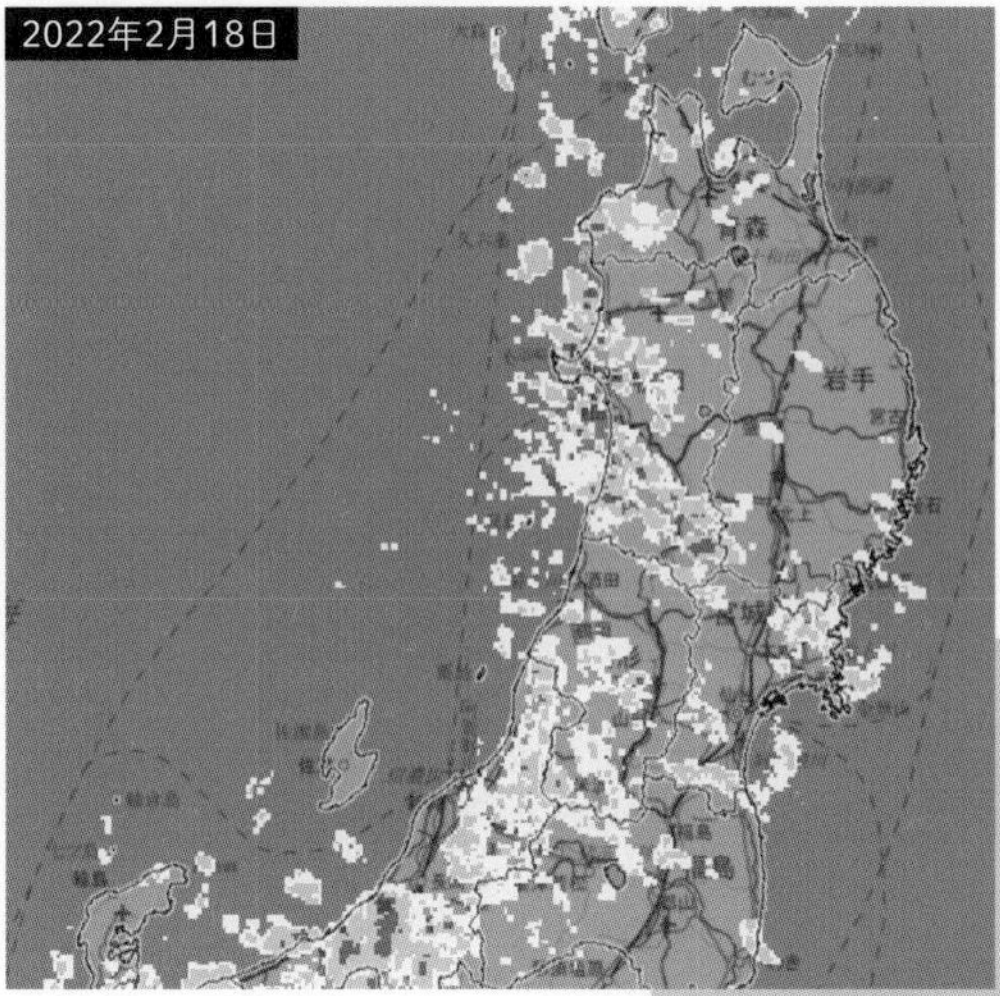

図2

高解像度降水ナウキャスト

高解像度降水ナウキャストでは、気象庁のレーダーや国土交通省レーダ雨量計などを利用したうえで、雨量計や地上高層観測の結果などを用い、地上降水に近くなる高い精度の解析を行っている。

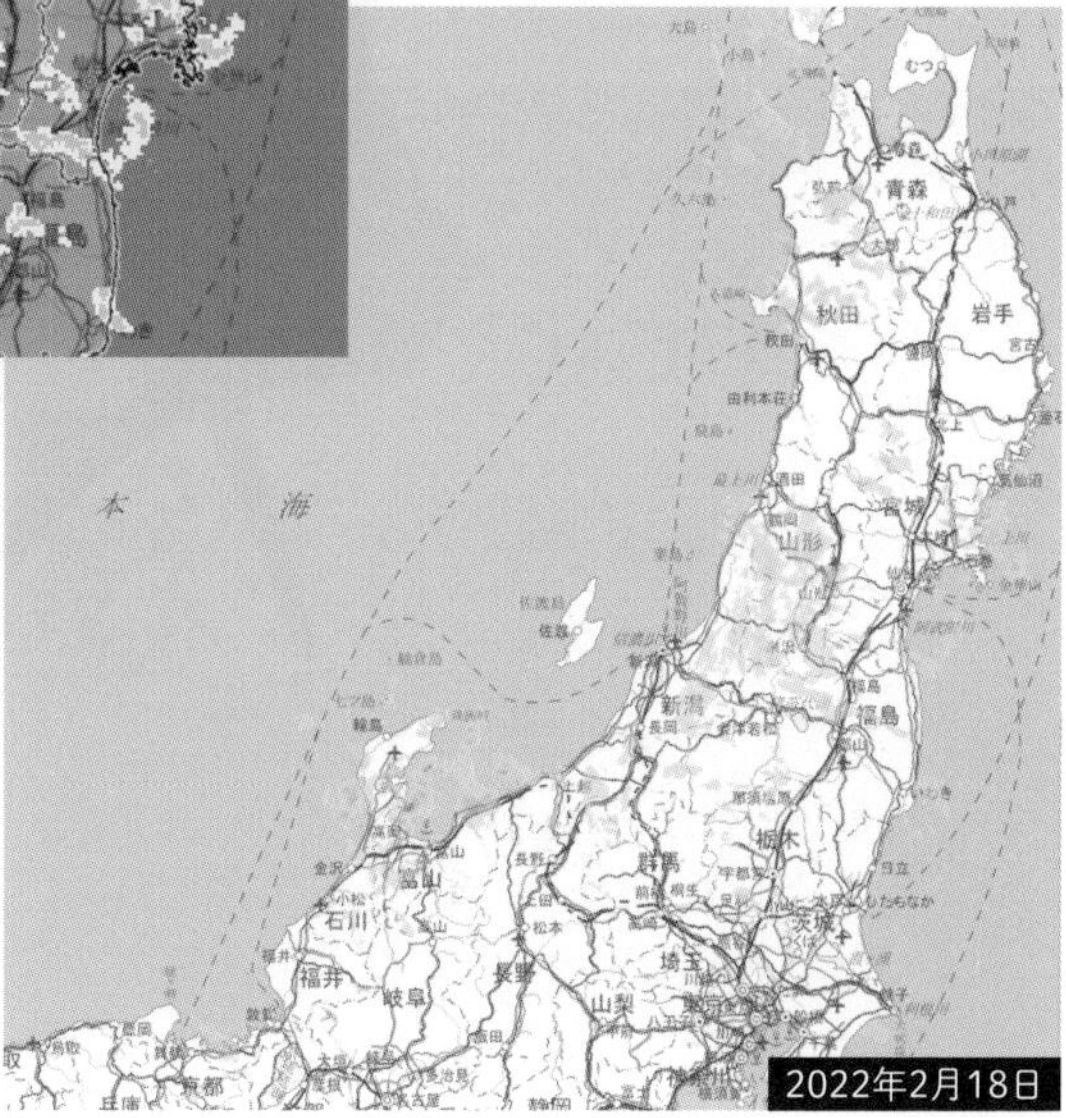

図3

国土交通省のレーダー

国土交通省が提供する「川の防災情報」ウェブサイトのリニューアルにともない、XRAIN観測データの閲覧機能が「川の防災情報」に統合された。

N」も参考になります。

さらに気象庁ではXRAINや地方自治体が保有する全国の雨量計のデータ、ラジオゾンデのデータなどを活用した「高解像度降水ナウキャスト」を公開しています。

これはXRAINと同じ250m四方の分解能（解像度）があるデータで、5分ごとに発表されています。

高解像度降水ナウキャストでは、実況だけではなく、予測に関する情報も公開されています。30分先までは250mの解像度で、さらに35分から60分先は1kmの解像度で予測しています。

現在の雨の状況を高い精度で予測できるので、とても便利です。気象庁の「防災情報」にある「雨雲の動き」のページで公開されているので、興味のある方は確認してください。

雑談のネタに使えるかも
お天気3択クイズ vol.5

第1問

天気が下り坂のサインは次のうちどれ？

❶ つばめが高く飛ぶ
❷ 夕焼け
❸ 飛行機雲が消えない

第2問

何を観測している？

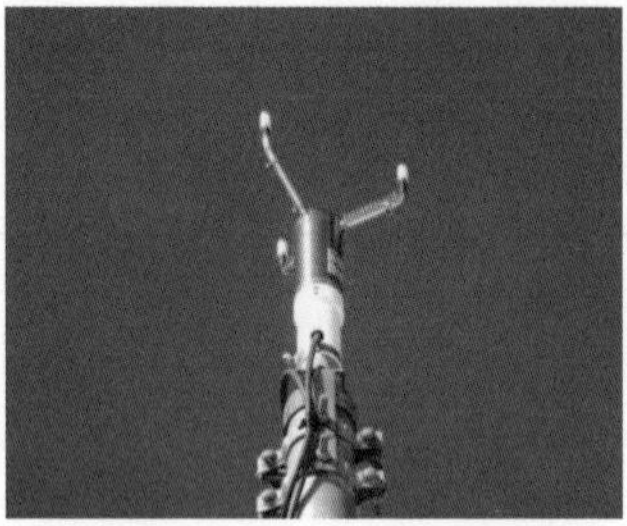

❶ 雷
❷ 風向風速
❸ 気温

第3問

最高気温が40℃以上を観測した都道府県は14もある。

高知、愛媛、和歌山、愛知、岐阜、静岡、山梨、千葉、東京、埼玉、群馬、石川、新潟。

あとひとつは？

❶ 沖縄　❷ 鹿児島　❸ 山形

正解・解説

第1問 正解は❸。飛行機雲がなかなか消えないときは、上空に雨粒のもととなる湿った空気が流れ込んでいるため、天気は下り坂。①は、つばめが「低く飛ぶ」なら正解。

第2問 正解は❷。超音波を使用して風向と風速を観測。風車型では湿った雪が風車に凍りつき観測できないことがあったが、超音波式では、湿った雪のときも観測が可能になった。

第3問 正解は❸。山形県山形市で、1933年7月25日に40.8℃を観測。沖縄県那覇市の最高気温の記録は、2001年8月9日に35.6℃を観測。

Chapter 6

気象災害から身を守る方法

洪水害、浸水害、土砂災害、風害、大雪害……など、
気象が原因となる災害はたくさんあります。
災害から身を守るために、すばやく情報をキャッチしましょう。
早めの避難行動があなたの命を救います。

ひとまず
防災の備えは
バッチリ！

56 気象庁の大雨警報と とるべき行動

レベル3〜4で全員避難することが大切です

大雨による災害から身を守るために、**気象庁の「防災気象情報」と内閣府の「避難情報に関するガイドライン」を知っておきましょう。**防災気象情報の警戒レベル（レベル1〜5）に応じて、どのような行動をとればいいのかがわかります。

大雨の数日〜約1日前には、〈警戒レベル1〉の早期注意情報が出されるので、ここで防災への意識を高めます。続けて半日から数時間前までには、〈警戒レベル2〉の各種注意報が出されるので、この段階で避難行動の準備を整えておきます。

数時間前から2時間ほど前に出される〈警戒レベル3〉の大雨警報や洪水警報、氾濫警戒情報をキャッチしたら、高齢者を中心に危険な場所から避難を開始します。

その後、〈警戒レベル4〉になると、土砂災害警戒情報、高潮警報、高潮特別警報、氾濫危険情報が出されます。これは過去の重大な災害に匹敵する状況なので、基本的に全員の避難行動が必須となります。

最後の〈警戒レベル5〉では大雨特別警報や氾濫発生情報が出ますが、これは数十年に一度の大雨で命が危険にさらされる状況。ただちに命を守る行動が必要です。つまり、警戒レベル1〜2で避難の準備を整え、警戒レベル3〜4で確実に避難しておくことが大切になるのです。

数十年に一度の大雨となるおそれが大きいときに「特別警報」が発表される

図1 防災気象情報の活用

気象状況	気象庁の情報		キキクル（危険度分布）		住民が取るべき行動	警戒レベル
大雨の数日～約1日前	早期注意情報（警報級の可能性）				災害への心構えを高める	1
大雨の半日～数時間前	大雨注意報 洪水注意報 大雨警報に切り替える可能性が高い注意報	高潮注意報	注意（注意報級）	氾濫注意情報	自らの避難行動を確認	2
大雨の数時間～2時間程度前	大雨警報 洪水警報	高潮警報に切り替える可能性が高い注意報	警戒（警報級）	氾濫警戒情報	危険な場所から高齢者などは避難	3
	土砂災害警戒情報	高潮警報 高潮特別警報	非常に危険 極めて危険	氾濫危険情報	危険な場所から全員避難	4
数十年に一度の大雨	大雨特別警報			氾濫発生情報	命の危険 直ちに安全確保!	5

警戒レベル4までに必ず避難！

図2 大雨の「警報」と「特別警報」の違い

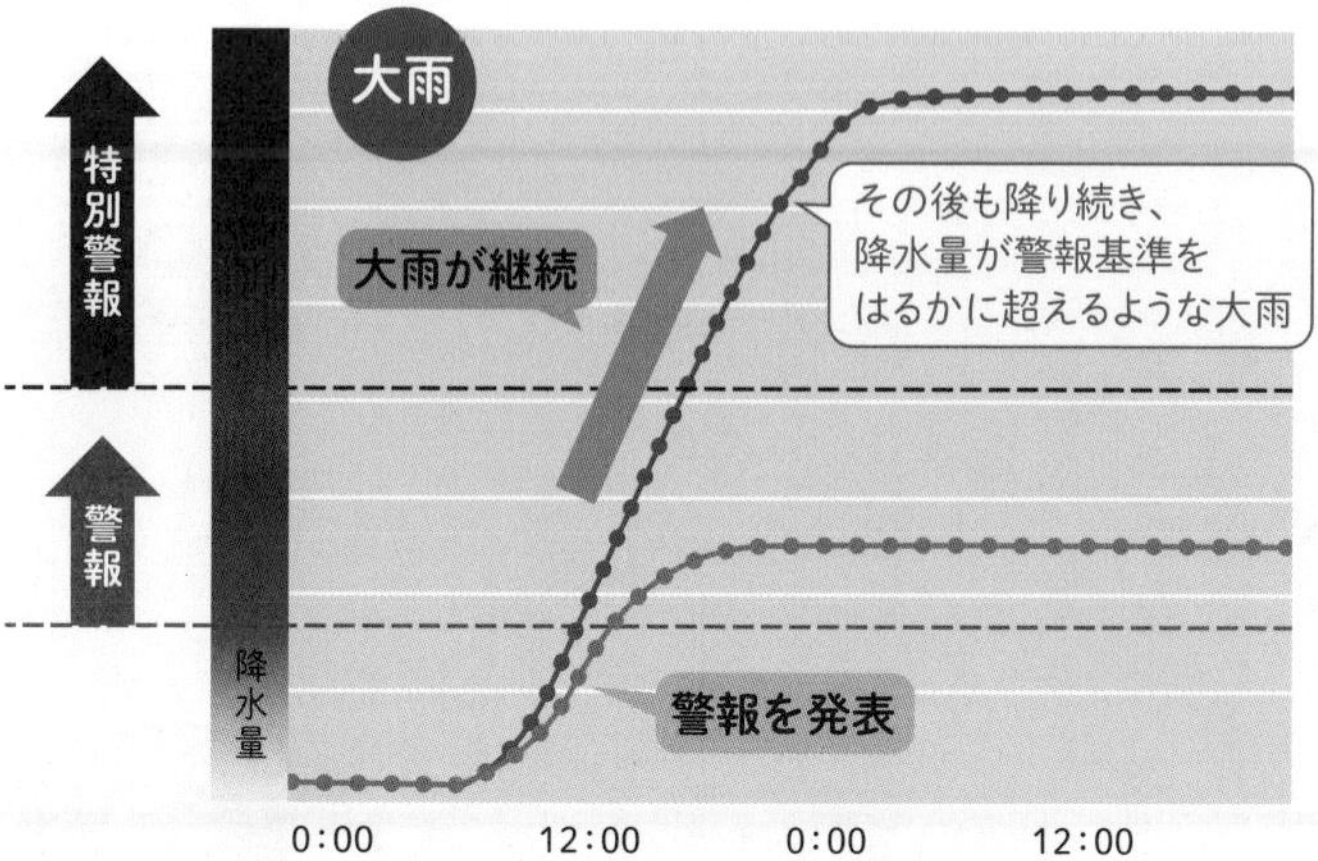

特別警報とは、警報の発表基準をはるかに超える大雨、噴火、津波などが予想され、重大な災害の起こるおそれが著しく高まっている場合に発表される。重大な危険が差し迫った状況にあるため、命を守る行動を最優先させるべき。

出典：気象庁 特別警報について

 Keywords 防災気象情報　避難情報に関するガイドライン　大雨特別警報

57 特別警報が出る豪雨が毎年のように発生

地球温暖化により、今後ますます豪雨が増えます

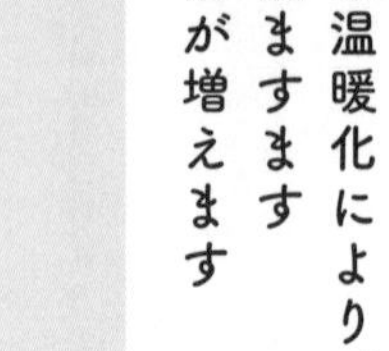

図1 気象等に関する特別警報の発表基準

現象の種類	基準	
大雨	台風や集中豪雨により数十年に一度の降雨量となる大雨が予測される場合	
暴風	数十年に一度の強度の台風や同程度の温帯低気圧により	暴風が吹くと予測される場合
高潮		高潮になると予測される場合
波浪		高波になると予測される場合
暴風雪	数十年に一度の強度の台風と同程度の温帯低気圧により雪を伴う暴風が吹くと予測される場合	
大雪	数十年に一度の降雪量となる大雪が予測される場合	

気象庁の特別警報は2013年8月30日から運用され、毎年各地で発表されています。特別警報は、特定の地域で数十年に一度の頻度ですが、**全国的には年に1~2回程度の頻度になります。**

「○○特別警報」の名称で発表されるのは大雨、暴風、高潮、波浪、暴風雪、大雪の6種。それぞれに基準がありますが、基本的には数十年に一度しかないような気象現象が予想される場合に発表されます。

また、このような規模の大きな災害に対して、気象庁は、過去の経験

図2 気象庁が名称を定めた気象現象(平成以降)

期間・現象など	名称	主な被害
平成5年 7月31日〜8月7日	**平成5年8月豪雨**	鹿児島市(鹿児島県)の土砂災害・洪水害など
平成16年 7月12日〜13日	**平成16年7月新潟・福島豪雨**	五十嵐川・苅谷田川(新潟県)の氾濫など
平成16年 7月17日〜18日	**平成16年7月福井豪雨**	福井県の浸水害・土砂災害など
平成18年 の冬に発生した大雪	**平成18年豪雪**	屋根の雪下ろしなど除雪中の事故や落雪による人的被害
平成18年 7月15日〜24日	**平成18年7月豪雨**	諏訪湖(長野県)周辺の土砂災害・浸水害、天竜川(長野県)の氾濫など
平成20年 8月26日〜31日	**平成20年8月末豪雨**	名古屋市・岡崎市(愛知県)の浸水害など
平成21年 7月19日〜26日	**平成21年7月中国・九州北部豪雨**	山口県、福岡県を中心に、土砂災害・浸水害など
平成23年 7月27日〜30日	**平成23年7月新潟・福島豪雨**	五十嵐川・阿賀野川(新潟県)の氾濫など
平成24年 7月11日〜14日	**平成24年7月九州北部豪雨**	阿蘇市(熊本県)、八女市(福岡県)、竹田市(大分県)の土砂災害・洪水害、矢部川(福岡県)の氾濫など
平成26年 7月30日〜8月26日	**平成26年8月豪雨**	広島市(広島県)の土砂災害、福知山市(京都府)の浸水害など
平成27年 9月9日〜11日	**平成27年9月関東・東北豪雨**	鬼怒川(茨城県)、渋井川(宮城県)の氾濫など
平成29年 7月5日〜6日	**平成29年7月九州北部豪雨**	朝倉市・東峰村(福岡県)、日田市(大分県)の洪水害・土砂災害など
平成30年 6月28日〜7月8日	**平成30年7月豪雨**	広島県・愛媛県の土砂災害、倉敷市真備町(岡山県)の洪水害など、広域的な被害
令和元年 9月(台風第15号)	**令和元年房総半島台風**	房総半島を中心とした各地で暴風などによる被害
令和元年 10月(台風第19号)	**令和元年東日本台風**	東日本の広い範囲における記録的な大雨により大河川を含む多数の河川氾濫などによる被害
令和2年 7月3日〜31日	**令和2年7月豪雨**	西日本から東日本の広範囲にわたる長期間の大雨。球磨川(熊本県)などの河川氾濫や土砂災害による被害

や教訓を後世に伝える目的で、独自の名前をつけています。この名前がつけられた気象現象は、1954〜2021年の68年間に32個もあり、およそ2年に1度、大きな災害が起きていることがわかります。

とくに近年は広範囲で豪雨が発生し、毎年のように災害に結びついています。大雨特別警報は平成30年7月豪雨(西日本豪雨)で11府県、令和元年東日本台風で13都県、令和2年7月豪雨(熊本豪雨)で7県と複数の都府県にまたがって出されています。いずれも記録的な豪雨が広範囲で発生したため、甚大な被害をもたらしています。

地球温暖化が進めば、豪雨はさらに増えると予想されています。つまり、これまで以上に豪雨への備えが大切になるのです。

Keywords 特別警報 大雨特別警報

58

目に見えない水が土砂災害や洪水を生む

土のなかに貯まった水で土砂災害が発生し、川があふれて洪水に！

図1 数日間の大雨が大規模な災害をもたらす

1日に100～200mm の大雨が5日間続いたとすると、総雨量が500～1,000mm に達する記録的な大雨になり、大規模な災害が発生しやすい。

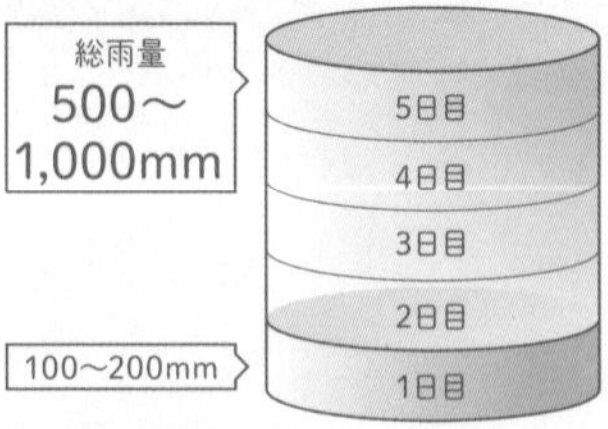

図2 大雨と土中貯留水の流出

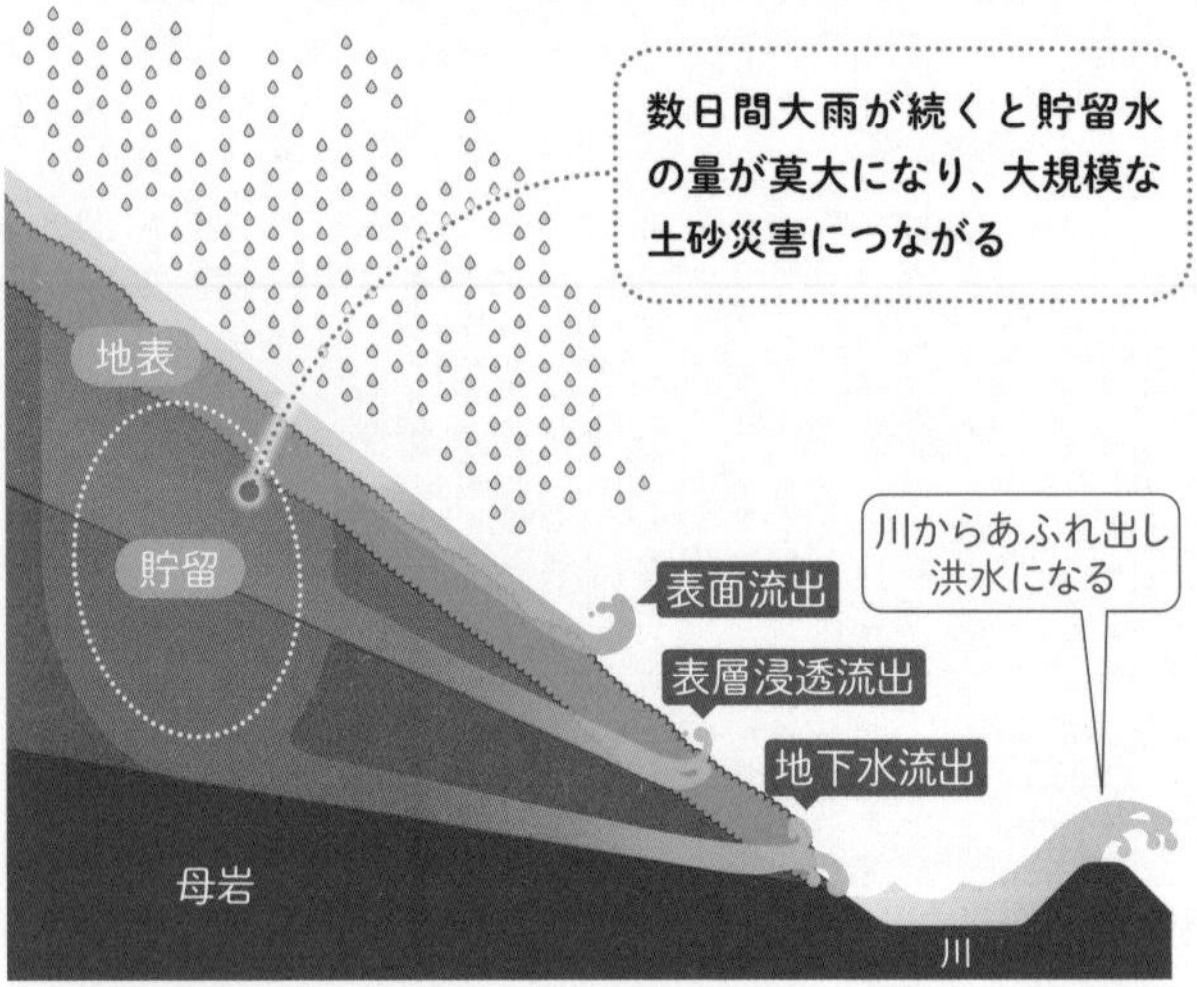

自分で自分の身を守るために、**大雨がまねく土砂災害や洪水のメカニズムを理解しておきましょう。**

大雨は「年間降水量」が目安になります。1日の降水量は年間降水量の20分の1で注意報レベル、10分の1で警報レベルです。

このような大雨が1日だけでなく、数日間続く場合は、より深刻な事態をまねきます。

1日に100~200㎜の大雨が5日続けば、総雨量が500~1,000㎜に達する記録的な大雨になり、大規模な土砂災害や洪水の危険

日本には急斜面や川の扇状地にも家屋がある。土石流が起きると下流に向けていっきに大量の水や土砂・石が流れ、流木も多く出て甚大な被害をもたらすことがある。

が高まります。

災害につながる流れは以下の通りです。まず雨が降ったとき、雨水は地表を流れるものと、土のなかに貯まるものに分かれます。通常、土のなかに貯まった水は、時間をかけて地下水などから流出します。ところが、大雨になると水の量が膨大になり、土がやわらかくなって土砂災害が発生します。ちなみに土砂災害とは、がけ崩れ、土砂崩れ、地すべり、土石流などの総称です。

地表を流れる水（表面流出）も、土に浸透した水（表層浸透流出）も、地下水から流れ出した水（地下水流出）も、すべてが川に集まるため、洪水になるのです。

大雨は目に見えない部分にも貯まります。見えている部分だけで判断しないことが重要です。

Chapter 6

59 深層崩壊は岩盤まで崩れ落ちる

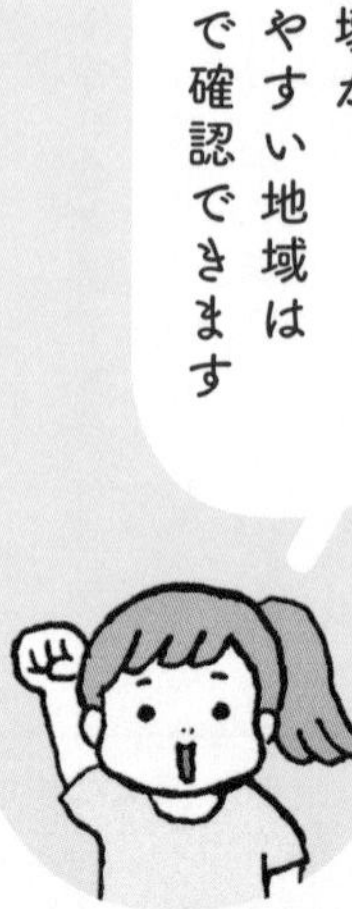

ここでは、大雨による土砂災害を地層と関係づけて説明します。

一般的に土砂災害は、山の表面をおおう土壌だけが崩れる**「表層崩壊」**と、土壌の下の岩盤まで崩れて甚大な被害をおよぼす**「深層崩壊」**の2つに分けられます。

表層崩壊の場合、表層土の深さは0.5~2m程度で、崩壊する土砂量は約1万m^3以下とされています。

一方、深層崩壊の場合、岩盤の深さは数m~数十mで、土砂量は1万~数億m^3に達する大規模な崩壊になります。

図1 表層崩壊と深層崩壊

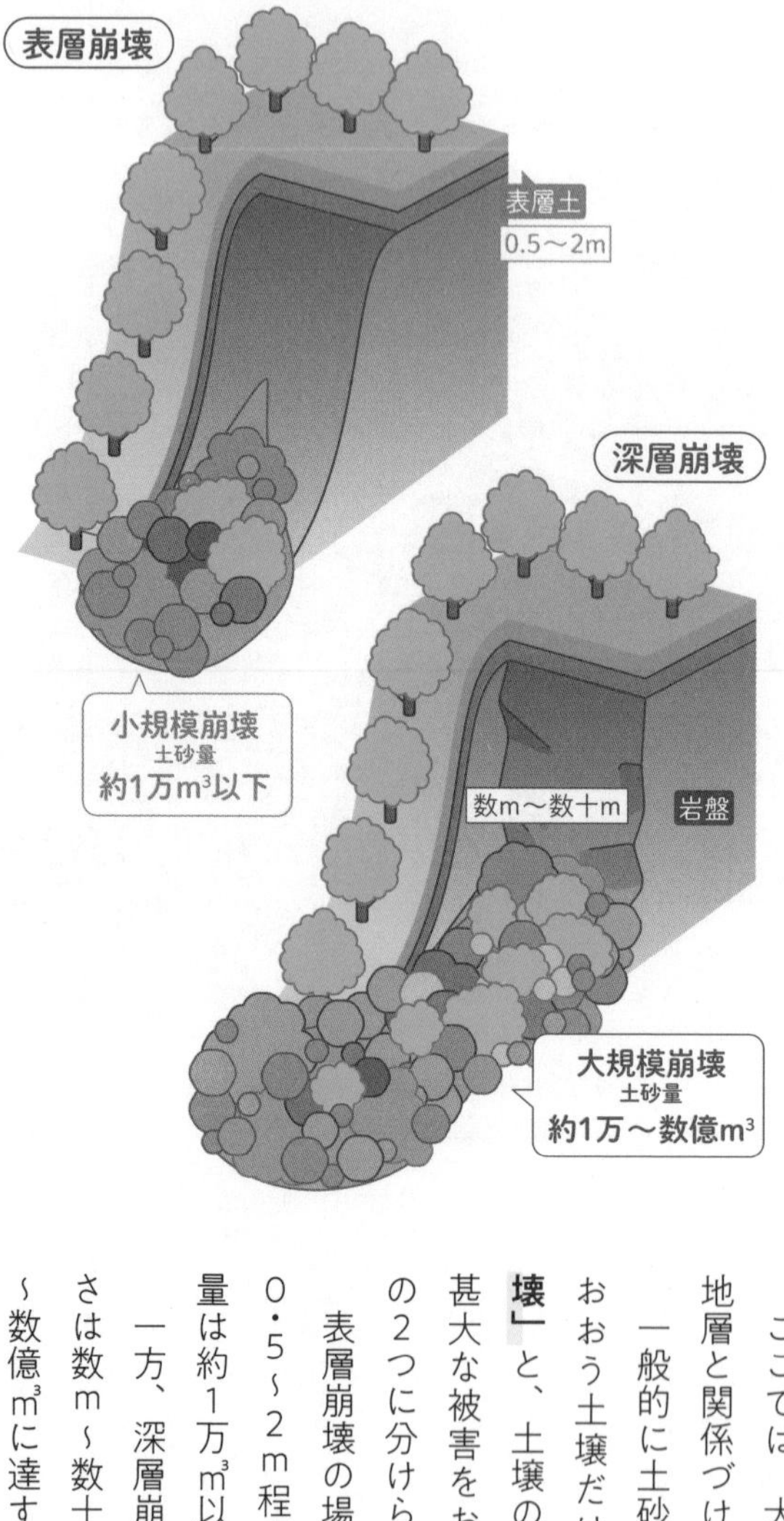

図2　深層崩壊 推定頻度マップ

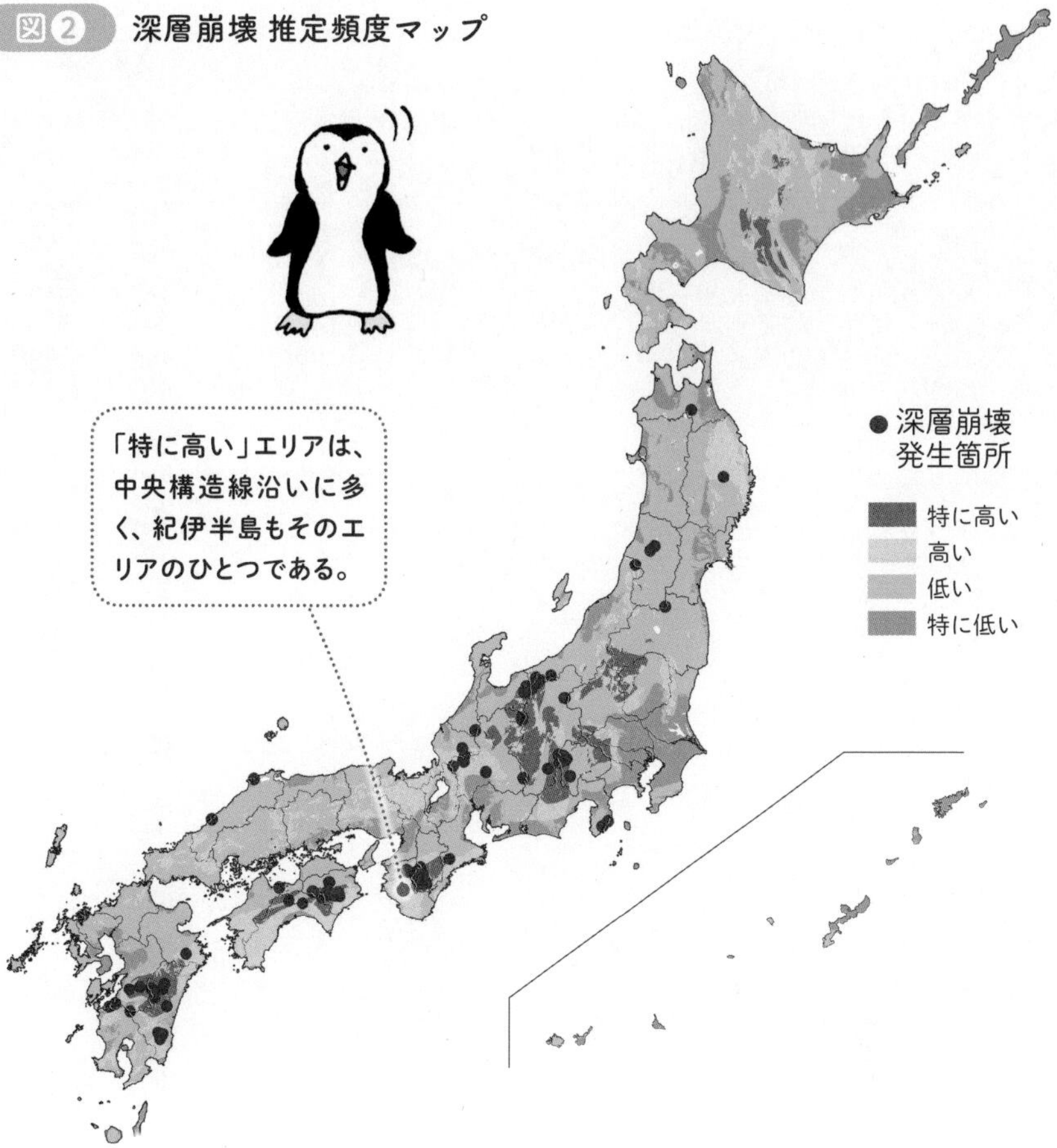
「特に高い」エリアは、中央構造線沿いに多く、紀伊半島もそのエリアのひとつである。
●深層崩壊発生箇所
特に高い
高い
低い
特に低い

一般的に、**この深層崩壊は、総雨量が４００㎜を超える大雨が降ったときに発生しやすいといわれていますが、地質とも大きな関連があります。**

明治以降に発生した深層崩壊を調べたところ、特定の地質（付加体と呼ばれる複雑な地層）や約２００万年以前に形成された地層・岩石で発生しやすいことがわかっています。

この調査結果をまとめたものが、国土交通省の「深層崩壊推定頻度マップ」です。

実際に深層崩壊が発生した箇所は赤い丸、頻度が高いと推定される地域はピンクや黄色で示されています。この地図で見ると、長野県、岐阜県、紀伊半島南部、高知県、宮崎県などがとくに注意すべき地域だとわかります。

Keywords　土砂災害　表層崩壊　深層崩壊

60 気象庁の「キキクル」で迫る災害をひと目で確認

「キキクル」の地図で土砂災害、浸水害、洪水害の状況をつかめます

図1 キキクル 土砂災害

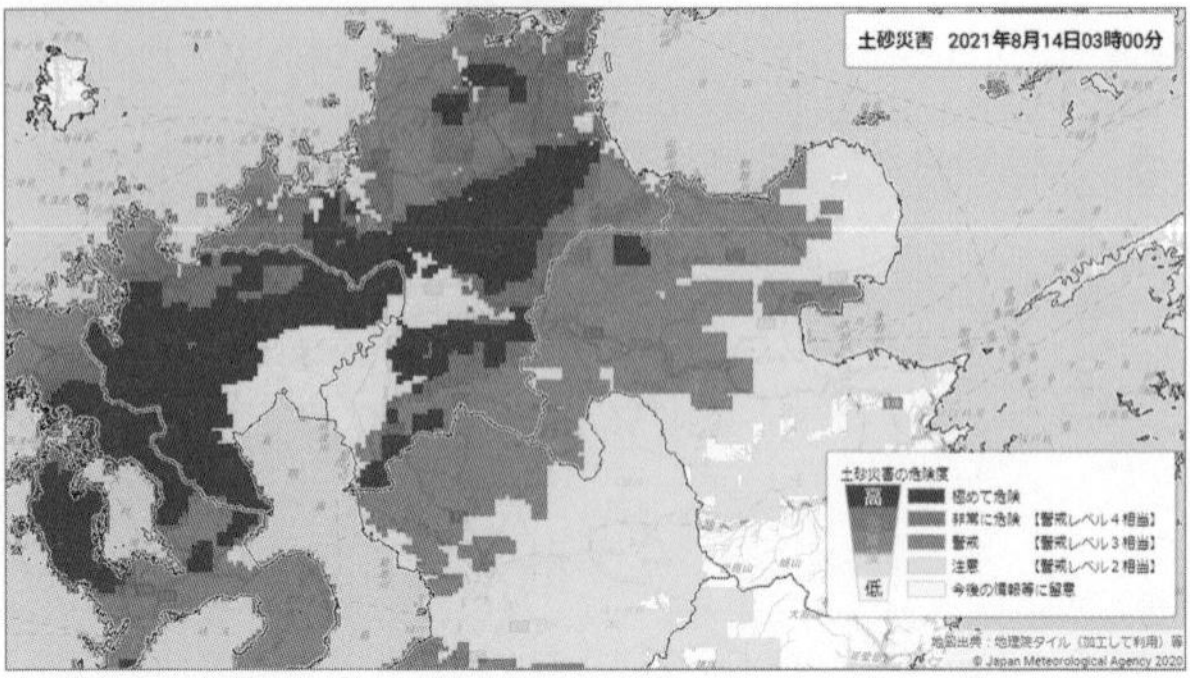

2021年８月14日３時、佐賀県、長崎県に大雨特別警報が出された直後のキキクル。土砂災害、浸水害、洪水害ともに濃い紫色があり、極めて危険な状態であることがわかる。六角川（ろっかくがわ）には氾濫危険情報が出され、その後、氾濫が発生した。

防災にぜひ役立ててほしいのは、**気象庁のホームページで公開されている「キキクル（危険度分布）」**。「キキクル」の由来は「危機が来る＝キキクル」です。

これは大雨による災害の危険度を地図で簡単に検索できるサービスです。**土砂災害、浸水害、洪水害の3種類があり、危険度が5段階で色分けされています。**こまめにチェックすることで、周囲の危険度をいち早く確認することができます。

注目すべきは警戒レベル４相当のうす紫色の部分。すでに「かなり危

図2 キキクル 浸水害

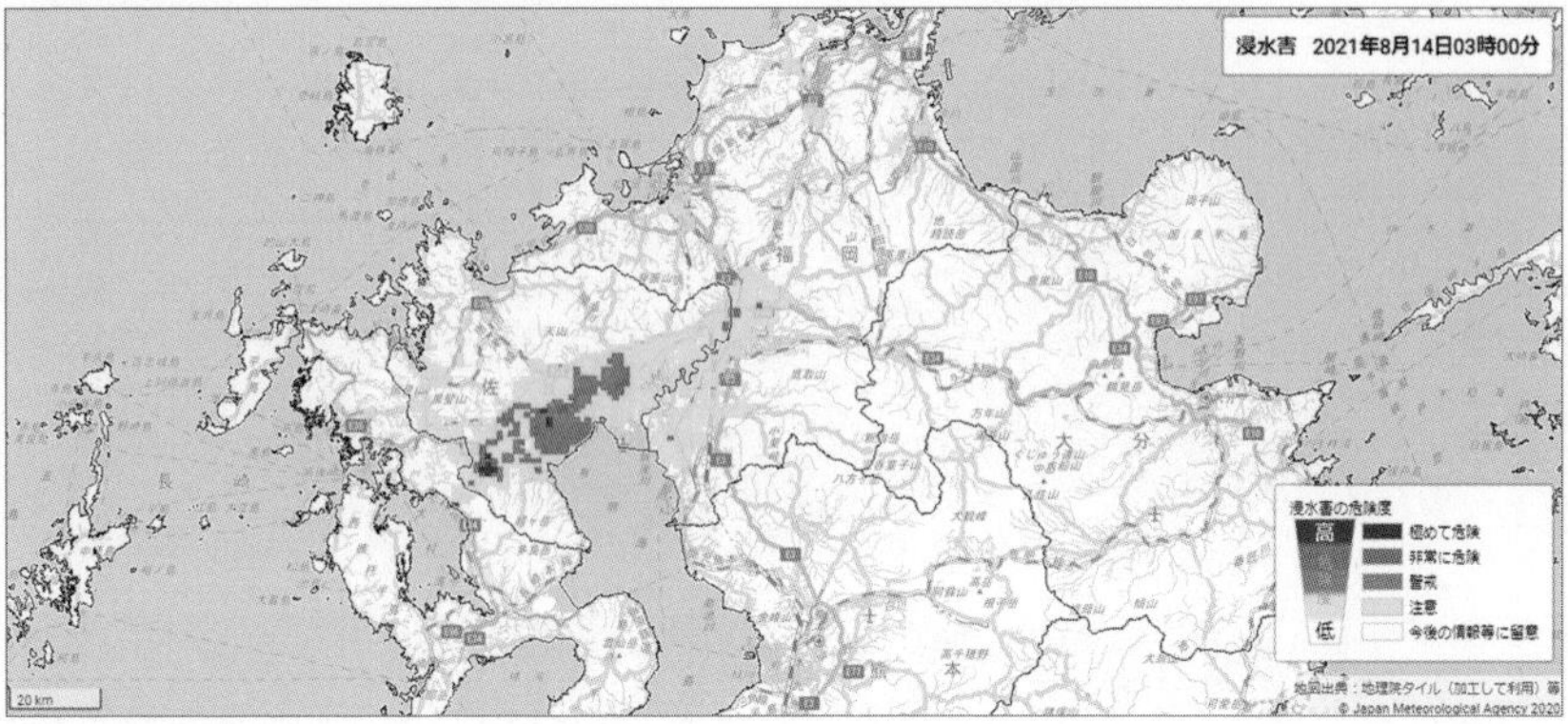

図3 キキクル 洪水害

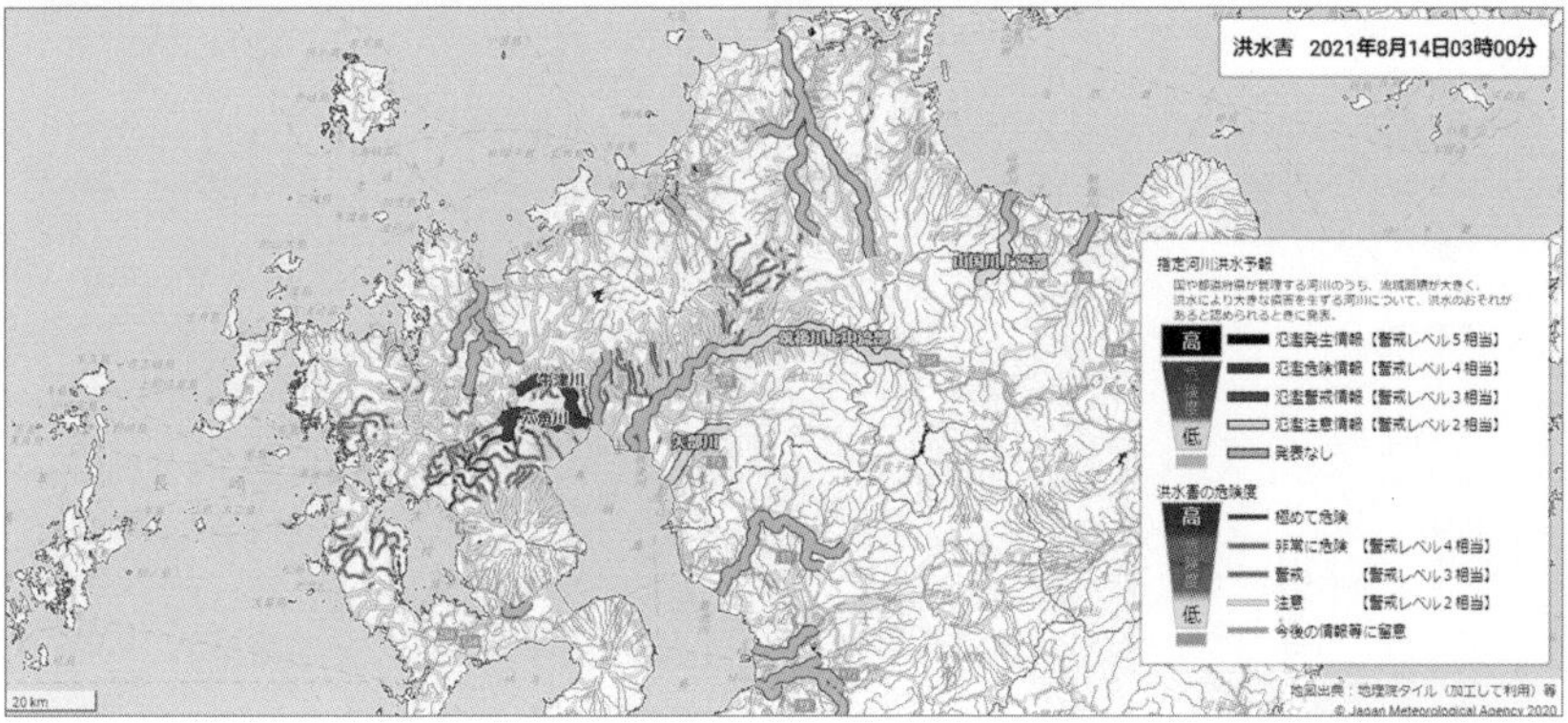

う い状況に突入している」と判断できます。そして、濃い紫色は、すでに災害が起こってもおかしくないくらいの極めて危険な状況です。

また、洪水害の地図には指定河川洪水予報も表示されています。予報の対象は大きな河川なので、氾濫すれば甚大な被害につながります。とくに紫色の氾濫危険情報が出た場合は、非常に危険な状態。現在位置がハザードマップ上で洪水浸水想定区域に入っている場合はすみやかな避難が必要です。

このとき、指定の避難場所（小中学校など）への移動が正しいとはかぎりません。状況によって移動が危険な場合もあります。川や崖から離れた近くの頑丈な建物の上層階に避難するなど、自分で判断して最善の行動をえらんでください。

 Keywords キキクル（危険度分布） 土砂災害 浸水害 洪水害

キーワード別 index

〈 参考文献一覧 〉

『一般気象学 第2版補訂版』著 小倉義光（東京大学出版会）

『NHK 気象・災害ハンドブック』編 NHK放送文化研究所（日本放送出版協会）

『NHK 気象ハンドブック』編 NHK放送文化研究所（日本放送出版協会）

『気候システム論』著 植田宏昭（筑波大学出版会）

『気象ハンドブック 第3版』編 新田尚・野瀬純一ほか（朝倉書店）

『Q&A 天気なんでだろう劇場』著 岩田総司（岩崎書店）

『豪雨・豪雪の気象学』著 吉崎正憲・加藤輝之

『サイエンス入門１』著 リチャード・ムラー 訳 二階堂行彦（楽工社）

『新教養の気象学』編 日本気象学会（朝倉書店）

『新装版 複合大噴火』著 上前淳一郎（文藝春秋）

『図解 気象・天気のしくみがわかる事典』監 青木孝（成美堂出版）

『図解 台風の科学』著 上野充・山口宗彦（講談社）

『図解雑学 異常気象』著 保坂直紀、監 植田宏昭（ナツメ社）

『誰でもできる 気象・大気環境の調査と研究』 編・著 新田尚（オーム社）

『天気』機関紙各号（日本気象学会）

『天気と気象』著 白鳥敬（学研プラス）

『天気の100不思議』著 村松照男（東京書籍）

『天気予報のつくりかた』著 下山紀夫・伊東譲司（東京堂出版）

『謎解き・海洋と大気の物理』著 保坂直紀（講談社）

『パーフェクト図解 天気と気象 異常気象のすべてがわかる！』著 佐藤公俊、監 木本昌秀（学研プラス）

『プロが教える気象・天気図のすべてがわかる本』監 岩谷忠幸（ナツメ社）

『偏西風の気象学』著 田中博（成山堂書店）

『ゼロからわかる天気と気象』監 荒木健太郎（ニュートンプレス）

『理科の世界２［令和3年度］』著 有馬朗人ほか（大日本図書）

『わかりやすい天気図の話 新改訂版』編 日本気象協会（クライム気象図書出版）

気象庁ホームページ「気象防災」「気象」「地球環境・気候」

国立研究開発法人 海洋研究開発機構（JAMSTEC） ホームページ

〈 参考資料・写真提供一覧 〉

10 写真
fovito-stock.adobe.com（積雲）／ Stefano Garau-stock.adobe.com（積乱雲）

12 写真
Mauro Rodrigues-stock.adobe.com（巻雲）／ karipho-to-stock.adobe.com（巻積雲）／ YUTO-stock.adobe.com（巻層雲）

13 写真
亜紀 川原-stock.adobe.com（高積雲）／ Menyhert-stock.adobe.com（高層雲）／ ojo-el-stock.adobe.com（乱層雲）／ Katherine Rock-stock.adobe.com（層積雲）／ black-rabbit3-stock.adobe.com（層雲）

20 図
気象庁「平成19年度数値予報研修テキスト」をもとに作成

24 写真
phive2015-stock.adobe.com
樹枝六花の結晶

36 写真
読売新聞社
伊勢湾台風の爪痕

43 期間降水量図
気象庁提供

47 図
気象研究所2012
「平成24年7月九州北部豪雨の発生要因について」をもとに作成

49 写真
kazoka303030-stock.adobe.com
積乱雲

51 図
suma / PIXTA（ピクスタ）
内水氾濫と外水氾濫

54 図
気象庁「藤田（F）スケールとは」をもとに作成

55 写真
JSirlin-stock.adobe.com
アメリカの竜巻

63 写真
富士吉田市「富士山」

74 写真
science fuction ／アフロ
スーパーセル

77 写真
y-tmt-stock.adobe.com
甲府盆地

80 写真
tsuneomp-stock.adobe.com
地球

107 図
気象庁提供

108 図
気象庁「ヒートアイランド現象の概念図」をもとに作成

110 写真
JAH-stock.adobe.com
森林火災

111 写真
Craig Hanson-stock.adobe.com
洪水災害

111 図
気象庁提供

117 国際式天気図
気象庁提供

119 高層天気図
気象庁提供

121 図
気象庁「気象に関する数値予報モデルの概要」をもとに作成

123 上図
気象衛星センター「世界の気象衛星観測網」をもとに作成

123 下図
アメダス観測網
気象庁提供

124 衛星画像
気象庁提供

126 図
気象庁提供

127 上図
高解像度降水ナウキャスト
気象庁提供

127 下図
国交省レーダー
国土交通省提供

128 写真
青森地方気象台『あおぞら彩時記 2021年第1号』

131 上図
気象庁「防災気象情報の活用」をもとに作成

131 下図
気象庁「特別警報のイメージ」をもとに作成

132 図
気象庁「気象等に関する特別警報の発表基準」

133 図
気象庁「気象庁が名称を定めた気象・地震・火山現象一覧（2022年2月現在）」をもとに作成

134 図
気象庁「雨が土壌中に貯まっていく様子とタンクモデルとの対応」をもとに作成

135 写真
goro20-stock.adobe.com（上）
setsuna-stock.adobe.com（下）
どちらも土砂災害

137 図
独立行政法人土木研究所「2010年 深層崩壊推定頻度マップ」

138 キキクル（危険度分布）

139 キキクル（危険度分布）
気象庁提供

PROFILE

佐藤公俊（さとう・きみとし）

気象予報士・防災士

1973年東京生まれ。明治大学在学中に第1回気象予報士試験で気象予報士の資格を取得。96年、財団法人日本気象協会に入社。NTTの177天気予報電話サービス、NHKや民放のラジオ番組を経て、2003年からNHKの全国枠で気象情報を担当。著書に『パーフェクト図解 天気と気象 異常気象のすべてがわかる！』（学研プラス）がある。

STAFF

装幀　小口翔平＋阿部早紀子（Tobufune）
本文デザイン＋DTP　櫻井ミチ
編集協力　鍋倉弘一（有限会社ヴァリス）
イラスト　伊藤ハムスター
表紙写真　（青空）Paylessimages - stock.adobe.com
（夕焼け）Wirestock - stock.adobe.com
（雨）กรบุรษ วรดี - stock.adobe.com （雷）Tryfonov - stock.adobe.com
校正　東京出版サービスセンター

身近な天気から異常気象まで

なるほど天気と気象

2022年4月5日　第1刷発行

著者　佐藤公俊
発行人　中村公則
編集人　滝口勝弘
企画編集　浦川史帆
発行所　株式会社 学研プラス
〒141-8415
東京都品川区西五反田 2-11-8
印刷所　凸版印刷株式会社

《この本に関する各種お問い合わせ先》
●本の内容については、
下記サイトのお問い合わせフォームよりお願いします。
https://gakken-plus.co.jp/contact/
●在庫については ☎03-6431-1201（販売部）
●不良品（落丁、乱丁）については ☎0570-000577
学研業務センター 〒354-0045 埼玉県入間郡三芳町上富279-1
●上記以外のお問い合わせは ☎0570-056-710（学研グループ総合案内）

学研の書籍・雑誌についての新刊情報・詳細情報は、下記をご覧ください。
学研出版サイト　https://hon.gakken.jp/